求索之路水事札集

王福林　马胜利　李清杰　编著

黄河水利出版社
·郑州·

图书在版编目（CIP）数据

求索之路水事札集／王福林等编著.—郑州：黄河水利出版社，2011.7
ISBN 978-7-5509-0081-3

Ⅰ.①求…　Ⅱ.①王…　Ⅲ.①水利工作-中国-文集
Ⅳ.①F426.9-53

中国版本图书馆 CIP 数据核字(2011)第 135482 号

组稿编辑:王路平　☎ 0371-66022212　E-mail: hhslwlp@126.com

出 版 社：黄河水利出版社

地址：河南省郑州市顺河路黄委会综合楼 14 层　邮政编码：450003

发行单位：黄河水利出版社

发行部电话：0371-66026940、66020550、66022620(传真)

E-mail:hhslcbs@126.com

承印单位：河南省瑞光印务股份有限公司

开本：850 mm × 1 168 mm　1／32

印张：11.25

字数：280 千字　印数：1—1 000

版次：2011 年 7 月第 1 版　印次：2011 年 7 月第 1 次印刷

定价：60.00 元

路漫漫其修远兮
吾将上下而求索

——屈原《离骚》

内 容 提 要

本书汇集了作者参加工作以后在不同历史时期撰写的学术论文、科研报告、学会总结、单位年终总结、学习心得等，是作者历经水电部豫北水利土壤改良试验站、新乡地区水文站、新乡地区水利科学研究所、黄委会引黄灌溉试验站和黄委会金堤河管理局五个工作里程的点滴记录，也从一个侧面反映出一个时代我国水利科研与水利管理工作的真实境况。

本书可供水利工作者阅读参考。

序

我是1965年4月由中国人民解放军北京军区工程兵政治部转业到水电部水利水电科学研究院工作的，组织上为了加强新建单位的政治思想工作，把我调到水电部豫北水利土壤改良试验站任政治办公室主任。福林同志是 1964 年 9 月由华东水利学院毕业后分配到站上工作的。我到后不久，就听到领导和同事对福林同志评价很好，我又亲自对他进行了考察，他工作积极，学习认真，积极要求进步，当时他是毛选学习积极分子。就在这时，试验站技术科的原负责人因工作需要调到新乡地区黄淮海办公室上班，在党组会上，我极力推举福林同志到技术科主持工作，当时有人持不同意见，这也难怪，因为他到站工作才七个月，实习期还未满，他又是学陆地水文专业的，从事农田水利科学研究还有些生疏。但福林同志不负所望，他到技术科后，努力学习，勤奋工作，虚心求教，深入各基点了解情况，调查研究，编写简报，建立基点档案，在老工程师的指导下，编制科研工作计划，摸索进行科技管理；创建图书、资料、情报三位一体的图书资料室，加强了与国内各水利科研机构的资料交换和情报联系，在较短的时间内把技术科的工作搞得有声有色。可惜，那场“大革命”断送了一个新生的科研机构的生命。我和福林同志都进了“五七”干校接受劳动锻炼，后来，我们都被分配到新乡地区地直单位工作，我到气象局任局长，他到水利局当技术员。

他在水利局水文站工作期间，再一次克服了专业不对口的困难，从事全区地下水观测研究，他跑遍了新乡地区十六个市县，进行了地下水资源调查，为井泉建设提供了科学依据，他出色的工作，受到水利部和水利厅的表扬，北方十七个省市的同志来新乡参观学习。

他在新乡地区水科所工作期间，组织领导了新乡地区水资源调查和水利化区划工作，由于他出色的工作，被河南省政府和新乡地区行署分别授予先进工作者光荣称号。

他调回试验站后，又领导大家克服困难，深入引黄灌区进行调查研究，提交了不少科研成果，开创了黄河下游引黄灌溉科学研究的新局面，得到了钱正英部长的书信表扬。

他从新乡调往濮阳后，我们联系就较少了。听说他从零开始组建了金堤河管理局，他为协调山东和河南两省水事纠纷花费了心血，由于他的执着，经过八年的艰苦努力，终于使两省达成一致意见，使造福于金堤河沿岸山东、河南两省人民群众的水利工程能得以实施，解决了多年来没有解决的问题。

每当我得知他工作上取得成绩，受到表扬，我就为他高兴，为他感到自豪。他热爱党，热爱伟大的祖国，他是响应党的号召：到边疆去，到最艰苦的地方去，到祖国最需要的地方去！向学校党委写了血书来到河南的。他在水利事业的不同岗位上，奉献了他的智慧和忠诚。我已经有了他编写的《新乡地区水事浅议》和《金堤河地区水事纠纷》，当他要我为这本《求索之路水事札集》写序的时候，我眼前就浮现出他不同阶段的身影，我是见证了他成长的，他在工作的征途上，一步一个脚印，勇敢地往前走，他没有被困难所吓倒，他有较强的组织能力，他有无畏的开拓精神，在他的求索路上创造了一个又一个辉煌！

《求索之路水事札集》汇集他在水利战线不同工作岗位上撰写的学术论文、科研报告、学会总结、单位年终总结、学习心得等，真实反映了不同历史时期基层水利工作的境况，愿该书的出版对新时期水利工作者有所帮助和启迪。

2011 年 6 月 10 日

编者的话

我们从学校毕业后分配到黄委会引黄灌溉试验站工作，王福林站长是我们参加工作后的第一位领导，他对工作执著的追求，给我们留下了深刻的印象。

1984 年 5 月，他从新乡地区水利科学研究所调回试验站工作，得知试验站自 1980 年恢复以来没有任务、没有课题时，心情很沉重，立即组织大家讨论研究，并多方面征求意见。他说：试验站的名称就决定了试验站的任务，我们是引黄灌溉试验站，黄河下游引黄灌溉中的问题就是我们研究的对象。大家针对黄河下游引黄灌区存在的五大问题(水资源、泥沙、盐碱、工程和管理)，考虑到我站的处境和条件，初步提出了以引黄灌区泥沙问题研究、水资源问题研究和应用现代科学技术进行引黄灌溉管理研究，作为我站“七五”期间科学研究工作的主攻目标；开展引黄灌溉技术培训，同时进行引黄灌溉问题的试验研究，是我站的发展方向。他亲自编写了《“七五”期间科研工作设想及 1985 年工作安排意见》。

为了打开工作局面，他组织我们科技人员到山东、河南对引黄灌区从渠首引水防沙条件、沉沙池运用、利用泥沙淤临淤背、放淤改土、水的利用情况、盐碱地变化情况，到节水节能、泥沙淤渠淤河、灌排工程配套、管理组织机构、管理人员素质等情况进行全面调查，并要求我们分别提交调查报告。这项工作的开展，既使我们了解了引黄灌区的情况，又锻炼了我们刚刚走出校门的年轻人。嗣后，他将这些调查报告送水利部和黄委会，钱正英部长在审阅了部分调查报告后，于 1986 年 7 月 24 日，亲笔给试验站写信，肯定了我们的工作，信中说：读了你们的报告，很受教益。并且指出："希望在此基础进一步综合提出'七五'期间如何巩固与发展下游引黄灌溉的工作纲要，以便黄委与豫鲁两省组织讨论后有步骤地开展工作"。

部长来信，对我们全站职工是极大的鼓舞，黄委会领导对试验站的科研工作也更加重视，我们陆续承担了水利部和黄委会的科研任务，引黄灌溉试验站业务工作发生了根本性的变化。

为了把系统工程原理应用于引黄灌溉的管理，福林站长带领我们年轻人去山东位山灌区选点，聊城地区水利局的个别领导拒绝我们，并且嘲笑地说：应用系统工程，清华大学在这儿搞点，河海大学在这儿搞线，武汉水院在这儿搞面，你们能搞什么？使我们很气愤，他果断决定"上梁山"。我们到梁山县受到了热情欢迎，决定在陈垓引黄灌区蹲点研究，结果做出了成绩，在黄河下游引黄灌区评比竞赛中陈垓引黄灌区获得了第一名。有人看不起我们年轻的试验站，他就大力培养我们，鼓励我们学习，鼓励我们在实践中增长才干。并且大胆地提拔使用。在他的领导下，引黄灌溉试验站出现了欣欣向荣、蓬勃向上的局面。

据了解，他在新乡地区水文站工作期间，抓地下水观测工作，他跑遍了新乡地区 16 个县市，组织领导了地下水观测和普查，取得了显著的成绩，受到了水利部和河南省水利厅的表扬。他在新乡地区水利科学研究所工作期间，因在农业区划工作中成绩显著，被河南省政府和新乡地区行署授予先进工作者光荣称号。后来，他在金堤河管理局当局长期间，组织协调了豫鲁两省多年的水事纠纷，使金堤河近期治理工程和彭楼引黄入鲁灌溉工程得到国家立项治理，实现了金堤河地区两省人民多年的夙愿。

福林局长对党的忠贞、对事业的赤诚，深深地影响着我们。他离开工作岗位后，还在关心金堤河的事业，撰写了《金堤河地区水事纠纷》一书，把豫鲁两省多年来防洪的矛盾、排涝的纠纷、灌溉用水之求、行政区划之争说得清清楚楚，供后人有所了解和借鉴。

接着，他又让我们帮助他整理了在新乡工作期间撰写的报告和论文，汇集成《新乡地区水事浅议》一书。许多治水主张和一些学术观点，仍有很高的借鉴价值。

近日，福林局长在回首 36 年工作历程时，又让我们帮助他整理了以往的工作总结、讲话和没有发表过的文章，以及在报刊杂志上发表过的报告和论文，汇编成《求索之路水事札集》，以供参阅。

他对事业的执著追求和不断进取的精神，是永远值得我们学习的。鲁迅先生说过：地上本没有路，走的人多了，便成了路。福林局长走过的路，给了我们启迪。时代前进了，我们前面的路还很长，我们应该怎么走？是我们应该思考的。

马胜利　李清杰　王路平

2011 年 4 月

前　言

我自 1964 年 9 月参加工作，到 2000 年 4 月退休。在 36 年的工作历程中，先后经历了水电部豫北水利土壤改良试验站、新乡地区水文站、新乡地区水利科学研究所、黄委会引黄灌溉试验站和黄委会金堤河管理局五个单位，在为水利事业而奋斗的求索路上，我走过了五个里程。在风雨相伴、汗水和泪水交融的岁月里，留下了许多难忘的记忆。在斑斓的夕阳生活中，回眸历程中的脚印，尚感欣慰，捡起一些足迹的拓片，汇编成这本《求索之路水事札集》，仅供参阅。

第一里程　初踏征程遇浩劫　科技幼苗被夭折

我于 1964 年 9 月从华东水利学院毕业后，分配到水电部豫北水利土壤改良试验站(以下简称豫北站)参加工作，先在除涝水文组从事西孟姜女河流域除涝水文观测研究，探求平原地区农田除涝排水计算方法；期间参加了“新乡地区卫河及东西孟姜女河疏浚工程效果综合分析研究”的外业调查工作；1965 年 5 月，被调到机关技术科主持工作，并负责科技管理。

豫北站诞生于 1964 年元旦，是水电部根据在全国农业科学技术工作会议上提出的，关于建立国家土壤改良综合试验站的建议而成立的，她担负着黄淮海平原旱涝碱灾害综合治理的试验研究任务。但其生不逢时，遇上了那个动乱年代，1968 年 12 月，在一个大雪纷飞的冬天被夭折了。

20 世纪 80 年代，我在黄委会引黄灌溉试验站工作期间，根据海河水利委员会编写《海河志》的部署，要求我们编写 60 年代豫北站科研工作情况。昔日的豫北站，在历史的长河中，虽然只经历了短短的五年，但她在科技发展史上，毕竟占据了不可磨灭的一页。我搜集了原豫北站的一些科研成果，查阅了残存的部分文书档案，汇集成一份《站史资料》，为河北省水利科学研究所编写《海河志》第七编“水利水电科学研究”提供豫北站的有关资料。

同时，也将《站史资料》寄给原豫北站的部分老同志，请他们帮助补充修改。我在函件中说：“您曾经是这儿的主人，为豫北站的建立和发展，为黄淮海平原旱涝碱综合治理，付出过辛勤的劳动，做了大量的工作，您的成绩应该在站史中得到反映。希望您提供在豫北站工作期间的详细情况，欢迎赠寄昔日的工作笔记、观测记录、科研报告、照片等。”“请您利用余暇帮助审阅《站史资料》，她会勾起您对生活旅程的回顾，许多甘苦辛酸的往事定会一幕幕展现在您的眼前。过去已经成为历史，为了更好地总结历史的经验和教训，恳切地希望您把删润意见寄给我们，以便使那短暂的历史，得以准确的再现。”可能是同志们不愿意再回眸那艰难的岁月，不愿意再想起那些甘苦辛酸的往事，也可能是同志们手中的资料早已毁于那动乱的年代，我没有得到更多的资料。

原豫北站的老领导崔福堂局长曾多次要我写一写同志们如何深入农村蹲点搞科研，为根治黄淮海平原旱涝碱灾害而奉献青春热血，如何与社员群众同吃同住同劳动改造世界观的可歌可泣的事迹，我当时苦于手头素材甚少，后来我又从新乡调到濮阳工作，加之协调工作很艰巨，因而一直未能完成他老人家的嘱咐。

一转眼 40 多年过去了，在我编写这份材料的时候，我沉浸在美好的回忆里，有的领导已经不在了，有的伙伴也先逝了，我非常缅怀他们，那些令人尊敬的领导慈祥的面孔，亲切的话语，还留在我的记忆中；那些和我共同为根治旱涝碱灾害而进行试验研究的伙伴们，我还熟记他们的名字，他们的风姿，他们的豪情历历在目。那些昔日的往事，那些吃窝窝头的日子，那些睡麦草的岁月，永生不忘。也正是那些五色饭(高梁面窝窝头是红色的、玉米面窝窝头是黄色的、红薯面窝窝头是黑色的、小麦面馍头是白色的、大葱辣椒是绿色的)激发我们奋进、图强，为改变一穷二白的面貌而奋斗！

我们经历过那场可笑的“革命”，我们彼此间也曾有过这样那样的裂痕。忘掉它，忘掉那些不愉快的往事，那时我们年轻，再说我们所为是随着国家的脉搏而跳动。但我们也忘不了，正是那场运动结束了我们短暂的相聚，我们又各自踏上了新的征程。正是那段艰苦的岁月，磨炼了我们的意志，使我们懂得了人生，正是那段艰苦的岁月，陶冶了我们的情燥，使我们学会了做人。

不要忘记那一页历史，不要忘记那历史长河中的短短五年，她好像一枝美丽的昙花，开得那么美丽，可惜只有那么短暂的一瞬。我在《站史资料》的基础上编写了这篇《一枝科技昙花》，把她献给原豫北站的同事们，以告慰先人，激励后生。

第二里程　陌生路上勤进取　果实飘来赞许声

1971 年 8 月，我从“五七”干校重新被分配到新乡地区水利局水文站工作，我非常高兴，因为我是学习陆地水文专业的，可万万没有想到，水文站领导不让我搞水文工作，而让我去负责地下水观测，我的水文地质知识浅薄，没有办法，只好边干边学。在地区水利局领导的亲切关怀下，我组织领导了新乡地区十六个市县地下水观测管理、动态普查和试验研究工作，总结制定了地下水观测管理、资料整编、地下水普查等一套管理方法和制度，分析研究了地下水变化趋势和下降原因，编写了《新乡地区地下水动态初步分析》(已编入《新乡地区水事浅议》一书)。

由于地下水观测研究工作开展得比较好，得到了省水利局和水电部的好评。省水利局为推动全省地下水观测管理和普查工作，在新乡召开了现场会议，并邀请河北省、山东省、北京市、天津市等省市出席指导。会上，我提交了《我们是怎样开展地下水观测工作的》和《怎样进行地下水普查》两份汇报材料，系统地总结了进行地下水观测管理和动态普查工作的经验。根据水电部的指示，在华东水利学院举办的“北方十八省市地下水训练班”的学员来新乡实习，我介绍了地下水动态观测、资料整理和分析方法。我们的经验对全省以及北方一些省市的地下水观测管理和普查工作的开展起到了一定的推动作用。

我创办了《地下水通讯》，水电部情报研究所获悉后来函予以鼓励，说这是全国第一个地下水刊物，希望我们办好，还询问有何困难。水电部《水利动态》和河南省水利局《水利简报》先后转载了《地下水通讯》第四期“新乡地区地下水开采情况及近年的水位变化”一文，并加了按语。

1973 年，我结合生产提出了“关于在西孟姜女河流域(即人民胜利渠西灌区)开展地面水和地下水补给关系试验研究的设想”，得到了河南省水文总站领导的鼓励和支持。水电部第十三工程局李驾三主任工程师和南京大学地理系、华东水利学院水文系的老师得知后，在省水文总站领导陪同下，专程来新乡和我局讨论在人民胜利渠西灌区开展地面水和地下水补给关系试验研究一事。

1974 年，我曾写信给水电部钱正英部长，建议把人民胜利渠灌区地面水和地下水统一调配，防预旱涝碱灾害的研究纳入水电部科研计划，得到部和十三工程局的回复，认为我的意见很好，并说部里对这项工作也比较重视，准备纳入有关科研计划。

水电部水科院谢家泽副院长，出国考察前来河南视察，省水文总站通知我去郑州汇报，我向谢老作了题为“加强‘三水’观测研究，合理调配‘三水’资源”的汇报，谢老很尝识和赞成我的观点，给予了很高的评价，并说：“就应该天上水、地面水、地下水统一考虑，过去我们做得不够，现在是我们抓地下水、土壤水的时候了。”

1974 年 11 月，根据水电部 1974 年科学技术发展计划，十三工程局承担在海滦河流域研究地上水和地下水的补给关系。十三工程局决定在人民胜利渠西灌区开展这项研究，要求河南省水利局明确局属单位来抓此项工作。省局核心组研究决定，由水文总站来抓，水文总站委派我们具体实施。我编制了西灌区研究工作计划，经总站审核后，由省水利局报送给十三工程局。就在这时，地区水文站领导又以非常合法的理由让我去从事水文站的基建工作。结果地面水和地下水补给关系的研究落了空，实在让人心疼。

1976～1978 年，我参加了水电部组织的《全国地下水观测规范》的编写工作，承担了第四章地下水资料整编的编写任务。我根据新乡地区地下水资料整编的方法，吸取外省地下水资料整编的好经验，编写了《地下水资料整编》，系统地介绍了地下水资料整编的目的和意义，各种地下水资料的整编方法、步骤和要求，受到了兄弟省和兄弟地区，尤其是地下水观测管理工作开展晚的地方所欢迎。在此之前，我曾写过一些地下水资料整编点滴体会，如“考证工作很重要”、“去粗取精、去伪存真”、“计算方法及其误差”等。

我将《我们是怎样开展地下水观测工作的》和《地下水资料整编体会点滴》编入这本札集，供从事地下水工作的同志参考。

1976 年唐山地震后，新乡地区地震办公室的同志向我搜集有关地下水资料，同时赠送我一些地震小册子，当时我因病在家，根据地震办提供的资料，我又查阅了有关文件，编写了《地下水和地震》一文，从地震对地下水的影响和地下水对地震的影响来阐述地下水和地震的关系，进而叙述了利用地下水来预报地震的方法和利用地下水来控制地震的展望。地区地震办的同志当时认为是国内比较系统地阐述地下水和地震关系的一份好材料，向省地震办汇报后，省地震办舒山林同志来信给予鼓励，认为很好，并希望我赴郑州讨论修改和印发一事。新乡地区水利局宫常明副局长看后也同意印发，但水文站负责人持不同意见，认为这是地震部门的事情，不同意印发。加之后来天津地震队出版了《地下水和地震》一书，我放弃了印刷请求。尽管地震部门同志认为题名相同但阐述方法和内容不一样，可以印发，我没有同意。

第三里程　携手科研作贡献　学术交流谱新篇

1979 年 10 月～1985 年 5 月，我在新乡地区水利科学研究所工作期间，任副所长，兼任新乡地区水利学会副秘书长，主持日常工作。在地区水利局的领导下，在王有全书记、刘好智副所长的带动下，为恢复和组建新乡地区水利科学研究所，推动全区农田水利科学研究工作的开展，为恢复新乡地区水利学会的组织建设，开展学术活动和学术交流，我和他们一道付出了艰辛的劳动，做出了显著的成绩。水科所因科研工作开展得很好，被评为河南省水利系统先进单位。

在这期间，我主持了“新乡地区水资源调查和水利化区划”研究，编写了《新乡地区县级水资源调查和水利化区划技术细则》、《新乡地区水利化简明区划报告》，1981 年 5 月，在省水资源学术讨论会上发表了《水资源供需平衡分析中几个问题的推敲》。1984 年，应焦作市邀请，参加了焦作经济区国土规划工作，承担了《河南省焦作经济区水资源评价报告》部分章节的编写。并于 1984 年 11 月提出了《蟒河流域水体污染现状分析及综合治理研究》意见。我因在区划工作中成绩显著，被河南省政府和新乡行署分别授予先进工作者光荣称号；因积极组织开展了全区学术活动和学术交流，被河南省水利学会评为学会工作积极分子。

在这期间，我参加了中国科学院“黄淮海平原综合治理及合理开发研究”，与水利水电科学研究院王重九同志共同承担了“天然文岩渠流域水资源合理开发利用的研究”，执笔编写了《天然文岩渠流域及邻区水资源开发利用和合理调节》，已编入科学出版社出版的《黄淮海平原治理与开发研究文集》、水利水电科学研究院论文集(第 28 集)，并且在日本召开的国际灌排会议上进行了交流。

在这期间，我应河南省环境保护研究所邀请，与河南省环境保护研究所杨秋荣工程师共同主持了城乡建设环境保护部下达的“河南省辉县百泉水资源保护研究”。1985 年我们共同完成了研究任务，编写了《河南省辉县百泉水资源保护研究》报告，由我执笔编写了《百泉地质环境与水环境》、《百泉灌溉史略考》、《百泉泉水特性分析》、《百泉断流原因浅析》、《百泉保泉措施研究》等报告，并编制了《百泉莫断流》电视资料片脚本，河南省环境保护研究所拍摄成电视片在全省播放。1986 年 5 月通过了城乡建设环境保护厅组织的鉴定，认为该项研究成果达到国内同类课题先进水平。

(上述几份研究报告已编入《新乡地区水事浅议》一书)

我在编辑这本札集的时候，从一堆手稿中发现了那个阶段的两份工作总结和两份汇报材料，是由我执笔编写的，有全书记和好智副所长帮助修改的。我决定把她们编入这本札集，作为对那段生活的回顾。

第四里程　引黄灌区细调研　科研成果篇连篇

1984 年 5 月 ~ 1989 年 2 月，我在黄委会引黄灌溉试验站工作期间，领导了黄河下游引黄灌溉科学研究，开创了科学研究和灌溉管理工作的新局面。组织广大科技人员，深入灌区进行调查研究，对灌区内存在的问题，从渠首引水防沙条件、沉沙池运用，到利用泥沙淤临淤背加固堤防、放淤改土；从引水引沙到退水退沙对排水河道的影响；从灌区用水情况到盐碱地变化；从灌区灌排工程配套到节水、节能、扩大效益的措施；从管理组织机构到管理队伍人员素质等，进行了全面系统的调查研究，提交了一批调查报告，得到了钱正英部长的书信表扬，从此打开了引黄灌溉试验站的工作局面。我曾经说过："沙漠的尽头就是绿洲，试验站应该有她美好的前景"。我汇集了1984~1989 年引黄灌溉试验站的工作总结，以反映那五年穿越沙漠走向绿洲的艰难生活。

遵照钱正英部长指示,我曾于 1986 年 7 月在同志们的帮助下起草了《黄河下游引黄灌溉工作纲要》(第一稿)。

为了提高引黄灌区管理人员的业务素质，推动引黄灌溉事业的发展，我们根据水利部农水司的指示，创办了黄河下游引黄灌溉技术培训班，在 1985 年 4 月第一期学习班开学典礼上，我以《加强智力建设，开创引黄灌溉新局面》为题作了发言。阐述了加强智力建设是时代发展的需要，是开创引黄灌溉新局面的需要。20 多年过去了，现在来看，加强引黄灌区管理队伍的智力建设，仍是一项神圣的任务。

在引黄灌溉试验站工作期间，曾兼任新乡市水利学会常务副理事长，参与组织了形式多样的学术交流和学术活动，受新乡市水利学会委托，对新乡市水资源进行了分析研究，在新乡市水资源学术讨论会上作了"新乡市水资源条件和城市供水对策"的发言，应新乡市科学技术情报研究所的委托，在《新乡科技情报》上发表了《新乡市水资源浅析》一文，曾获新乡市科技论文三等奖。1987 年，我曾应新乡市土木工程学会的邀请，作了题为《新乡市水资源条件和环境水利问题》的学术报告，阐述了对新乡市水资源的评价，提出了合理开发利用水资源的建议，并发表了对新乡市环境水利问题的粗浅认识。1986 年被新乡市人民政府授予先进工作者光荣称号，被新乡市科协评为学会活动积极分子。

1986 年 8 月，我和水利水电科学研究院王重九高级工程师共同就河南省境内引黄济冀路线进行了调查研究，编写了《兴利除害、统筹兼顾——浅谈红旗渠调水之优点》，系统地阐述了从河南省封丘县红旗渠向河北调水方案的优点，已为国家采纳。该文已编入《新乡地区水事浅议》一书。

1988 年 5～6 月，我根据水利部农水司的安排，参与陪同苏联专家在我国考察渠道防渗和管道输水情况。6 月 7 日，我向水利部递交了苏联专家在我国河南省、陕西省和北京市考察和观光的情况报告。

另外，我在《黄河史志资料》上还发表了《引黄灌溉试验站的经历和工作成果》。我还组织杨国权、王路平、马胜利、赵永东、吴秀英等编写了《黄灌下游引黄灌溉大事记(1949～1989)》。

第五里程　协调艰难何所惧　达成共识尽开颜

1989 年 3 月，我奉命到濮阳市筹建并主持金堤河管理局工作，负责协调豫、鲁两省金堤河地区水事纠纷。在水利部计划规划司和黄委会的领导下，经过八年艰苦、细致的协调工作，终于使两省在主要问题上取得了一致意见，两省一部会签了金堤河干流近期治理工程和彭楼闸引黄入鲁灌溉工程项目建议书，经国家农业开发办公室批准后，已立项实施。实现了金堤河两岸人民多年的夙愿，解决了多年没有解决的问题。

期间，我深入基层，调查研究，搜集资料，执笔编写了《金堤·金堤河·北金堤滞洪区大事记》；为黄河志水政篇纂写了《金堤河水事纠纷》；在《黄河史志资料》上发表了《60年代的金堤河工程管理局始末》、《金堤河管理局筹备组成立的前前后后》和《金堤河地区行政区划争议由来》三篇史志资料；应濮阳市人大常委会的邀请，向濮阳市的全国人大代表、河南省人大代表和市人大代表，作了题为《协调水事纠纷，振兴流域经济》有关金堤河问题的汇报；应濮阳市政府邀请，在濮阳市农业防灾减灾研讨会上发表了《金堤河流域旱涝碱灾害防治对策研究》(已编入《新乡地区水事浅议》一书)；1998年9月出版了《金堤河地区水事纠纷》一书。

为了使社会各界更多地了解金堤河存在的问题，希望豫鲁两省顾全大局，团结治水，我们在《黄河报》上组织了金堤河系列报道："金堤河在呼唤"、"团结治水众望所归"和"创业进行曲"。

为了能够反映金堤河管理局那段艰难的岁月，我在这本札集里编入了我在金堤河治理领导小组第一次、第二次工作会议上的汇报；编入了我在庆祝人民治黄五十周年暨金堤河管理局成立五周年大会上的讲话，以及在《人民黄河》上发表的《坎坷的历程　丰硕的成果》，庆祝金堤河管理局成立五周年的文章；编入了在纪念中国共产党建党75周年的纪念会上，我向金堤河管理局全体党员和要求入党的积极分子所作的《新时期共产党人的使命》的报告；还编入了我对金堤河管理体制的浅见。

回首五段里程，感慨风雨人生。我曾经在陌生的道路上摸索向前，幸好最后还是到达了褒奖的前庭；我曾经在辽阔的沙漠中寻找出路，可喜最后还是找到了美丽的绿洲；我曾经在多年的泥沼中跋涉前进，庆幸最后还是登上了和谐的彼岸。"路漫漫其修远兮，吾将上下而求索"，在上上下下的求索之路上，有汗水，也有泪水，有喜悦，也有惆怅；在坎坎坷坷的人生征程上，有跌跤，也有伤痕，有鼓励，也有诽谤；……在绚丽的夕阳生活中，只有欢笑，只有快乐，只有满足！

谨以此书献给在我工作生涯的五个里程中，关心过我、帮助过我、培养过我的好领导、好朋友、好同事！祝愿他们一生平安！

王福林

2011 年 4 月

在黄河刘家峡水库大坝留影

目　录

第五里程

第一里程

一枝科技昙花

——记水利电力部豫北水利土壤改良试验站的短暂历史

水利电力部豫北水利土壤改良试验站(以下简称豫北站)诞生于1964年元旦，只经历了五个春秋，在1968年底狂风巨骤、大雪纷飞的日子里夭折了。在历史的长河中，她只经历了短短的五年，然而，在科技发展史上，她毕竟占据了不可磨灭的一页。她好似一枝昙花，开得那么美丽，可惜只有那么短暂的一瞬。不要忘记那一页历史，不要忘记那历史长河中的短短五年，记载下来，启迪后人！

一、阳光明媚气候宜人好辰光

豫北站诞生的背景条件是很好的，全国农业科学技术工作会议前后，中共中央和国务院对黄淮海平原地区旱涝碱等自然灾害的治理极为重视。

1962年9月，国家科学技术委员会(以下简称国家科委)和农业部联合召开了“全国农业科学规划会议”，制定了十年农业科学技术规划。会上，周恩来总理提出了六项发展农业、改造自然的任务，即：①山地利用和水土保持；②盐碱地改良；③草原利用与改良；④海滨、湖滨和河滩地利用；⑤沙漠改造和利用；⑥热带地区的开发和利用。其中，第②、④两项直接关系到黄淮海平原的治理。

1963年2~3月，中共中央和国务院在北京联合召开“全国农业科学技术工作会议”，会议提出了重大综合研究任务和研究中心的建立，共十大项，其中第四项指出：在黄淮海平原中选定适当地址，建立试验研究中心，以解决河北、山东、河南、皖北、苏北等省区的旱、涝、碱综合治理和全面发展农业生产的科学技术问题。并指出必须组织各方面的力量，在坚强的统一领导下，开展综合的研究。

黄淮海平原是指黄河、淮河和海河下游的冲积平原，是我国第一大平原，包括河北、山东、河南、安徽、江苏及北京、天津五省二市的部分地区。覆盖 39 个地(市)的 350 个县(市)，总面积约 40 万 km^2，人口约 2 亿人，耕地约 2.4 亿亩。

黄淮海平原地理位置优越，交通方便，区内地势平坦，土层深厚，开发历史悠久，耕作技术精细，光照充足，气候温和，热量资源丰富，年降水量在 500 ~ 1 000 mm，极有利于农业生产，适宜二年三熟或一年两熟，是我国重要的粮棉基地，农业经济状况对全国农业的发展有着重要的影响。

但是，由于降水年内年际分配不均，以及河流特别是黄河多次决口泛滥，致使这块具有独特自然条件的平原，长期以来受着洪涝、干旱、盐碱、风沙等多种自然灾害的威胁，严重地制约着农业生产的发展，粮食产量一直低而不稳。

新中国成立后，中共中央和国务院对黄淮海地区的治理极为重视，毛泽东同志曾先后发出“一定要把淮河修好”、“要把黄河的事情办好”和“一定要根治海河”等指示。在各级党和政府的领导下，兴修水利工程，大搞农田基本建设，灾害有所减轻，农业生产有了一定程度的发展，但旱、涝、盐碱、风沙等自然灾害仍未得到很好的根治。

中共中央和国务院批转了谭震林、聂荣臻二位副总理关于全国农业科学技术工作会议的报告，根据报告中提出的“在黄淮海平原中选定适当地址建立试验研究中心，以解决河北、山东、河南、皖北、苏北等省区的旱涝碱综合治理和全面发展生产的科学技术问题”，国家科委和水利电力部(以下简称水电部)提出了建立综合治理黄淮海平原旱涝碱灾害研究中心方案的意见，并于1963年12月6日联合行文，向华北局、华东局、中南局科委，向河北、山东、河南、安徽、江苏五省及北京市水利厅(局)，向水利水电科学研究院(以下简称水科院)、中国农业科学院(以下简称农科院)及中国科学院(以下简称中科院)南京土壤研究所等单位,寄送“建立综合治理黄淮海平原旱涝碱灾害科研中心的意见”。意见提出，根据中央关于农业方面十大研究中心的指示，黄淮海平原的研究中心应立即进行组织，以便早日系统地开展这一地区改造的研究任务。

1964年2月4~7日，国家科委和水电部在北京召开了综合治理黄淮海平原旱涝碱灾害研究中心筹建座谈会，会上草拟了关于建立综合治理黄淮海平原旱涝碱灾害研究中心的方案草案(讨论稿)。3月20日，国家科委和水电部又联合行文，征求“关于建立综合治理黄淮海平原旱涝碱灾害研究中心方案(草稿)”的意见。

1964年2~3月,中科院在南京召开“盐碱土研究工作会议”,会上着重讨论了黄淮海地区旱、涝、碱综合治理的研究工作，由熊毅所长等13人向中科院党组和水电部党组提出了“关于进一步开展黄淮海平原旱涝碱等灾害综合治理科学研究工作的建议”，提出了“黄淮海，点片面，多兵种，长期干”的战略思路，要求除加强已有试验、观测的站点外，建议选择豫北地区作为样板，进行综合治理，示范推广。

在征得各方面意见后，1964年4月，中科院、水电部、农科院与新乡地委商量，确定豫北地区为黄淮海平原旱涝碱综合治理的试验研究基地。并确定在原阳、延津、封丘三县开展试验研究工作。1965年4月，河南省委主持成立了黄淮海平原综合试验研究中心新乡地区领导小组，以加强新乡地区旱涝碱综合治理试验研究工作的全面统一领导。

1965 年 2～3 月，中科院召开党组扩大会议，确定将黄淮海平原旱涝碱综合治理研究工作列为科学院六大研究任务之一，同意将封丘县作为重点，组织有关单位打歼灭战，并决定在封丘县盛水源搞井灌井排试验。6 月，中科院成立"黄淮海旱、涝、盐碱综合治理项目领导小组"，组长竺可祯，副组长过兴先、张子林。下设工作组，组长熊毅、副组长沈玉昌、黄荣翰。工作组办公室设在封丘，主任苏尚骥。

至此，黄淮海平原旱涝碱灾害综合治理研究基地已经确立，中科院、农科院、水科院三院携手，多兵种联合作战，综合治理旱涝碱等自然灾害的战斗已经打响。

二、豫北大地春风送暖庆诞生

全国农业科学技术工作会议后，水电部根据会上制定的《土壤盐碱化防治工作方案》中，关于建立国家土壤改良综合试验站的建议，就决定在河南省新乡市人民胜利渠灌区所在地，建立水利电力部豫北水利土壤改良试验站(即国家土壤改良试验站)，并经国务院农林办公室和国家科委 123 文批准，豫北站由水科院领导。

1963 年 4 月，水电部就下达了豫北站 1963 年编制为 65 人的劳动计划，列入水科院 1963 年劳动计划之中，并抄送河南省计委备案。6 月，水电部又通知河南省水利厅和新乡专署水利局，决定在河南省新乡市建立豫北站，研究解决华北平原旱涝碱淤有关科学技术问题。

同年 11 月，水科院张子林院长亲自带领水利所、水文所、河渠所的有关人员，来河南新乡进行查勘，选择确定试验研究基地，筹建豫北站，并请河南省人民委员会协助解决豫北站筹建中的有关事项。

1964 年元旦，在欢乐的鞭炮声中，豫北站正式成立。水电部任命马诚谦同志任站长，李鹏飞同志任副站长。水科院明确黄荣瀚同志任总工程师，薛松同志任副总工程师。

豫北站作为一个长期性、综合性试验研究机构，承担着黄淮海平原旱涝碱综合治理的试验研究任务，不仅要研究丰产灌溉制度、灌水技术、田间灌排工程规划布置，而且要研究提高渠系水有效利用系数的工程技术措施和渠系泥沙处理；不仅要研究土壤次生盐碱化预防措施，而且要研究盐碱地改良的水利技术与综合措施：不仅要探讨平原地区农田除涝排水计算方法，而且要研究平原地区地下水的控制和利用。既要从事室外观测试验，又要进行室内试验研究；既要蹲点深入观测，又要进行面上调查；既要拿出系统的研究成果，又要做出科学样板。由于内容较多，任务较重，所以，豫北站刚诞生就建立了比较健全的组织机构、配备了比较充足的人力、添置了当时较为先进的设备。

(一) 机构设置

豫北站站址设在河南省新乡市东郊黄河口。1963 年底筹建时，站址曾临时设在新乡市豫北宾馆西小楼。1964 年春，在新乡市黄河口东购置了新乡师范和东风中学两所学校的校址，并与相邻的生产大队作了适当的土地调整。机关大院面积 80 余亩，房屋 240 余间。1964 年 9 月 10 日，站机关正式由豫北宾馆迁居黄河口东新址办公。

与此同时，在新乡县小冀镇东南人民胜利渠管理局对面，又购买了新乡专署水利局机械施工队旧址 40 余亩，平房 50 余间，小楼一幢有房 40 余间，并在院南购买了试验场地 200 余亩，作为试验基地。

另外，在西孟姜女河上设立了路庄、南翟坡、程操三处水文站，在原阳县文定渠上设立了小王庄水文站，购买了站址，修建了观测房。

在行政机构设置方面：经水科院领导研究决定，设办公室、人事保卫科、行政管理科、财务器材科，并批复李健秋同志任办公室主任、李光辉同志任人事保卫科副科长、杜让同志任行政管理科副科长，双家祯同志任财务器材科副科长。

在科研业务方面设有：除涝水文组、水文地质组、盐碱地改良组、次生盐碱化防治组、灌溉工程技术组、河渠泥沙组、技术科、化验室。

(二) 人力资源配备

早在 1963 年底豫北站筹建阶段，就从北京地质学院、北京师范大学、西南农学院、北京水利学校、武汉地质学校 5 所高中等学校分来了 10 名应届毕业生；1964 年又从武汉水电学院、华东水利学院、北京水电学院、南京大学、西南农学院、西北农学院、山东农学院、武汉测绘学院、北京水利学校、武汉地质学校、东北气象学院 11 所高中等学校分配来 32 名大学毕业生和 5 名中专毕业生，而且从北京农业大学分来了 1 名地球物理研究生；1965 年又从北京水电学院、北京农机学院和武汉水电学院分配来 3 名大学生和 1 名泥沙研究生。加上从外单位调入的技术干部，截至 1965 年底，全站共有研究生 2 人，大学生 40 人，中专生 13 人，合计 55 人。其中：农田水利专业 23 人，水文地质专业 10 人、水工专业 8 人、陆地水文专业 4 人、土壤农化、农学专业 7 人、测绘专业 1 人。

1964~1966 年三年中，配备各级行政管理人员 21 人，工人 12 人，观测员、化验员 20 人。

1966~1968 年又陆续分配来 1 名研究生、4 名大学生、6 名中专生，科研队伍不断壮大。

为了加强科学试验研究工作，水科院又从水利所、水文所、河渠所抽调了 15 名科技人员作为技术骨干，长期驻豫北站从事科学试验研究。

(三) 科研设备配置

1. 为适应综合性科研工作的需要，豫北站成立后，水科院立即拨付6万元购置了大量的仪器设备。据回忆有：

(1) 全套的气象观测仪器，其中：自记风速风向仪、自记日照仪、自记温度计、毛发湿度计、水银气压计等均为当时比较先进的观测设备；

(2) 数套水文观测仪器，其中：自记水位计、微型流速仪、人工降雨设备均为国内先进；

(3) 数套测量仪器和测量用具，配备了高精度的经纬仪和水准仪；

(4) 数套土壤水分观测仪器和设备；

(5) 购置了比较先进的化验设备，配置了电导仪、1/万光电分析天平、真空泵等；

(6) 还购置了一台手摇式计算机。

这些仪器设备，在搜集整理和分析研究降水、地表水、地下水、土壤水盐动态等资料方面，发挥了巨大的作用。

2. 为保证科研工作更好的开展，豫北站还添置了吉普车一辆，解放牌卡车一辆、苏联卡斯卡车一辆，东方红拖拉机一部，骡马大车一辆，永久牌和飞鸽牌自行车80余辆。全站共购置了8部西德蔡氏和苏联基辅牌照相机。除此，各基点还配备了当时较为先进的美多牌半导体收音机。

(四) 科技情报工作

科技情报是科研工作的耳目。豫北站成立后，随即在技术科下设图书室和科技情报资料室，一方面大量购置中外文图书，订阅中外文期刊；另一方面向国内各省、市、自治区水利部门发函，建立科技情报联系网，搜集各类科技资料。截至1965年底，馆藏中文图书5 000余册，英文和俄文图书500余册，订阅中文期刊

53 种，英文和俄文期刊 43 种，搜集科技资料 400 余份。科技情报工作的开展，对水利土壤改良试验研究，对提高年轻科技人员的业务素质，起到了积极作用。

(五) 科研经费

1964 年，豫北站是以国家土壤改良试验站的规模出现的，得到了国家科委和水电部的高度重视。豫北站成立后，编制了 1964～1965 年基建工程及试验工程设计任务书，水电部于 3 月就作了批复，基本同意豫北站近期发展规模、试验工程项目及房屋建筑项目；核定 1964 年基建投资 30 万元、试验工程投资 100 万元，诞生的第一年国家就发给事业费 16 万元，合计 146 万元。1966 年事业费又增至 22 万元，又拨付试验工程费和基建费 35 万元。1965 年国家科委还拨给科研补助费 4.1 万元，1966 年又增至 7.6 万元。科研经费的增长，映衬着党和国家对水利土壤改良研究工作的高度重视。

三、一边建站一边选点谱新篇

(1964 年科研工作情况)

1964 年，根据国家科学技术发展规划的要求，结合新乡地区自然特点、农业生产和水利建设等情况，豫北站在调查研究的基础上，确定了 4 个科学研究试点。全站职工认真执行水电部勤俭建站、勤俭办科学的指示，一边建站，一边开展科研工作，集中力量在 4 个试点，结合生产开展了 8 个专题的试验研究工作。

(一) 4 个科学研究试点

1. 人民胜利渠西灌区除涝治碱试点

人民胜利渠西灌区(即西孟姜女河流域)，横跨新乡、获嘉两县和新乡市一部分。西部是共产主义渠，东南是人民胜利渠总干渠和京广铁路，北部是卫河。新焦铁路以南，八里营水文站以上流域面积约为 170 km^2，流域形状呈直角三角形。区域内共有 6 个公社，总耕地面积约为 25 万亩。

该区年降水量一般在 450 ~ 650 mm 之间，雨量年内分配极不均匀，70%左右集中在 6 ~ 8 月份，往往形成先旱后涝，涝后又旱，旱涝交错的灾害。该区地势平坦，地面高程一般在 75 ~ 85 m 之间，地面坡度约为 1/2 500，呈西南高、东北低，低洼易涝面积约 4 万亩。地处古阳堤下，属山前交接洼地，地下水受太行山和黄河渗漏双重补给，又受引黄灌溉影响，地下水埋深较浅，一般在 1.5 ~ 2.5 m 之间。水文地质条件比较复杂，潜水径流与地面径流一致，自西南流向东北，潜水坡度为 1/3 000 ~ 1/5 000，径流迟缓，加上年蒸发量一般在 1 500 mm 左右，潜水垂直运动强烈，造成土壤大量积盐，流域内有盐碱地 7 ~ 8 万亩，地下水矿化度 1 ~ 2 g/L。特别在排水条件较差地区，盐碱化程度较重。在四支控制范围内，有老盐碱地约 1 万亩，1 m 土层内平均含盐量一般为 0.5% ~ 1.2%，矿化度大于 5 g/L，个别超过 10 g/L，盐碱地的盐分组成以硫酸盐为主。由于自然及历史的原因，长期遭受旱涝碱的危害，农业产量很低，群众生活极其困难，连年划为重灾区。该区土地增产潜力很大，如能采取有效的排水措施，根除涝碱灾害，兴建灌溉工程，配合耕作施肥等措施，有可能变低产为高产的粮棉基地。

研究决定，以人民胜利渠西灌区二、四支排控制范围的丁村—沙窝营一带为重点，进行除涝治碱、盐碱地水文地质条件及西孟姜女河流域除涝水文观测等试验研究。

试验工程：包括二、四支排上 14 座桥梁建设，7 条斗排的土方开挖及桥梁建筑。竖井排水与暗管排水试验，以及改良利用盐碱地的综合措施等。

目的：解决这一地区旱、涝、碱问题，改变低产面貌，逐步建立稳产高产样板。

2. 人民胜利渠东一灌区防止盐碱化、灌溉技术与丰产灌溉试点

防涝、防碱是黄淮海平原发展灌溉、保证农业稳产高产的必要条件。通过对人民胜利渠东一灌区地下水及土壤水盐动态规律的观测研究，探讨预防土壤次生盐碱化的排水、防涝工程技术措施，以便为黄淮海平原发展灌溉农业提供科学依据。

人民胜利渠灌区是新中国成立以后黄河下游第一个引黄灌溉工程，灌区内土壤大部分为轻沙壤土，透水性较强，渠道长期输水渗漏量较大，渠系水有效利用系数较低，地下水位抬升，沿渠两侧次生盐碱化严重。为提高渠系水有效利用系数，防止渗漏抬高地下水位，产生次生盐碱化，经水电部、水科院领导同意，决定在人民胜利渠灌区进行渠道衬砌防渗试验。

研究决定，以小冀、七里营两公社为重点，进行灌溉工程技术和防止次生盐碱化及丰产灌溉的试验研究。

试验工程：包括东一干一支渠道衬砌防渗(混凝土及浆砌片石、卵石)和老五斗渠道衬砌防渗(塑料布、玻璃纤维油毡及黏土草泥坯)。苗庄和王屯大队棉田丰产的水利与农业技术措施(面积400 亩)。

目的：灌溉增产而不盐碱化，建立现代化灌溉农业示范区，逐步使东一灌区成为旱涝保收、稳产高产样板。

3. 原阳县文定渠流域靳堂地区除涝治碱试点

原阳县文定渠流域靳堂地区，位于黄河大堤北侧，属背河洼地黄河浸润地带，地形比较封闭，内涝灾害较重。地下水埋深一般在 1 m 上下。土壤盐分类型，南部为苏打盐土，中部为氯化物盐土，北部盐碱地较少。历史上就是旱涝碱和风沙灾害严重的地区，农业生产极不稳定。

1958 ~ 1960 年，当地群众在党和政府领导下，曾先后修建引黄灌溉工程，进行种稻放淤，采取河网园林化等各种水利建设及土壤改良措施，对治理旱涝碱等自然灾害收到一定效果。但由于

排水干(天然文岩渠)、支(文定渠)河道未能彻底治理，面上排水系统又逐渐淤坍堵塞，以致排水不畅，涝碱灾害严重存在。1961 年秋引黄停灌后，地下水位有所降低，但干旱威胁又较前加重。1963 年冬至 1964 年春，对文定渠作了初步疏浚，结合河南省水利局实施天然文岩渠疏浚工程，又扩大和加深了文定渠支渠。

为探求综合治理旱涝碱的有效措施，经与原阳县委研究，决定以文定渠小流域(70 多 km^2)作为小型综合治理示范样板，先以南部靳堂公社为重点，总结当地除涝治碱经验，增修必要的试验工程，结合井灌井排与农业技术措施，建立旱涝碱综合治理样板，并为背河洼地(原阳—封丘)30万亩苏打盐土的改良利用提出有效措施。树立旗帜，指导全县。改良这类盐碱地，不仅在生产实践上有一定的意义，而且对于治理沿黄背河洼地有一定代表性。

目的：改变原阳县低产面貌，争取在三五年内建成一块高标准的旱、涝、碱综合治理与稳产高产样板。

4. *雁门地区井灌井排试点*

雁门地区，位于河南新乡共产主义渠以西、卫河以南、沁河以北、大狮涝河以东，包括获嘉、修武、武陟三县的九个公社，总面积约 350 km^2，耕地约 35 万亩，系老井灌区，1957 年井灌面积就占总耕地面积的 35%以上，是新乡专区粮棉主要产地之一。该区西部为雁门高地(即郇封岭地区)，易旱；东部至共产主义渠沉沙池以西，为洼涝盐碱地；中部为广阔的冲积平原，旱涝碱等灾害的威胁同时存在，农业生产很不稳定。该区南接黄沁河，北靠太行山山前冲积平原，地下水源比较丰富，电源与交通条件比较优越，进行井灌井排与地下水有关问题的研究，对促进农业生产与积累科研资料都是比较有利的。

探讨典型井灌地区地下水的形成及井灌在控制地下水，防治旱、涝、碱等自然灾害中的作用，研究进一步发展井灌，及大面积粮棉基地发展井灌的有关技术问题。其主要任务：总结群众性井灌与丰产经验；探讨区域地下水的补给、排泄关系，特别是降雨入渗补给地下水的特点，不同含水层与潜水的动态关系，天然河流对潜水的补给与排泄影响；探讨井灌地区的地下水、盐分迁移与累积过程及其与土壤盐渍化的关系；探讨地下水储量计算方法与合理开采利用方式，井群布局关系与合理的井结构形式。

试验工程，包括豫北雁门井灌区水文地质勘探以及打试验井等。目的是建立大面积井灌粮棉丰产示范区。

(二) 八个试验研究专题

广大年轻的科技人员，在老同志带领下，进驻试点，熟悉环境，搜集资料，布设观测网点，与社队干部共同研究生产中的问题，结合生产开展了试验研究工作；经过一年努力，建立了试验研究基地，取得了一定成绩，迈出了可喜的第一步。

1. 盐碱地改良的水利技术和综合措施的研究

以引黄人民胜利渠西灌区和原阳县文定渠流域为研究对象。

在人民胜利渠西灌区，以二、四支排丁村——沙窝营一带为重点，开展了地下水、土壤水盐动态规律与除涝治碱工程效果等方面的综合科学试验与观测研究，结合农业措施，研究除涝治碱变低产为高产的科学技术问题，逐步建成旱、涝、碱综合治理样板。

主要研究内容：

(1) 明沟排水设施(骨干与田间)对降低与控制地下水位及促进土壤脱盐作用与效果的研究。

(2) 暗管排水设施(不同管材)对降低与控制地下水位及促进土壤脱盐的作用与效果的研究。

(3) 竖井排水设施(包括风力水车垂直排水)对降低与控制地下水位及促进土壤脱盐的作用与效果的研究。

(4) 灌溉与降雨淋洗对调节与控制土壤盐分运行作用及效果的研究。

(5) 冲洗改良利用盐碱地效果的对比试验。

(6) 排水沟边坡坍塌原因及防坍措施的研究。

(7) 建立旱涝保收粮棉基本农田与丰产试验田综合措施的研究。

4 月份，协同新乡专署水利局编报了“西孟姜女河二、四支排桥梁工程设计书”和“人民胜利渠西灌区二、四支排涝治碱斗排土方及建筑物试验工程设计书”。水科院批复后，协同获嘉县、新乡县两县水利局，进行了二、四支排上 14 座桥梁建设；进行了四支排的 4、6、7、8 斗排纵横断面测量；完成土方开挖及建筑物试验工程建设。

另外，在试区内布设了部分观测网点；还对小麦、棉花苗期耐盐性能进行了调查研究。

总负责人：黄荣瀚。课题负责人：魏永纯、孙广东。参加人：张可立、孙可振、袁礼君。协作单位：引黄人民胜利渠分局、获嘉县水利局、治碱办公室。

在原阳县文定渠流域，调查总结和试验研究低洼盐碱地区适宜的排灌工程措施；明沟排水与井灌效果；主要农作物的丰产灌水技术与灌溉制度；沟洫台田的适应地区及其技术要求；引黄放淤、试种水稻对改良苏打盐土的作用及工程技术；以及种植绿肥、造林治沙等农林措施对改良土壤、培养地力的效果。

主要研究内容：

(1) 丰产灌溉：灌溉渠系的规划布局；渠道防渗措施及采用地下渠灌水的试验；田间灌溉工程的规划设计和先进输水技术的试验；主要农作物的灌溉制度试验及灌溉增产效益的调查总结。

(2) 排水工程配套问题：不同类型地区排水沟配套级数、规格标准；排水系统的建筑物结构形式，建筑材料及施工方法；防止排水沟边坡坍塌的工程技术措施及生物措施；明沟排水除涝治碱作用及其农业增产效益的调查分析。

(3) 沟洫台田及条田：进一步调查总结、观测研究现有台田、条田的除灾增产效果；研究台田、条田的适应地区、规划布局、规格标准及管理适用的技术措施。

(4) 井灌井排：根据当地水文地质、地形、土壤、作物等条件，研究机井布局，提出机井群布局初步方案；打井技术、井型结构及旧井改造利用；提水工具与动力；井灌地区田间工程、灌水技术的试验研究及灌溉增产效益的调查总结；机井群抽水对降低地下水位的作用及其治碱防涝效果的观测；盐碱地灌溉冲洗压盐的技术措施。

(5) 放淤种稻：引黄放淤的引水路线、建筑物与放淤工程措施的调查研究；引黄渠系泥沙运行规律的调查观测；根据可能条件，在背河洼地进行小面积种稻试验。

(6) 改良利用盐碱地的综合措施：盐碱地绿肥种植的技术措施及其土壤改良效果的观测研究；主要农作物的优良品种的引种和培育技术；不同类型地区适宜的轮作制度(包括间作、混作、套作)。

总负责人：黄荣瀚。课题负责人：郑哲仁、王健民。参加人：吴中如、吴卫良、王述天、李伯璐、关兆勇、王义才、梁寿芳、刘泽民、刘桂祯、李梅丽、易心章、王广善、陈凤昌、蒋国镭、陈家汉、孙献生、张在林、冯庆义、刘叔惠、马国信、王温如、申仰昭、卫元良等。协作单位：原阳县水利局、农业局、林业局，新乡专区除涝治碱治沙试验站。

2. 平原地区农田除涝排水计算方法的研究

为研究豫北地区除涝工程的作用和进一步解决豫北地区除涝水文计算问题，以西孟姜女河流域(河长 19.4 km，流域面积 190 km^2)为水文观测试验基地，本着大区套小区的原则，从坡面、斗排、支排到干沟布置一系列观测点和试验场，其中水文站三处，测流断面六处，天然降雨入渗径流场三处，人工降雨入渗径流场一处，通过对西孟姜女河流域降水、蒸发、地下水位、土壤含水率、河道水位、流量的观测分析和降雨入渗径流试验研究，分析西孟姜女河流域径流形成特点、变化规律及影响因素，探讨平原地区农田除涝排水计算方法。除涝水文组组织了对西孟姜女河进行流域勘查，提交了阶段报告《西孟姜女河流域排水系统配套情况及今后治理的建议》。

课题负责人：王维第、王继德。参加人：程铁英、蔡湘、潘莹贵、吴中如、张成宝、张理元、王福林、关兆勇、裴学敬、顾梅瑛等。观测员：李克勤、付玉成、陈光新。

3. 土壤盐碱化水文地质条件的研究

查明人民胜利渠西灌区潜水的形成条件，潜水补给、径流与排泄，水化学形成特点和规律，水文地质作用过程等；查明承压水、灌溉水对潜水的补给作用及其对土壤碱化的作用和影响。划分潜水动态的成因类型，结合地质土壤特点阐明地区土壤盐碱化发生变化规律，探讨潜水与承压水的利用和重点排水效果，潜水和不同含水层(组)中承压水利用的可能性，以及探明抽排那一层含水层(组)对降低潜水位最为经济合理。

1964 年，在人民胜利渠西灌区 300 km^2 范围内，进行了浅孔勘探和观测孔的埋设工作，总进尺 5 000 m 左右，共打浅孔 48 个，埋设观测井 43 眼，取岩样 5 000 m。在获嘉县太山庙公社沙窝营、郭堤、辛章、塔洼、董庄一带老盐碱地上，建立了地下水动态均衡及运动规律研究试区，开始进行定期定位观测工作，积累了地下水盐动态观测资料。

总负责人：薛松。课题负责人：石长青。参加人：厉渝生、蒋国镭、阚连增、王广善等。

4. 灌溉渠道衬砌防渗试验研究

防止灌溉渠道渗漏，对提高渠系水有效利用系数，减少对地下水的补给，防止渠道两侧土壤次生盐碱化的发展，有重要的作用。渠道衬砌防渗工程已成为灌溉工程近代化的标志之一。

1964 年，在引黄人民胜利渠分局的密切配合下，在东一灌区一支渠和老五斗渠进行了不同材料、不同断面形式和施工方法的渠道衬砌防渗试验，在东一灌区一支渠上，进行了混凝土及浆砌片石、卵石衬砌，长 5 201.2 m(其中：混凝土衬砌 2 685.2 m，浆砌片石 2 204 m，浆砌卵石 312 m)；在老五斗渠上进行了薄膜加草泥复盖衬砌 4 100 m(其中：玻璃布油毡 2 500 m，塑料薄膜 1 600 m)。

课题负责人：张永昌。参加人：汤金池、张忠华、相里贤(女)、张雅媛(女)。协作单位：引黄人民胜利渠管理分局。

5. 土壤次生盐碱化预防措施的试验研究

在搜集、整理、分析人民胜利渠灌区地下水及土壤水盐的定位观测资料的基础上，调整充实了观测网点，埋设了一条横贯东、西孟姜女河及人民胜利渠总干渠的观测基线(南起八柳树、北止小宋佛，共埋设观测井 49 眼)。

观测研究现有排水条件下土壤盐分的变化规律，分析排水工程的作用；在七里营建立田间除涝样板，观测研究浅排除涝的防次效果；观测研究衬砌防渗和井灌井排对降低地下水位和防止次生盐碱化的作用。

课题负责人：赵增林。参加人：李世琴。协作单位：引黄人民胜利渠管理分局。

6. 棉花、小麦、玉米丰产灌溉制度、灌水技术和田间灌排工程规划布置的试验研究

以人民胜利渠东一灌区小冀公社为重点，以苗庄基点(包括苗庄、闫庄、王屯、张青、位庄等大队)为基础，研究渠灌及部分渠井结合灌溉条件下的高产再高产的作物灌溉制度、灌水技术；研究灌溉不发生次生盐碱化，少占耕地面积、便利机耕，并能提高水的利用率的田间灌排渠系规划布置与田间建筑物的结构形式、规格；研究总结群众以水肥为中心的高产稳产经验，灌溉园田化及农水综合技术措施。探讨实现灌区现代化、高标准与粮棉稳产

高产的农水综合技术措施。

1964 年，在苗庄、王屯两个大队，结合生产进行了 400 亩棉花灌溉丰产试验，平均亩产皮棉 40.5 kg，较 1963 年增产 30%左右。

课题负责人：谢仲光。参加人：孙仁义、赵家娣。协作单位：引黄人民胜利渠管理分局。

7. 豫北雁门井灌区地下水的形成、控制与利用研究

1964 年，在获嘉县东部 170 km^2 范围内，进行了浅孔钻探，共打了 29 个钻孔，总进尺 3 000 m 左右，埋设观测井 29 眼，其中特殊观测井 7 眼，取岩样 3 000 m。

1964 年 11 月，在新乡专署水利局大力支持下，与获嘉县水利局、北京地质学院实习队等单位合作，在薛松副总工程师的领导下，在获嘉县史庄公社岳庄大队进行了“多孔抽水”试验，对上部含水层渗透系数、下降曲线的影响半径、合理降深等参数进行了观测分析，为当地机井工程的设计提供了依据。编写了《获嘉县抽水试验报告》。

还在大辛庄公社，调查、搜集了群众利用大小锅锥打机井的经验。

课题负责人：薛松。参加人：王健民、孙可振。观测员：李保生。协作单位：新乡专署水利局、获嘉县水利局。

在引黄人民胜利渠西灌区以大召营为基点，开展了井灌效果与地下水资源合理开发利用的研究；旧井改造，下泉方法的试验研究；高矿化度地下水利用的试验研究。

提交了《大召营地区井灌水文地质条件和发展灌溉的建议》。

总负责人：薛松。课题负责人：孙广东。参加人：厉渝生、温敬贤。

8. 引黄人民胜利渠灌区取水防沙及干渠防淤措施的试验研究

黄河含沙量大且颗粒较细，在引黄灌溉中，泥沙处理是主要问题之一。由于黄河河床冲淤不定和泥沙大量沉积，给引黄灌溉

带来了一系列新问题，不能保证灌溉系统的正常运行。为解决这一问题，拟在人民胜利渠渠首和总干渠开展泥沙运行及冲淤变化规律的研究，探讨渠首和总干渠进行无坝引水口取水防沙及渠道防淤的工程技术措施，以便为黄河下游引黄灌溉提供依据。

1964 年，主要进行了现有资料的搜集和整理，在花园口水文站进行了泥沙测验实习，为泥沙颗粒变化规律的观测工作奠定基础。

课题负责人：佟二勋。参加人：李伯璐、赵家娣。

1964 年，豫北还发生了下列重大事情：

春天，钱正英部长亲临豫北站视察工作，并作了重要指示。

4 月，豫北站召开了全体党员大会，选举产生了第一届支部委员会，经新乡市直党委批复同意，马诚谦同志任支部书记，李鹏飞同志任支部副书记兼青年委员，李健秋同志任宣传委员，张秀姣同志任组织、监察、保卫委员，杜让同志任生活福利委员。

6 月，豫北站召开了全体团员大会，选举产生了第一届共青团支部委员会，李光辉同志任团支部书记，薛润英同志任支部副书记，梁寿芳同志、相里贤同志任组织委员，刘桂祯同志、孙可振同志任支部宣传委员，张理元同志任支部文体委员。全站共有团员 30 人。

冬天，根据张子林院长的指示，豫北站抽出 19 名行政、技术干部，组成两个工作组，分别到新乡、获嘉两县支援群众进行农田水利基本建设。一方面发动群众自力更生，以排涝治碱为中心，大挖排水沟；另一方面帮助地方政府进行系统的水利配套规划，解决水利建设中的实际问题。到新乡县 12 人，帮助 38 个大队进行了水利配套规划，开挖斗、农排 31 条，完成土方 16 万 m^3，并配合四清工作队解决了北翟坡、野虎林历年遗留下来的水利纠纷；到获嘉县的 7 人，以太山庙公社为重点，在组织群众进行全面水利配套规划的基础上，开挖斗排工程 6 条，大型农排 12 条，小型农排 8 条，完成土方 31.6 万 m^3，超过了全公社 5 年内(1959 ~ 1964

年)所做的水利工程总土方量，解除了 4 万余亩土地的内涝威胁，其中有近 2 万亩土地当年即能见到排水治碱效益。两地群众欢迎，当地党政领导满意。我们在实践中也深刻地认识到，科研工作为当前当地生产服务才有巨大的生命力。

这一年，豫北站在水电部、水科院和新乡地委的直接领导下，在党的科学技术为社会主义生产建设服务的科研方针指引下，通过全站人员的积极努力，在边建站边开展科学研究的情况下，迈出了可喜的第一步。

四、深入蹲点结合生产开鲜花

(1965 年科研工作情况)

1965 年，根据河南省委对新乡平原除灾增产、改变低产面貌、进一步发展农业生产的指示精神，根据国家科学技术规划对黄淮海平原综合治理旱涝盐碱灾害的要求，把科研工作的重点转移到深入农村长期蹲点，与贫下中农“同吃、同住、同劳动”，面向生产、面向实际、面向群众，打破框框，不带专题，从当前农业生产和水利建设的需要出发，组织科技人员，以搞好样板田为中心，紧密结合生产，开展试验研究。

豫北站在 1964 年工作的基础上，结合专、县、社发展生产的要求，把工作区划分为原延封地区、人民胜利渠东灌区和西灌区三大片，选择 10 个不同类型的大队建立工作基点，全站共抽出各类人员 67 人，占总人数的 66.7%，深入基点开展以搞好样板田为中心的试验研究工作。

(一) 三大片十个基点

1. 原延封地区

(1) 原阳县靳堂公社张砦大队：该点属现代黄河滩地及背堤洼地两种类型。在滩地部分以防旱灌溉为主，可搞井灌丰产样板；

在背堤洼地部分，以挖沟排水除涝治碱为主，可搞盐碱地改良综合措施样板；另外，在其北部邻近地区的宣化堡一带，已打好三眼机井，准备搞井灌井排试验(截取黄河浸润水)。

基点人员：李光辉、梁寿芳、易心章、张在林、陈凤昌、刘叔惠。

(2) 原阳县靳堂公社庄砦大队：属黄河背堤洼地，排水条件差，已做成部分台田，准备建立以台田措施为主的治碱样板。

基点人员：王述天、孙献生、马国信。

(3) 原阳县靳堂公社大石佛大队：系历史洼涝碱地，现已有较健全的排水系统，准备建立以开沟排水为中心的除涝、治碱、灌溉综合措施丰产样板。

基点人员：郑哲仁、刘泽民、李梅丽、刘桂祯、申仰昭、王温如。

(4) 小王庄基点：在原阳县靳堂公社小王庄大队建立了除涝水文站，对文定渠流域进行定期水文观测工作。

基点人员：吴中如、冯庆义、卫元良

(5) 延津县小潭大队：系历史涝洼盐碱地，以开沟排水为中心的水利土壤改良样板。

基点人员：吴卫良、李宝琛、陈光新。

另外，成立了引黄放淤研究小组，对原阳县官厂公社引黄放淤种稻进行观测研究。成员有：李伯璐、刘少斌、吴广有。

还派关兆涌同志参加了中国科学院组织的封丘县农业区划工作。

2. 人民胜利渠东一灌区

(1) 新乡县小冀公社苗庄大队：在古阳堤以上，属于渠灌井灌结合类型的粮棉丰产样板。在 1964 年工作的基础上，继续进行棉花、小麦、玉米丰产灌溉试验，棉、麦样板田的面积各 1 000 亩左右。

基点人员：谢仲光、孙仁义、赵家娣、柯秋菊、周宗慰、修守义。

(2) 新乡县七里营公社二大队：属引黄自流灌区，主要结合丰产灌溉试验，进行灌区除涝和防止次生盐碱化观测研究。是一个引黄灌区除涝防止次生盐碱化的粮棉丰产样板。

基点人员：赵增林、李世琴、陈上明、李东元、梁振寰。

(3) 新乡县古固寨公社陈庄大队：系古阳堤以上井灌地区，主要进行打井技术、机电配套、渠系规划及井灌丰产试验。拟建设渠井结合灌溉丰产样板。提交了《新乡县古固寨公社井灌调查报告》。

基点人员：王义才、王广善、蒋国镭。

另外，渠道衬砌防渗组成员有：张永昌、汤金池、张忠华、张雅媛、相里贤、汪恩燮、蒿峰喜、蔺凤梧。

3. 人民胜利渠西灌区

(1) 新乡县大召营公社大召营大队：属井灌区，供电条件较好，机井发展较快，拟建立电气化、水利化粮棉高产稳产样板。

基点人员：王健民、厉渝生、温敬贤。

(2) 获嘉县太山庙公社丁村大队：属历史重盐碱地类型，拟建立以开沟排水为中心的盐碱地改良综合措施样板。

基点人员：孙可振、袁礼君、曹先渝、张可立、曹向海、崔金棠、杨冬明。

另外，派人参加新乡地区中心领导小组统一组织的沁阳县柏香大队综合基点粮棉高产样板试验工作组。参加人员：黄保全、张理元、陈家汉。

在西孟姜女河程操、路庄两处水文站配备一定力量对西孟姜女河流域定期进行除涝水文观测工作。水文组成员：孙广东、张成宝、顾梅瑛、朱志坚、裴学敬、李克勤、付玉成。

（二）试验工程项目

1. 除涝治碱工程

以人民胜利渠西灌区四支范围内重盐碱地为重点，原阳县靳堂地区洼涝盐碱地为副点，在已有工程设施和试验研究工作的基础上，开展观测试验，修建比较完整的排水除涝与治碱试验工程，试行各项综合措施，以取得科学资料，并进一步树立综合治理旱、涝、碱灾害和粮棉增产的科学样板。

人民胜利渠西灌区：①针对这一地区劳力缺乏和治理工程的性质，试验研究机械开挖斗、农级排水沟的技术措施，并进行经济效益分析。②明沟、竖井排水试验工程，包括斗、农级明沟排水系统及竖井排水设施，对降低地下水位及抽排高矿化度地下水的作用。③盐碱地改良综合措施，进行农、林、水、绿肥、牧草轮作等综合性改良利用技术措施，包括种植耐盐作物，平整土地，冲沟播种，蓄淡洗盐等当地群众行之有效的措施，因地制宜，综合运用，并加以科学总结。④重点试验冲洗改良(井水)及伏雨淋盐试验。1965 年投资 32 万元，计划 1966 年投资 58 万元，1967 年投资 60 万元，三年共投资 150 万元。

原阳县文定渠流域靳堂地区：计划在 1964 年试验工程的基础上，继续深入进行试验研究，从 1965 年开始，逐步扩大试区范围至文定渠整个流域，增加试验观测项目。进行长期系统的试验研究。研究工程内容主要包括：斗排疏浚及扩建，黄河浸润带打井及盐碱地综合性改良措施等。1965 年经费概算为 20 万元，计划 1966 年 30 万元，1967 年 10 万元，三年共 60 万元。

2. 灌溉渠道衬砌防渗试验研究

1964 年，在人民胜利渠东一灌区一支及小冀支渠所进行的局部衬砌防渗工程，受到水电部、水科院的高度重视，虽是初次试验，但已受到地方党政群众的欢迎，对我国北方引黄灌溉事业的发展有极大的影响。

1965 年，继续与人民胜利渠管理分局合作，结合生产，选择渗漏严重而灌溉效益比较显著的支渠渠段，进行不同断面形式、不同材料和施工方法的试验工程。计划衬砌试验工程包括：混凝土现场浇筑衬砌 2 km，预制混凝土板衬砌 2 km，预制黏土草泥坯衬砌 3 km，其他材料衬砌 3 km。1966 年继续进行一年，1967 年转入长期系统观测研究及推广阶段。对 1964 年所做的衬砌试验工程进行配套、巩固，开展全面观测研究。

1965 年，又在老五斗渠尾段进行了青砖衬砌 380 m(其中在青砖护面下，铺沥青薄膜的 160 m，填灰土隔层的 100 m，填黏土隔层的 120 m)；现场浇筑弧形混凝土渠槽 143 m；浆砌片石 189 m；浆砌卵石 155 m，共 867 m。同时，为试验研究黏土草泥(部分灰土)衬砌防渗的效能和耐久性，又在小冀支渠一、二斗上衬砌了 300 m 左右。

3. 防止次生盐碱化与灌溉丰产示范样板

防涝防碱是黄淮海平原发展灌溉、保证农业稳产高产的必要条件。初步计划在 1965 ~ 1967 年三年内与公社结合，在县社农业发展规划的基础上，搞成 3 万 ~ 5 万亩的棉花、小麦、玉米丰产样板。1965 年计划以小冀公社为主，选定两社的五六个大队棉田 0.3 万 ~ 0.5 万亩及小麦田 0.4 万 ~ 0.6 万亩，以改进灌排系统及灌水技术入手，采取综合措施，在当地党委统一领导下，依靠群众，进行稳产高产示范。

1965 年估计需要投资 10 万元，1966 年 20 万元，1967 年 30 万元，三年共 60 万元。

4. 雁门地区井灌井排试验工程

本区试验工程除充分利用旧井，发挥旧井效益以外，主要依靠地方与群众力量打井。1965 年起，拟请水利水电建设总局基础处理队，调专业打井队钻机两部，配合支援，进行井灌井排的典型试验与技术示范。每年计划打井 40 ~ 50 眼，每眼井深平均 40 ~

60 m，造井费用(包括打井、管井材料)每眼以 3 000 ~ 5 000 元计，共需要 20 万元(群众负担为主，试验工程费补助为辅)，提水工具、低压配套与井上建筑物，由地方与群众负担。高压线路一部分已由国家拨款，正进行施工。井灌运转费用、打井民工费用、短途运输与井灌田间工程费用等由群众自行负担。

另外，为了给井灌井排试验工程和地下水形成、控制与利用的观测研究工作提供必要的条件，1965 年拟购置越野载重汽车一辆，抽水试验用压风机一部。全部工程计划五年完成，总投资 125 万元。在五年内建成大面积井灌粮棉丰产与旱涝碱综合治理试验样板。1965 年投资 35 万元，1966 年投资 25 万元，1967 年投资 25 万元，三年共计 85 万元，其余 40 万元分配在 1968 ~ 1969 年使用。

(三) 取得的成绩

1. 通过蹲点，促进了基点的生产，建立了不同类型的农作物样板田近 6 000 亩，成效显著，所在大队粮棉产量均有所提高，对推动当前当地农业生产起了积极作用。结合生产，总结群众经验，编写了研究报告和工作总结。

(1) 新乡县苗庄基点，小麦灌溉丰产样板田 1 150 亩，平均亩产 160.5 kg，比 1964 年亩产 110 kg 增产 45.4%，比周围大队增产 20% ~ 30%，内有 30 亩种子丰产田，亩产达到 260.5 kg，已成为当地的一面红旗。棉花样板田 1 166.2 亩，内有高额丰产田 1 108.2 亩，各种对比试验田 58 亩。玉米样板田 2 153 亩，内有高额丰产田 81 亩，各种对比试验田 53 亩，大面积丰产田 1 615 亩。高粱样板田 900 亩，内有杂交高粱和不同对比试验田 51 亩，大面积丰产田 750 亩。另有红薯试验田 140 亩，谷子试验田 160 亩，绿肥作物 293 亩。

先后编写了：《苗庄基点小麦丰产技术措施简介》、《1 150 亩小麦样板田是怎样获得丰收的》、《苗庄基点苗庄大队机耕区田间工程配套及灌溉园田化试点小结》、《苗庄基点是怎样建立和发展的》、《突出政治、生产科研两手抓》等技术报告和工作总结。

七里营二大队，1965 年，皮棉单产达 55 kg，其中 1.6 亩试验田单产达 105 kg。

阶段报告有：《新乡县七里营二大队棉花试验田初步总结》和《河南人民胜利渠灌区 1965~1966 年抗旱灌溉增产与盐碱化变化情况的初步分析》。

(2) 延津县小潭基点，在多年没有种过庄稼的盐碱地上，种植 500 亩多品种高粱样板田，平均亩产 124.5 kg，较历史最高水平(1954 年)增产 78%，是邻近大队亩产的 1.76 倍，其中有 10 亩歪脖高粱最高亩产达 240 kg。夏播玉米试验田 30 亩，平均亩产 257 kg，其中 1.6 亩双杂交高达 351 kg，在盐碱地区树立了高产旗帜。

小潭基点的吴卫良、李宝琛二同志提交了《延津县小潭大队五百亩高粱样板田初步总结》、《延津县小潭大队三十亩夏播玉米试验田初步总结》的报告。

(3) 原阳县张砦基点，在六年不见收成的黄河背河洼地上，种植 400 余亩高粱、大豆混播样板田，亩产达 100 多 kg，大大超过了原计划。粮食增产 25%，变缺粮为余粮，向国家出售余粮 2 万多 kg，成为靳堂公社两个先进大队之一。

张砦基点的李光辉、易心章二同志提交了《张砦基点工作初步总结(初稿)》、《张砦大队高粱与黑豆间作丰产经验介绍》。

(4) 获嘉县丁村基点，粮食增产也较多，由 1964 年 11.75 万 kg 增加到今年的 66.5 万斤，是去年的 2.83 倍，超过了 1958 年的水平；棉花可收 4.5 万 kg，比去年增产 50%，按人口平均每人 150 多 kg 粮食和 25 多 kg 皮棉。

丁村基点的孙可振同志提交了《我们是如何在丁村蹲下来的？》、《从搞好科研着眼，从解决实际入手，在用字上狠下功夫》、《在农村蹲点学习毛主席著作的几点体会》。

2. 10 个基点大队，根据不同需要都进行了水利建设规划，并先后开挖了一些小型水利配套工程，计疏浚斗、农、毛排 16 条，全长 15 kg，土方 3.4 万 m^3，控制土地面积 3.4 万 m^3。修复灌溉渠道 6 条，全长 21 km，土方 2.2 万 m^3，扩大灌溉面积 1.05 万亩。帮助群众打机井 22 眼，平整田间土地 930 亩，其中 150 亩达到园田化的标准。修筑沟洫台田 100 亩，并建立了观测档案、管理制度；修筑条田 400 余亩。

3. 原阳工作组派李伯璐、李宝琛等同志与原阳县水利局合作，进行了该县水利建设工程配套调查，完成了天然、文岩两渠系和黄河滩堤南干渠渠系纵横断面测量工作；初步进行了黄河浸润带背堤洼地引黄放淤的勘查与官厂公社淤灌情况调查。编写了《关于原阳县黄河浸润带背堤洼地区计划放淤的初勘报告》、《关于原阳县官厂公社放淤情况调查报告》。

小王庄基点的吴中如同志还编写了《原阳县小王庄大队井灌园田化的一些技术措施(初稿)》。

4. 渠道衬砌防渗，减少了渠道渗漏，抑制了渠道两侧地下水位急剧上升，防止了土壤次生盐碱化；加大了渠道流速和渠水的输沙能力，防止了渠道淤积，减少了人工清淤和淤沙压地；防渗省水，保证了灌区及时灌溉；加固了渠堤，防止了溃堤跑水；效果很好，深受广大群众欢迎，为各级领导所重视。

1965 年试验内容主要有：开展了衬砌前后渗漏量的对比观测，沿渠两侧地下水位动态及盐斑地变化观测，不同材料防渗性能和对渠道流量与输沙能力影响的分析，防渗材料的抗冻、抗冲与耐久性能以及施工方法等的研究。

编写了《河南人民胜利渠东一灌区一支渠混凝土及片石、卵石衬砌防渗试验工程报告》、《河南人民胜利渠东一灌区老五斗渠道薄膜衬砌防渗试验工程报告》、《河南人民胜利渠东一灌区老五斗渠1965年衬砌防渗试验工程尾工完成简报》、《河南人民胜利渠东一一支渠及在老五斗渠道衬砌防渗试验工程总结》和《加强领导，依靠群众，大力开展渠道衬砌防渗工作(初稿)》五篇试验工程报告和总结。

渠道衬砌防渗试验研究成果，对我国北方自流灌区提高渠系有效利用系数，防止土壤次生盐碱化有重大的参考价值。

5. 协助新乡、获嘉两县去冬今春进行了部分社队面上的水利规划和一些农田基本建设，计开挖斗、农、毛排53条，土方52万 m^3，并写出了总结报告；协助新乡县大召营公社、原阳县靳堂公社一些大队进行了机井配套和田间工程规划工作。

大召营基点的厉渝生同志编写了《大召营地区井灌水文地质条件和发展灌溉的建议(初稿)》。

6. 1965年3月，豫北站会同海河设计院、水科院水文所、卫河疏浚工程局、新乡专署水利局、引黄人民胜利渠管理分局等单位，共同商定，组织力量，对新乡地区卫河及东西孟姜女河疏浚工程效果进行分析研究。

新乡地区的卫河及其支流东、西孟姜女河，经机械和人工开挖疏浚后，改善了排水条件，起到了除涝治碱的作用。为及时分析工程的除涝治碱效果和进一步总结有关经验,在1964年初步调查的基础上，进一步汇集并整理了各单位的观测、调查资料，补充进行了外业调查和测量，通过三个多月的共同努力，对水情、碱情等资料进行了系统的整理分析，6月底提交了《新乡地区卫河及东西孟姜女河疏浚工程效果综合分析报告》。报告从除涝、治碱、灌溉、航运及城市供水、排水等方面，全面地阐述了骨干排水工程的疏浚效果；总结了平原河道开挖机械化施工的一系列优点，它不仅具有质量好、工效快、成本低以及适宜于水下作业等特点，而且可为国家节省大量的劳力、粮食和资金。报告系统地分析了河道开挖前后的水情变化,作了一些定性和定量的说明,并对除涝工程规划设计中的水文计算问题进行了探讨。报告为豫北地区除涝治碱工程和海河流域平原除涝规划提供了科学依据。

此项工作在王维第工程师、宁祥保工程师主持下进行。参加此项工作的单位及人员有：海河设计院乔翠芳同志、水科院水文所潘莹贵同志，卫河疏浚工程局、新乡专署水利局、引黄人民胜利渠道管理分局也派人参加了此项工作。豫北站参加人员有：顾梅瑛、张成宝、王福林、关兆勇、裴学敬等。

7. 豫北站派关兆涌同志参加了中国科学院组织的封丘县综合区划工作。

8. 豫北站派王述天、吴卫良等同志组成“台田调查组”到新、老黄河背河洼地的新乡、原阳、延津、封丘、长恒、武陟、获嘉、辉县等地进行沟洫台田效益情况调查，王述天等同志编写了《新乡地区沟洫台田的初步调查报告》、《豫北部分地区沟洫台田除灾增产效果调查及几点建议》和《原阳县靳堂公社庄砦大队沟洫台田的观测及初步分析》。

1965 年，豫北站还发生了如下重大事情：

3 月，中国人民解放军北京军区工程兵政治部干部处函告豫北站，刘能兰、崔福堂二同志转业到我站工作。大大加强了豫北站的政治思想工作，使豫北站出现了前所未有的勃勃生机，激发了广大年轻的科技干部报效国家、报效党，为黄淮海平原旱涝碱综合治理做贡献的决心，极大地推动了科研工作的进程。

5 月，水科院张子林院长，在西灌区片全体会议上作重要指示。

7 月，中共豫北站党支部召开党员大会，选举产生了第二届支部委员会，马诚谦任支部书记，崔福堂任支部副书记兼青年委员，李健秋任生产、保卫委员，刘能兰任组织、监察委员，双家祯任宣传委员。全站共有党员 21 人。

7 月，站共青团支部也召开了全体团员大会，选举产生了第二届团支部委员会，崔福堂兼任书记，薛润英、孙可振任副书记，梁寿芳、相里贤任组织委员，王福林任宣传委员，孙仁义、马国信任文体委员，顾梅瑛任学习委员。

8 月，水科院院长办公会议研究决定，黄荣瀚、薛松、王维第兼豫北站主任工程师。

12 月，黄淮海平原综合试验研究中心新乡地区领导小组在新乡召开基点工作会议，国家科委副主任范长江同志参加了会议，并作了重要指示。会后，范长江同志亲临豫北站视察，作了重要讲话，并与全体同志合影留念。

这一年，在水电部、水科院和新乡地委、黄淮海新乡领导小组的领导下，豫北站广大干部深入生产队长期蹲点，从当前水利建设和农业生产的需要出发，紧密结合生产，进行调查研究，总结群众经验，开展科学试验，由于各级领导的关怀，当地群众的支持以及同志们的努力，各基点都取得了显著的成绩，提交了一批初步研究成果。我们也初步摸索出，边抓生产，边开展科研工作，以生产带动科研，以科研促进生产的一些经验。在结合生产开展科学研究的实践中，广大青年干部也得到了锻炼和提高。1965 年是豫北站科研鲜花盛开的一年。

五、以点带面点面结合结硕果

(1966 年科研工作情况)

1966 年，我们继续贯彻科学研究为生产服务与生产实践相结合的基本方针，根据黄淮海平原综合试验研究中心新乡地区基点会议提出的三院分工原则(即：中科院工作重点在封丘县、农科院工作重点在延津县、水科院工作重点在原阳县)，在全面总结 1965 年工作的基础上，全站集中力量，以原阳县为主要对象，兼顾人民胜利渠东一灌区和西灌区。继续深入蹲点，围绕旱涝碱综合治理，争取及早变低产为高产与高产再高产为主要目标，采取点面结合，以点带面，在搞好基点工作的同时，注意面上的调查研究，把点和面的工作紧密地结合起来；远近结合，以近为主的方法，为当地当年农业增产做出贡献。结合生产，开展试验研究，在认真总结群众经验的基础上，试验研究农业增产的水利科学技术问题。根据基点工作会议提出的要求，豫北站 1966 年的主要任务有以下几个方面。

(一) 原阳、延津片

1. 原阳片

以原阳县除灾增产为主攻目标，集中力量，打歼灭战，在县委统一领导下，研究解决背河洼地改造、堤南与新磁灌区丰产灌溉及县中部城关、靳堂、葛埠口等公社井灌井排样板区的科学技术问题，为在 1966 年实现原阳全县粮食自给，并进一步在 3 ~ 5 年内达到纲要指标做出贡献。

配合原阳县搞好十万亩旱涝保收、稳产高产样板田建设；在原阳县配合下，豫北站编报了“河南省原阳县十万亩低洼盐碱试验区旱涝碱综合治理试验及机电配套工程计划任务书”，申请经费 38 万元。水电部批复同意，并解决资金 35 万元。豫北站在城关北街建立了试验研究基点，开展原阳县“百亩方田”的建设和观测研究工作。原阳工作组郑哲仁编写了《原阳靳堂地区除涝治碱“百亩方田”与稳产高产经验简介(初稿)》；

配合原阳县继续治理背河洼地(天然渠两侧)，以靳堂公社为重点，带动背河洼地的原武、葛埠口、大宾和齐街等公社。总结研究引黄放淤结合种稻改良背河洼地的经验；研究治理背河洼地的排水工程配套标准；修筑沟洫台田、条田及发展绿肥等除涝治碱与变低产为高产的综合技术措施。

配合原阳县进行旱涝碱综合治理除灾增产规划；总结除涝治碱经验和改良利用盐碱地的综合措施；进行植树造林防风固沙的调查研究。

2. 大石佛和小王庄基点

以文定渠流域水利规划、综合治理为重点，总结明沟排水、井灌丰产及除涝治碱等方面的经验。大石佛基点进一步总结群众挖沟排水、井灌丰产及除涝治碱等方面的经验，研究综合治理的技术措施，并结合生产开展样板田、试验田工作。小王庄基点继续进行文定渠流域的水文观测，协助大队进行灌溉丰产试验。

3. 小潭基点

计划在延津县适当加强力量，扩大试验研究范围，东到城西文岩新四支，西北到文岩渠，南跨公路两侧，面积近一万亩土地，包括小潭、文岩、大潭等大队在内。继续以小潭为重点，进行点面结合。在县委统一领导下，建立综合治理、稳产高产样板田。同时，开展以挖沟排水，打井灌溉，起土台田等改良利用洼涝盐碱地，变低产为高产的综合措施的试验研究。

(二) 小冀片

人民胜利渠东一灌区，以苗庄为基点，建立小冀灌区万亩高标准、现代化灌溉高产样板，1966 年要求皮棉亩产 50 kg，粮食年亩产 325 kg，3 ~ 5 年内建成 3 万亩高产样板，要求皮棉亩产 75 kg，粮食年亩产 500 kg，并总结出增产的农、水综合措施。同时，试验、推广不同材料渠道衬砌防渗及农田防涝、防止次生盐碱化的技术措施。

1. 苗庄基点

1966 年该点已扩大到苗庄、闫庄、许庄、张青、位庄、王屯和李庄等七个大队，耕地面积 6 610 亩。该区地少人多，是以粮为主的粮棉高产区。巩固提高基点粮棉增产水平，充实科研工作内容，彻底实现生产科研两手抓，并以苗庄、闫庄、许庄为重点，深入开展科学试验，大搞粮棉丰产样板，积极开展群众性技术传播工作，进行技术指导，带动周围大队。争取秋播时进一步扩大基点范围，面积达到一万亩。为在短时期内把小冀灌区四万多亩土地逐步建成为一个水利工程配套高标准、旱涝保收粮棉高产稳产样板田区而努力。

主要工作内容有：总结试验渠灌及渠井结合条件下，实现年产皮棉 50 kg/亩以上，粮食 500 kg/亩的农业灌溉综合生产经验；为实现上述指标的田间灌排渠系及渠系建筑物规划布置与平整土地、合理灌溉的试验总结；进一步试验研究磷肥的施用效果，结合井灌开展灌溉施肥和开辟棉田绿肥以及轮作倒茬等试验研究工作；开展群众性的科学普及活动，成立技术小组、技术夜校。谢仲光同志编写了《突出政治、斗天斗地、大搞技术革命，苗庄基点高标准高质量种好棉花，誓保棉播一次全苗》和《高举毛泽东思想伟大红旗，突出政治，力争思想、生产、科研三丰收》的报告。

2. 七里营二大队基点

该点耕地面积 2 000 亩左右，以产棉为主，已经实现百斤皮棉。但土质轻沙，长期引水灌溉土壤次生盐碱化较重。建点以来，与群众结合进行了棉花、小麦等作物的丰产灌溉试验及基本资料的搜集工作。1966 年以巩固成果为主，积极开展田间除涝、防碱的观测和防止次生盐碱化的措施试验，并进行多年地下水资料的整理分析。拟在短期内通过生产实践，找出一套灌而不碱、棉花亩产百斤以上，稳产高产的水利工程及农业措施。赵增林同志编写了《河南人民胜利渠灌区 1965 ~ 1966 年抗旱灌溉增产与盐碱化变化情况的初步分析》。

3. 渠道衬砌防渗

结合生产需要，配合获嘉县、人民胜利渠管理分局，在西干四支渠七斗渠以上约 5 km 一段，进行衬砌防渗，解决有关技术问题；并继续完成老五斗下游的灰土、黏土草泥衬砌扫尾工程以及其他新材料的试验研究工作；对东一一支、老五斗已完成的不同材料衬砌渠段，进行渗漏损失、材料变化和维修养护的观测试验，并研究示范推广问题；另外，进行小型灌溉渠系建筑物的配套、结构型式、材料和施工方法的试验研究。

(三) 西灌区

人民胜利渠西灌区，以丁村为基点，研究除涝治碱综合措施，建立旱、涝保收基本农田，1966 年要求丁村大队粮食总产达到 50 万 kg，皮棉 7.5 万 kg；3 ~ 5 年内要求实现皮棉产量平均每人 60 kg，粮食产量平均每人 400 kg。总结出西孟姜女河流域排水配套经验。

1. 丁村基点

在县委领导下，进一步充实力量，继续深入蹲点，协助当地逐步建立旱涝保收、稳产高产基本农田，搜集整理建立基本农田的经验，进一步开展骨干排水与面上灌排工程配套；总结群众除涝治碱及粮棉生产经验，探讨旱涝碱综合治理的有关综合措施。争取在“三五”期间，从根本上治理旱涝碱灾害。与此同时，协助与带动附近曹庄、文营、董庄、孝和等大队，以建立大面积丰产样板。

1966 年的具体任务有：

(1)协助当地继续开挖六斗排，争取明春基本完工；初步建立两片共 3 700 亩旱涝保收稳产高产基本农田，初步完成基本农田的灌排配套工程及整修一般田的灌排工程，争取一般年景不遭灾。

(2)在总结除涝治碱工程效果及群众除涝治碱经验的基础上，配合县社工作组拟定“三五”期间发展生产综合规划，研究粮棉增产措施，争取明年粮棉总产量较今年增长 30%。

(3)争取打 2 ~ 3 眼深井，保证丰产灌溉用水，建立蔬菜、苗圃园地；利用机井和自流灌溉水源，进行小面积冲洗效果对比试验；研究淤灌、洗盐与建立垂直排水试验工程的有关问题。

(4)研究排水沟防塌措施与面上配套工程建筑物的结构型式、建筑材料等有关问题。

(5)研究农田排水与地下水控制的有关问题。

(6)总结研究获嘉县及豫北有关地区打井技术与井灌工程技

术问题。

丁村基点总结编写了《按毛主席指示办科研，路子越走越宽广》。

2. 大召营基点

继续抓粮棉丰产；结合生产，总结研究井灌区面上工程配套与灌溉技术，并探讨高矿化度地下水的开采利用等有关问题。

3. 路庄和程操测流点

继续西孟姜女河流域的水文观测工作，整修和添置测流设备，总结研究西孟姜女河流域支、斗、农排疏浚后排涝、排地下水的效果，进行面上调查研究，探讨排水配套标准问题，并配合路庄大队建立旱涝保收基本农田。

(四)对有关科学技术问题的调查研究

在开展上述各项工作及总结群众经验的基础上，对以下 14 个科学技术问题进行调查研究。

(1)排水工程配套标准、形式及其效益的研究。以原阳县文定渠流域及人民胜利渠西灌区四支排为重点，研究不同类型洼涝盐碱地区，满足除涝、防渍、治碱要求的排水工程配套标准、形式及其效益。

(2)井灌井排工程技术及综合治理旱涝碱的作用研究。以原阳县十万亩样板田为重点，结合面上灌排工程和土地利用情况，总结研究井群布局、打井技术，井型构造、机井配套、田间渠系及井灌区的丰产灌溉技术措施。观测研究井灌井排对综合治理旱涝碱的作用、对当地水文地质和土壤等条件的影响，及有关工程技术问题。

(3)沟洫台田、条田的经验总结及进一步提高治理标准的科学技术问题。以原阳县为重点，对沟洫台田、条田进行观测试验；进一步调查总结豫北地区沟洫台田、条田的除灾增产效果；研究沟洫台田和条田的适宜地点、规划布局、规格标准，以及把沟洫台田、条田建成基本农田与综合利用的科学技术问题。

(4)丰产灌溉的水利、农业技术措施的研究。以人民胜利渠东一灌区小冀公社为重点，研究自流灌区高产再高产的渠系布置，渠道、建筑物结构型式、规格，田间渠系配套以及保证高产稳产、以水肥为中心的灌溉农业与灌溉工程技术措施。

(5)引黄放淤及改良背河洼涝盐碱地的综合措施。调查总结引黄放淤、种稻改良背河洼涝盐碱地的经验，研究排水配套、台田、条田、放淤、种稻、发展灌溉、种植绿肥等综合治理措施对改良利用洼涝盐碱地的作用及有关科学技术问题。

(6)原阳县改良利用盐碱地的综合措施研究。

(7)原阳县植树造林防风固沙的调查研究。

(8)原阳县旱涝碱综合治理除灾增产规划。

(9)提高渠系水有效利用系数的工程技术措施及下深渠道的试验研究。以人民胜利渠为重点，研究不同材料衬砌渠道防渗的工程技术措施及其防渗效果与经济效益分析，特别是低造价衬砌防渗的工程技术的试验与示范推广，以及下深渠道改地上渠为地下渠(低水头提水灌溉)的试验研究及示范推广问题。

(10)棉花、小麦、玉米的丰产灌溉制度、灌水技术和田间灌排工程规划布置的试验研究。

(11)引黄人民胜利渠东一灌区土壤次生盐碱化预防措施的研究。以引黄人民胜利渠东一灌区为重点，研究自流灌区地下水动态及预防土壤次生盐碱化的灌溉、排水工程技术措施。提交了《河南省人民胜利渠灌区 1865~1966 年抗旱灌溉增产与土壤盐碱化变化情况的初步分析》。

(12)获嘉县丁村地区盐碱地改良的水利技术与综合性措施的研究；总结涝碱综合治理与建立旱、涝保收，高产稳产基本农田的有关技术问题。

(13)新乡县大召营地区井灌综合效果、旧井改造与高矿化度地下水利用的试验研究。

(14)西孟姜女河流域排水工程配套的标准及排水计算方法的

研究。继续进行西孟姜女河及原阳文定渠除涝水文观测与面上配套调查总结；分析研究西孟姜女河及其支、斗、农排，排涝、排地下水的效果，探讨研究西孟姜女河流域排水工程配套的标准及排水计算方法。

除对上述 14 个课题进行试验研究外,豫北站还注意了调查总结黄淮海平原典型地区治理旱、涝、碱及农业稳产高产的经验；调查研究豫北及有关地区灌溉增产、除涝、治碱、变低产为高产的成功经验及科学技术问题。刘士彦、李上甲二同志对安阳南崔庄大队进行调查研究后编写了《河南安阳南崔庄大队苦战十年根治盐碱地的调查报告》。

今年豫北站继续派人参加沁阳县柏香大队三院综合基点的试验研究工作；继续派人配合中国科学院进行原阳、延津综合区划工作。

1966 年，豫北站其他主要事情有：

年初，中共原阳县委成立黄淮海平原综合试验研究中心原阳县领导小组，县委书记樊仲生同志任组长，豫北站马诚谦站长和黄荣翰主任工程师任副组长。

3 月，水科院院长办公会议研究决定，为进一步突出政治，加强科研人员的政治思想工作和科研业务的领导，站成立政治办公室及技术室，并任命刘能兰同志任政治办公室副主任，崔福堂同志任政治办公室副主任兼技术室副主任。

1966 年，根据水电部部署，豫北站参与抗旱工作，站原阳工作组以水电部河南原阳抗旱工作组的名义给钱部长、顾部长书面汇报“原阳县旱情以及抗旱浇麦种秋情况”。

六、投入运动抛弃科研空计划

(1967 年科研工作计划)

1966 年 8 月，文化大革命开始后，科研工作基本中断。1967

年3月，我遵照老领导指示，仍然编制了“1967年科研工作计划”。我根据当时文化大革命的形势及其有关情况，考虑到新乡地区当时的农业生产和水利建设发展的需要，提出了豫北站1967年科学研究工作主要任务，显然，这是一份没有人去做的不可能完成的计划。

(1)与群众结合，继续总结研究改良利用不同类型洼涝盐碱地的农业、水利等综合措施，以便进一步探讨根治盐碱地，实现稳产高产的途径。

主要试验研究基点：原阳县北街、张砦、大石佛，获嘉县丁村。

(2)继续进行明沟排水和竖井灌排效果的观测分析，进一步探讨明沟、竖井排涝治碱防渍的作用，并进行地下暗管排水的工程技术措施的研究。

主要试验研究基点：原阳县北街、张砦，获嘉县丁村，新乡县七里营。

(3)继续分析研究面上排水工程的配套标准；继续调查研究面上排水工程如何配套，及配套后对骨干工程的影响。

主要试验研究基点：原阳县小王庄、新乡市路庄、获嘉县程操三个水文测点。

(4)与群众结合，继续进行沟洫台田、方田的除涝治碱防渍作用的观测，进一步分析研究、调查总结沟洫台田、方田的适宜地区、规划布局、规格标准和管理运用的技术措施及把沟洫台田、方田建成基本农田的经验。

主要试验研究基点：原阳县庄砦、北街、郑皋，获嘉县程操(东寺营一带)。

(5)配合原阳县进行17万亩引黄放淤改良背堤洼地的试验研究。

试验研究单位：放淤工作组。

(6)配合引黄人民胜利渠管理分局，在人民胜利渠灌区进行盐碱地变化情况的调查，总结人民胜利渠灌区开灌以来在不同阶段上次生盐碱地的变化规律。

调查研究单位：新乡县七里营基点，获嘉县丁村基点。

(7)进行渠道衬砌防渗工程技术措施及对防止土壤次生盐碱化作用的调查总结。继续进行衬砌材料的试验研究。

调查研究单位：渠道防渗组。

(8)与生产队结合在井灌区和井渠结合地区进行田间输水工程不同型式、不同材料的试验研究。

试验研究基点：新乡县苗庄基点及刘庄副点。

(9)与群众结合继续进行粮棉高产的农、水结合技术措施的试验研究。

主要试验研究基点：新乡县苗庄基点及刘庄副点，原阳县张砦基点。

(10)防止排水沟边坡坍塌的生物措施的试验研究。

试验研究基点：新乡县七里营基点，获嘉县丁村基点及程操水文测点。

七、寒风飞雪科研幼苗遭夭折

1967~1968 年，科研基点基本上全部被撤销，所有人员(包括科技人员、行政干部和观测员)全部回机关投入那场“革命”。

1968 年 12 月，水电部将试验站下放给河南省，河南省随之下放给新乡地区，新乡地区革委会则决定立即撤销，全体职工扫地出门，技术人员和管理干部到人民胜利渠渠首“五七”干校劳动锻炼；豫北站新乡市机关大院被新乡军分区教导队占领，新乡县小冀站址被新乡县七里营化肥厂占用，路庄水文站和程操水文站站房被河南省水文总站新乡分站接管。所有仪器、设备及财产被地直机关一些部门两三天内瓜分一空。有些精密仪器遭到毁坏，实令人心痛。就这样豫北站在雪花纷飞的冬天给解散了。

正是那场“革命”，使得刚刚打响的向黄淮海平原旱涝碱灾害进行综合治理的战斗，停息了；正是那场“革命”，使我们这些刚刚走出学校，踏入社会，气血方刚的青年，受挫了；正是那场“革命”，使一个好端端的科研机构，夭折了……

(此稿经改编后发表于《黄河史志资料》2010年第1、2期)

水电部豫北水利土壤改良试验站的年轻人

第二里程

我们是怎样开展地下水工作的

(1973 年 10 月)

新乡地区位于黄河北岸，太行山南麓，全区十四个县两个市，549 万人口，区域面积 12 900 多 km^2，总耕地面积 880 多万亩，是一个山区、丘陵、平原、洼地各种地貌形态都有，又是旱、涝、风、沙、碱等自然灾害经常发生的地方。新中国成立前，河道失修，水土流失，有雨水灾，无雨旱灾，农业生产水平很低，给劳动人民带来了深重的灾难。

新中国成立后，在中共中央和国务院的正确领导下，全区广大干部和群众，积极响应毛泽东主席关于“要把黄河的事情办好”和“一定要根治海河”的伟大号召，以“愚公移山，改造中国”的革命精神，积极地开展了治山治水的群众运动，筑坝修渠，疏浚河道，除涝治碱，打井办电，做了大量工作。由于认真地贯彻执行了党中央的各项方针政策，全区农田水利建设得到了蓬勃的发展，到目前为止，已经完成了 20 多条骨干排水河道的疏浚和堤防培修，近 7 000 km^2 的除涝配套任务；在山区兴建中小型水库 150 多座，新建和整修万亩以上灌区 23 处，引水能力达 110 m^3/s，兴建机电排灌站 1 200 多处，水轮泵站 34 处，中小型水电站 57 处，装机 3 100 多 kW；平原地区打机井 51 800 眼；全区灌溉面积已达 600 万亩，实现了一人一亩水浇地，建立了 350 万亩稳产高产农田。

水利是农业的命脉，水利建设事业的发展，促进了农业生产面貌的变化。全区 1971 年粮食总产量达 15.72 亿 kg，平均亩产

215.5 kg；1972 年在旱情严重的情况下，农业仍然获得增产，粮食总产量达 16.65 亿 kg，平均亩产 229.5 kg，较 1971 年增长 6.5%；今年预计总产可达 19 亿 kg 以上，平均亩产 275 kg 左右，较 1972 年增长约 15%，较 1965 年增长一倍多。全区连续三年上了《纲要》。

全区地下水观测和普查工作，就是在水利建设蓬勃发展、农业生产连年上升的大好形势下开展起来的。

一、开展地下水观测和普查是工农业生产发展的需要

我们对地下水的认识是由浅而深、逐步深化的。

新乡地处暖温带大陆性季风气候区，属半旱地带，多年平均降水量为 550～650 mm，而年蒸发量很大，在 1 300～1 700 mm 之间。降水量年际变幅较大，丰水年为枯水年的 1～5 倍；降水量年内分配也极不均匀，70%左右的降水量集中在汛期(7～9 月)，更突出的是有 30%～40%的降水量集中在一次特大暴雨，或 40%～60%的降水量集中于一二次较大的暴雨。因而造成了先旱后涝，涝后又旱，旱涝交错的农业气候特点。

新中国成立后，为了战胜旱灾，促进农业增产，兴建了人民胜利渠灌区，引黄河水灌溉农田。从 1952 年到 1958 年，灌溉面积逐步发展，农业总产逐年提高。但在 1958～1962 年期间，由于制定了错误的治水方针，又开发了原延封灌区和武加灌区，并且将人民胜利渠灌区由 60 万亩扩大到 100 多万亩，长期输水，破坏和淤塞了排水系统，致使京广线两侧近 500 万亩平原地带基本上失掉了排水出路，加之搞平原水库，大引大蓄，管理不善，大水漫灌，使得地下水位普遍抬升到 2 m 以内，造成了大面积盐碱化。虽然当时灌溉面积曾一度发展到 400 多万亩，而盐碱地面积也由灌前的 155 万亩，猛增到 292 万亩，约占全区总耕地面积的 33%，

使全区农业生产受到了很大的影响。生产斗争的实践，使我们认识到渠灌能使地下水抬升，造成盐碱化。

为了防止地下水抬升，根治盐碱地，保证农业增产，1962 年我局曾在人民胜利渠灌区、原延封灌区、武加灌区、广利灌区和共产主义渠、卫河一带布设了不少地下水观测井，来掌握地下水动态和土壤盐分的变化，并且从 1963 年开始，每年春季进行一次全区性的地下水普查。通过定位观测和面上普查，搜集了不少有价值的资料，为防除涝碱灾害，开发利用地下水资源，发展机井灌溉，提供了科学依据，对促进农业增产发挥了应有的作用。

历史的经验和教训，增长了我们对客观事物发展规律的认识能力，提高了我们利用自然和改造自然的本领。

“在生产斗争和科学实验范围内，人类总是不断发展的，自然界也总是不断发展的，永远不会停止在一个水平上”。近几年来，全区机井建设发展很快，1965 年全区仅有机井 4 300 多眼，目前已发展到 52 000 眼，已配套使用的有 42 000 眼，井灌面积达 380 万亩，占全区灌溉面积的 63%。由于大量开发利用地下水源，引起了机井灌区地下水位显著下降。机井出水量减少，有的地方不得不下座泵坑，甚至更换提水工具。根据今年春季普查，全区已有 44 km^2 的面积地下水埋深大于 10 m，出现了三个比较大的下降漏斗，分别在青风岭地区、郇封岭地区和汲县李源屯—延津县丰庄一带。生产斗争的实践，进一步丰富了我们对地下水的认识：井灌能引起地下水位大幅度下降。

形势的发展向我们提出了新的问题，在继续大量开发利用地下水的情况下，地下水够不够用？地下水会有什么样的变化？如何防止地下水位持续下降？这已是关系到全区 5 万多眼机井能不能继续使用，关系到全区农业生产能不能持续上升，关系到毛泽东主席“广积粮”的伟大号召能不能落实的大问题。

根据生产的需要，从去年元月份开始，我们在全区开展了群众性地下水动态观测工作，在平原地区各种不同地貌单元上，布设了 120 眼地下水潜水动态观测井和 84 眼试验研究观测井，观测地下水位、水量、水质和水温的变化。为了进一步掌握地下水动态和弥补基本井的不足，我们从今年开始又恢复了对 800 多眼井的定期普查，一年进行两次，第一次在四月上旬，第二次在十月上旬。除了进行潜水动态观测外，最近，我们又注意了自流泉的水量观测。

二、领导重视是开展地下水工作的关键

上级领导对地下水观测和普查工作是很重视的，省水利局袁隆同志和水文总站领导同志曾多次来新乡指导工作，对于全区地下水工作的开展是极大的支持。可是，我们对开展地下水观测工作的认识，却是经历了一个由不自觉到自觉的过程。

区北部的太行山，系山西地台背斜，属于上升区，因强烈的构造运动，形成了较多的裂隙和断层，出露基岩又以奥陶纪、寒武纪石灰岩为主，溶洞发育。裂隙、断层、溶洞储存了丰富的地下水。山区地下水以地下径流的方式补给山前和平原。区南部是黄河，由于含沙量大，河床逐年淤积，已高出地面 7~8 m，最大达 13 m，历来有“悬河”之称，全区境内将近有 150 km 长的河床高悬于地上，强烈的渗漏作用，使大量地表径流以地下径流的方式补给全区平原。加之前几年错误的治水方针，地下水抬升很多，出现了大面积盐碱化。因此，在一些领导的思想上存在着这样一种看法：“我区北倚太行，南临黄河，地下水资源丰富，这两年虽因气候干旱和机井增加，地下水位有所下降，但无碍大局，反而对改良盐碱地有好处”。于是便认为地下水观测工作可有可无。1971 年底，当我们召开会议布置了地下水观测工作后，多数县市能够积极地去完成，少数县则不然，名义上有人抓，实际上没人管，井位迟迟定不下来，资料不能及时上报，观测员报到县

里的资料，有的记在电话记录本上，有的放在抽屉里。任务没完成，制度不执行，仅仅是问题的现象，看事情必须要看它的实质，问题的实质是有的单位领导对开展地下水观测工作的必要性和重要性认识不足。实践使我们深刻地体会到，任务布置得再具体，制度考虑得再周到，领导不重视，认识不提高，目的达不到。

为了提高对地下水观测工作重要性的认识，地区水利局领导在各种水利会议上，联系全区地下水位下降后出现的一系列问题，反复强调地下水工作的重要性，把地下水工作与当前的农业生产紧密联系起来。对于地下水方面的会议，地区水利局领导每次都亲自参加，并作重要指示，这样，使一些同志的认识开始有所转变。1972 年 4 月，新乡地区水利局组织一些同志去河北省参观学习，河北衡水、天津等地区地下水大面积大幅度地下降，给井泉建设提出了一系列问题，使有的同志很受教育。地处人民胜利渠灌区的新乡县水电局局长郭忠庆同志当即表示："回去后，我们一定把地下水工作抓起来！"而且明确了两个同志专门兼管地下水工作，按时给地区水利局报送观测资料，又主动提出要分析井渠结合地区地下水动态。

温县是老井灌区，近几年来，机井发展很快，密度很大，地下水位下降比较显著，温县领导很重视，为了合理开发利用地下水，总结了"三配套、四统管"等好经验。但是只限于一些感性认识，加之有的同志认为：温县南有黄河，北有沁河，地下水有保证，因此对地下水观测工作也是一般地抓抓。今年春天，我们进行全区地下水普查时，发现温县县城附近已经形成了一个面积约 300 km^2 的下降漏斗，漏斗中心水位较 1965 年同期下降了 8 m 左右，埋深大于 10 m 的面积已有 44 km^2，占全县总面积的 11%，根据现有的开采水平，经过计算，到 1975 年埋深大于 10 m 的面积将达 145 km^2，占总面积的 34%，有 1 450 眼机井可能要下座泵坑或更换提水工具，使 30 m 深的机井水深减少一半，在干扰情况下，水量将大大削减，这就直接地影响了农业生产。我们将这些情况及时地向县委作了汇报，给领导当参谋，使领导不仅有感性认识，而且有了理论认识。温县领导对地下水情况有了进一步认识后，决心很大，及时召开了常委会议进行研究，决定成立地下水观测站，配备了技术干部和工人，加强观测研究，全县布设了地下水位观测井 42 处，水量观测井 10 处，河水位观测点 3 处，降雨量观测点 13 处，并且着手搞地下水补给工程规划，今冬明春就要动工。

实践使我们体会到，只要领导重视，地下水工作就能顺利开展。

三、开展地下水工作必须依靠广大群众

全区现有地下水长期观测井 112 眼，每月观测三次水位，试验研究观测井 84 眼，每月观测六次水位，普查井 800 多眼，全年进行两次水位和水质普查，抽水试验井 30 眼，每年进行四次抽水试验，自流泉观测点 24 处，每月观测一次水量。如果再调查地下水开采量(包括耗电量、耗油量、单井出水量、灌水次数、灌水定额等)，任务就更重。井是这样多，任务是这样重，面又是这样广，只靠少数人根本是不可能完成的。必须发动群众，依靠群众，大搞群众运动，才能多快好省地完成地下水观测和普查工作。

(一) 相信群众，依靠群众

全区的基本井和试验井基本上都是依靠广大社员群众进行观测的。我们在观测井附近的生产队，通过社队领导选择品德较好、认真负责、热情积极的社员群众和知识青年担任观测工作。全区近百名群众观测员中，有电工、拖拉机手、会计、小学教员、返乡知识青年等。封丘县靳龙宫公社郭庄观测井是由小学教员郭云武同志代管的，他认真负责，按时观测，及时上报。有一次他将观测的资料托人捎到县水利局，而捎信的同志没有见到管地下水工作的

老邢，将观测资料放在别人那里，老邢将当月观测资料汇总到地区后，我们发现缺少郭庄的观测记录，于是写信去问，郭云武同志得知后，非常着急，亲自跑到县城查找资料，并给我们写信，检查自己工作失职。新乡县大召营公社大召营大队会计崔凤有同志也是我们的观测员，他热情积极，为了提高观测质量，自己改制了观测工具，准确地反映情况，当我们要求他由每月观测三次改为六次，观测经费适当增加时，他表示，为了革命工作的需要，不考虑经济问题。从那以后，他不仅很好地完成观测任务，而且亲自跑到公社去抄录降雨情况，填写在报表里，以便我们分析降水对地下水的影响。正因为有了这样一批思想觉悟高的群众协助观测，所以我们的观测工作和普查工作能够顺利地开展。

(二) 建立基本骨干队伍

“如果只有广大群众的积极性，而无有力的领导骨干去恰当地组织群众的积极性，则群众积极性既不可能持久，也不可能走向正确的方向和提到高级的程度”。一年多的工作实践，使我们深刻地体会到培养和训练一批基本骨干，建立骨干队伍，加强这个队伍的思想水平和业务水平，是非常重要的。全区十六个县市，每个县市负责地下水观测管理工作的同志和地区水利局抓地下水工作的同志，便组成了开展全区地下水工作的骨干队伍。我们利用工作会、汇报会、现场会等机会，加强骨干队伍的思想教育，提高大家对地下水观测工作重要性的认识，利用资料整编、组织调查、编写报告等机会，提高骨干队伍的业务水平，这对促进我区地下水观测和普查工作的顺利进行起了很大作用。

(三) 发挥两个积极性

事实告诉我们，只要骨干队伍对地下水观测工作重要性有了正确的认识，并且具备了一定的业务能力，就能够发挥他们的积极性和创造性，去组织广大观测员完成观测和普查任务。有两个积极性比只有一个积极性要好得多。我们在统一规划下，尽量让县水利局的同志办更多的事情。辉县位于新乡地区北部，全县境内有 77.7%是山区和丘陵，平原只占 22.3%。负责地下水观测工作的赵文善同志，根据领导指示，不仅抓了浅层地下水的观测和普查工作，而且对全县境内的二十多处自流泉进行定期的水量观测，并且把全县各公社的降雨情况，各条河流的水文情况统管起来，这就为进一步掌握水利资源提供了资料，他们准备将这些资料刊印成册，及时提供给领导和有关部门应用。沁阳县在新乡地区西部，处于广利灌区，县领导对地下水管理工作很重视，他们根据本县具体情况，将基本井由 7 眼增加到 9 眼，普查井由 36 眼增加到 70 眼，水量观测井增加到 4 眼，又积极开展了自流泉的水量观测。负责地下水工作的朱文喜同志，热情积极，认真负责，经常深入实地了解情况，作技术上辅导，定井位时和观测员到现场根据地形、地貌等情况确定观测井位置，对资料及时进行分析，如有疑问随即到现场检查，所以资料质量比较高。他又以基本井为中心把全县分成十片，基本井和普查井结合，分片管理，既便于领导，又能迅速完成任务，在地下水管理工作方面创造了好的经验，为我区开展地下水观测工作树立了榜样。

(四) 主动争取支援，协同作战

中国农科院农田灌溉研究所和省水文地质大队驻扎在新乡地区，这就为我们开展地下水工作创造了良好的条件。水文地质队曾在新乡地区做过大量的工作，积累了不少资料，去年我们开展群众性地下水观测后，曾和水文地质队多次交换情况，对我们帮助很大。最近，水文地质大队又决定派一同志长期帮助我们工作，贾春长同志来局后帮助我们做了大量工作。灌溉研究所的同志从去年就和我们配合，在郇封岭地区蹲点进行科学研究。今年四五月份，在省水利局领导下，灌溉研究所、水文地质大队又和我们协同作战，一道组成十四人的专业队伍，进行全区开采量的调查研究，做了大量工作。

地区水利局农水科是专抓井泉建设的，对全区地下水情况很熟悉，对农业生产中需要解决的问题也最清楚，我们主动争取他们的帮助，他们对观测和普查工作提出了很多宝贵的意见。

四、做好三个“三结合”

(一) 定点观测和面上普查相结合

1972 年我们在全区布设了 100 眼定位观测井，每月观测三次，通过一年的观测，能够掌握在不同的地貌单元，不同的降水、灌溉、开采等条件下地下水的年内变化情况，而对于全区地下水形势还不了解，虽然有 100 眼基本井分布在全区平原，然而在二十万分之一的地图上，依据 100 个点据的资料来勾绘地下水等水位线图，显然是很困难的，即使能够完成，也不能确切地反映客观的规律性。列宁同志曾经指出：运动着的物质只有在空间和时间之内才能运动。要研究地下水，认识地下水，仅掌握它在时间上的变化是不够的，还必须找出它在空间上的内在联系，所以，我们从今年开始恢复地下水普查。通过普查，绘制了地下水埋深图、等水位线图，从而进一步掌握了地下水的动态(流向、径流坡降及地下水与地表水的补给、排泄关系等)。可见，地下水普查能弥补定点观测的不足，反映地下水在空间上的分布，而定点观测能反映出时间上的变化，是普查所不及的。定点观测和面上普查相结合，既掌握了时间上的变化，又找到了空间上的分布规律。

(二) 搜集当前资料与应用历史资料相结合

1972 年，全区旱情比较严重，地下水下降也比较显著，但是我们还不能得出结论：新乡地区地下水位是在逐渐下降。因为要找出地下水“固有的，而不是臆造的规律性”，仅根据一年的观测资料是很不够的。当前资料只能反映现阶段的变化，过去情况怎样，我们还没有掌握，只有了解了它的过去和知道了它的现在，从中找出规律性的东西，才能预见它的将来。

全区在地下水观测、普查方面，过去做过一些工作，积累了一些资料，这就为我们认识地下水的过去提供了有利条件。为了探索新乡地区地下水变化规律,我们在搞好当前观测工作的同时,又积极搜集过去的历史资料。今年春天进行地下水开采量调查时,在地区水利局农水科的大力支持下，应用了过去的普查资料，绘制了 1965 年地下水埋深图和等水位线图，绘制了 1965 ~ 1973 年地下水变化幅度图，又从省水文地质队和人民胜利渠管理局搜集了定点观测资料，绘制了一些过程线。通过对当前资料和历史资料的分析,找到了全区近几年来地下水的变化趋势和出现的问题。

(三) 点面结合，抓点带面

遵照毛泽东同志“深入一点，取得经验，推动全盘”的教导，今年 4 月份对全区地下水开采情况进行调查时，我们除进行面上的调查外，着重抓了四个典型地段。人民胜利渠灌区的七里营公社和原阳县背河洼地的靳堂公社,作为两个井渠结合的典型地段;修武县郇封公社和温县黄庄等 5 个公社 22 个大队,作为纯井灌区的典型地段，进行了重点调查试验，以点上经验指导面上工作，面上的问题用点上的试验成果来解决。

通过今年春季的地下水普查，我们发现机井灌区地下水位普遍下降，出现了三个比较大的下降漏斗；在渠灌区，尤其是在人民胜利渠灌区，由于推广了井渠结合的经验，地下水位多年变化不大。为了取得经验，然后利用这些经验去指导其他，我们决定在两种不同类型的地区各抓一个点，在机井灌区的三个漏斗中，我们选择了下降最严重、问题最大的温县为点，成立地下水动态观测站，加强观测，进一步掌握地下水动态，研究其与主要影响因素的关系，探讨井灌区地下水资源评价方法，更合理地规划地下水的进一步开采，试验研究人工补给地下水的各种途径。另外，在井渠结合的人民胜利渠西灌区(西孟姜女河流域)也搞一个井渠结合点，通过对小流域降水、地表水(包括灌溉水)、地下水的均衡观测研究，探讨防治旱涝碱灾害，井渠结合的最佳灌溉方法和合理的规划布局。

五、总结经验，更好地为农业生产服务

地下水是一项很重要的水利资源，随着“农业学大寨”群众运动的迅速发展，开发利用地下水资源将进入一个新的阶段。与此同时，对地下水观测研究工作也就提出了更高的要求。一年多来，我们在各级领导的亲切关怀下，做了一些工作，今年春季在省水利局的领导下，在灌溉研究所、水文地质大队的积极支持下，我们又对全区地下水开采量进行了调查，为农业生产和井泉建设提供了一些有价值的资料。另外，我们编印了《地下水通讯》，及时反映全区地下水动态，为农业生产服务，给领导当好参谋。

但是，我们的工作才刚刚开头，许多工作还没有做好，有的还没有去做，如地下水基本观测井还需要进一步调整，普查井位还没有完全固定下来，资料质量还不够高等。质量问题是个大问题，我们需要加强培训和管理，提高测报质量；我们的工作还不够扎实，不少县市还没有完成基本井位置图，个别县市还没有测量井口高程；水量观测、水温观测、泉水观测，今年虽然陆续开展，还存在不少问题，需要进一步摸索经验，总结提高；两个研究基地才开始建立，怎么搞还没有经验；如何更好地为农业生产服务，我们还需要摸索。

为了更有效地使用丰富的地下水资源，合理地规划地下水的进一步开采，及时地掌握地下水变化规律，防止和消除地下水变化所造成的危害，使其更好地为农业生产服务，我们决心在“十大”精神的鼓舞下，认真看书学习，以马列主义和毛泽东同志的哲学思想指导地下水观测工作，虚心学习兄弟地区和兄弟省市的好经验和好方法，把我区地下水观测研究工作搞好。

地下水资料整编体会点滴

(1976年7月)

一、考证工作很重要

地下水各项要素的变化，在时间上有它的连续性，因此，要求观测的资料必须有严格的系统性。如果不同时期观测的资料，不是来源于同一眼观测井，则资料就无系统性可言，把这种资料当成系统的资料来分析研究，必然会得出错误的结论。另外，井口固定点变更，直接影响了埋深和水位的数值，如果不及时校测变更后的固定点高程和修改井台高(指井口固定点与地面间的距离)，仍以原来的数值进行计算，好似更换了一眼观测井，观测的资料同样也缺乏系统性，用这样的资料来分析问题，也会出现差错。我们现在的观测井，普遍是选用农用机井，因此，由于机井报废改换附近其他机井继续进行观测，或由于机井口损坏固定点变更的情况是常有的，在这种情况下，对观测井基本情况进行考证就更有必要了。

考证工作应以县为单位，填写本年度“地下水观测井基本情况一览表”(以下简称：“一览表”)，然后与上一年度逐井进行对照，看有什么变化，倘若有变更的，要查明何时变更、因何缘故。一般有三种情况，现分述如下：

(1)井位变更。如某地某观测井，因某种原因，从本年度开始就更换了井位，则在“一览表”中，老井情况可以不再填写，但更换后的新井，不能延用老井编号，应重新续号，并按实测的地面高程和井口固定点高程填写，计算出新的井台高，填明始测日期，在备注栏里，填明老井停测日期和换井原因。计算水位和埋深时，应依据新的地面高程、井口固定点高程，不能延用老井的数值。

如果是在本年度中，因某种原因更换了井位，则在“一览表”中，老井情况仍然要填写，并要填明停测日期和换井原因，更换后的新井按新的编号如实填写。计算地下水位和埋深时，应分段计算，前段用老井的高程，后段用新井的高程，前后两段资料来源于两眼观测井，编制成果表时应分井编制，原始记录应分订成两本。

(2) 井位没有变更，井口固定点位置发生了变动。遇此情况，在填写“一览表”时，因为没有换井，编号不变，只要在“井口固定点高程”和“井台高”两栏里，填上井口固定点变动前后的两个高程和对应的两个井台高即可。在备注栏中说明何时变动、因何原因。计算水位和埋深时，应分段计算，变动前用原固定点高程和对应的井台高，变动后用新固定点高程和对应的井台高。编制成果表时，因资料来源于同一眼观测井，无须分开，归为一张成果表，原始记录装订为一本。

(3) 观测井没有更换，井口固定点相对位置也没有改变，而是井口固定点绝对高程因某种原因发生了变化。譬如井管下沉、附近地面沉陷或抬升等，这种变化往往是很缓慢的，从何时开始又不知道，在校测井口固定点高程时才发现，对于这种情况，除了加强观测，分析研究原因，将情况及时反映给当地党委，采取适当措施外，填写“一览表”时，要填明第一次实测高程数值和日期，第二次实测高程数值和日期，以及对应的井台高，对观测的资料应该进行修正，其原理如下。

假设：实测读数为 A，井台高为 B，埋深为 C。

井管缓慢沉陷后的某次观测读数为 A_1，观测时井台高为 B_1，则观测时的埋深为

$$C_1=A_1-B_1 \tag{1}$$

但由于当时不知道井管下沉，仍以沉陷前的井台高 B 来计算

埋深，因此得出错误的埋深值

$$C'_1=A_1-B \tag{2}$$

用(1)式－(2)式得：$C_1-C'_1=B-B_1$

可见，沉陷前后井台高之差就是埋深修正值。

令
$$X_1=B-B_1 \tag{3}$$

则修正后的埋深应为

$$C_1=C'_1+X_1 \tag{4}$$

无论井管沉陷速度在时间上是均匀沉陷或是不均匀沉陷，对埋深修正值 X 来说均为变量，而且是未知变量，经过一年或两年后，校测井口固定点高程时，才能得知一年或两年里的变化总量。如何以变化总量来计算逐日、逐次或逐月的修正值呢？我们先作如下两点假设：

(1) 假设井管沉陷是从第一次测量高程后就开始，因为不知道何时开始下沉，如果知道开始下沉日期，则就从该日期算起。

(2) 假设井管沉陷速度在时间上是均匀沉陷。

考虑到井管沉陷速度是很缓慢的，修正值 X 逐日逐次的差值是很小的，而且地下水的变化也是比较慢的，因此，我们可以不求逐日逐次的修正值，而求逐月的修正值即可。

设：从第一次测量高程到第二次校测高程的 t 个月时间内，井管总下沉量为 S

则井管沉陷速度为：$V=S/t$

逐月修正值：X_1、X_2、X_3、…、X_t

$=V\cdot 1$、$V\cdot 2$、$V\cdot 3$、…、$V\cdot t$

$=S/t\cdot 1$、$S/t\cdot 2$、$S/t\cdot 3$、…、S

举例如下：

××县××公社××村观测井，1974 年 11 月份测得井口固定点高程为 98.34 m，附近地面高程为 98.06 m，井台高为 0.28 m；1975 年 11 月份校测时，井口固定点高程为 98.28 m，与前低 0.06 m，附近地面高程仍为 98.06 m，此时井台高已变为 0.22 m，可见是井管下沉。

从第一次测量到第二次校测整一年时间，t=12 个月，总下沉量 S=0.06 m。

则沉降速度为：$V=S/t$=0.06/12 (m/月)

逐月修正值见表 1。

表 1　逐月修正值表

时间 (年.月)	74.12	75.1	75.2	75.3	75.4	75.5	75.6	75.7	75.8	75.9	75.10	75.11
T (月份)	1	2	3	4	5	6	7	8	9	10	11	12
X(m)	0.005	0.01	0.015	0.02	0.025	0.03	0.035	0.04	0.045	0.05	0.055	0.06
四舍五入	0.01	0.01	0.02	0.02	0.03	0.03	0.04	0.04	0.05	0.05	0.06	0.06

对于 1975 年 12 月份的资料应如何修正呢？因假设井管沉陷是均匀沉陷，可延用沉陷速度，修正值为 X_{13}=0.07 m，下一年度再度校测时，如发现有误差再行修正。

对于附近地面沉陷或抬升，原理相同。

在考证工作中，还有两种情况应注意的：

(1) 从井台高的数值看，似乎井口固定点有所变更，如温县××公社××观测井，1973 年井台高为 0.1 m，1974 年井台高为 0.11 m，实际上固定点位置没有变化，1973 年没有测量高程，井台高是用钢卷尺或木折尺量得，1973 年底测量高程后，计算得井台高为 0.11 m，1974 年按井台高为 0.11 m 计算，相差 0.01 m。遇此情况，以测量结果为准，以差值修正以前资料。

(2) 从井位的方向和距离来看，似乎观测井更换，如获嘉县位庄公社陈位庄观测井，1973 年为陈位庄西北 100 m，1974 年为冯位庄北 200 m，实际是一眼井，因陈位庄和冯位庄紧紧相邻，陈位庄在东，冯位庄在西，是观测员记录时更变了。遇此情况，应取统一，以免产生错觉。如先前填写无错误，则以先前填写的为准，修正后来更变的。

二、去粗取精，去伪存真

原始记录质量好坏，直接影响资料的精度。我们现在的地下水观测员，绝大多数是没有受过专门训练的农民，他们认真负责，热情积极，为掌握地下水动态，搜集了很多宝贵的资料。当然，由于缺乏经验，观测工作中出现这样或那样的问题是难免的，也有极少数同志，由于对地下水观测工作的重要性认识不足，有时有伪造现象。对于原始记录中的错误和伪造，必须加以“去粗取精，去伪存真”，而绝不能囫囵吞枣地拿来就用，不然就会掩盖或者歪曲了地下水的客观变化规律。因此，对原始记录进行审查和分析工作就很重要。

(一) 动水位的分析和确定

动水位是指机井开泵抽水时，地下水位下降，介于静水位和稳定动水位之间的变化水位。所谓稳定动水位，是指动水位下降到某一深度，不再继续下降，处于稳定状态的动水位。

现在的观测井，绝大部分是农用机井，在抗旱季节，由于抽水浇地的影响，原始记录中的动水位是难免的，有的同志在记录时加以说明，有的同志则没加说明。那么，如何确定原始资料中的动水位数值呢?

在备注栏中有说明的，则依据停泵时间长短来确定，我们定机泵停抽 1 小时以上观测的数值，如注有“抗旱数日，昨晚停泵”或“停泵 1 小时后观测”，不按动水位处理(实际此时的水位仍属动水位)，可以参加均值计算和极值挑选；对于停泵不足一小时或没有停泵就进行观测的数值，如注有：“停泵 10 分钟观测”或“机井正在浇地”，均作动水位处理，加动水位符号“≈”，不得参加均值计算和极值挑选。

备注栏中没有说明的，则依据观测数值来分析，观测值比前后相邻的两次观测值均大，且超过 1.00 m 者，按动水位处理，不参加均值计算和极值挑选；观测值比前后相邻的两次观测值均大，但不足 1.00 m 者，不按动水位处理。

对于有说明，如“停泵 30 分钟后观测”，时间不足 1 小时，观测值比前后相邻的两次观测值均大，但不超过 1.00 m 者，可以不作动水位处理。

(二) 伪造资料的判断

地下水各项要素的变化，有一定的内在规律，违背客观规律的臆造，经过分析终究是要露出马脚的。

(1) 通过点绘综合分析曲线来发现。地下水位的变化，主要受降水、灌溉和抽水的影响，在一般情况下，降雨或灌溉后，地下水有所上升(当然，也有降水量小，不足解除旱情，不能够补给地下水，地下水仍然下降的情况)，如果是在汛期，降水较大，而某井的水位不仅不上升，反而下降，这就不能不叫人怀疑。如果是在抗旱季节，观测井是在纯井灌区，水位不仅不下降，而且回升，也不能不叫人怀疑。

(2) 通过与面上相邻测井的比较来发现。观测井中的地下水位变化，不是孤立的，它与面上地下水位的变化是有机地联系的(此处指潜水观测)，如果面上其他观测井的水位都在下降，而该测井中的水位却上升，地下水同属潜水，又无别的原因，应该怀疑。

(3) 通过表面审查来发现。如 × ×市 × ×公社亮马村观测井，1973 年 6 月份三次观测值，正好与 5 月份三次观测值，一一对应，完全相同，如下：

5 月	1 日	5.15	11 日	5.06	21 日	5.41
6 月	1 日	5.15	11 日	5.06	21 日	5.41

像这样的情况，简直是不可能的，应该怀疑。经查实，该观

测员 6 月份因故没有观测，怕挨批评，将 5 月份资料重抄一遍。

(三) 错误的分析

(1) 读错或笔误，如某观测井某次观测，第一次实测读数为：3.75 m，第二次实测读数为：3.57 m，短暂瞬间水位变化 0.18 m，是不可能的，从 0.75 和 0.57 来分析，可能是笔误造成。又如某观测井，某月 11 日观测值为 9.35 m，而同月 1 日、6 日、16 日、21 日的观测值均为 6 m 左右，11 日观测值并无动水位说明，从 9 和 6 来分析，很可能是测绳读错造成。

(2) 精度不够，有的观测员，观测水位时，只精确到分米，如 3.5 m、3.7 m、…显然质量差，因为地下水位变化幅度较小，而且缓慢，观测读数记至分米，往往不能反映出地下水的变化情况。

三、计算方法及其误差

在地下水资料整编工作中，为了确保资料准确，计算方法和程序必须统一，以免造成误差。

(一) 计算方法

1. 埋深计算

埋深是地下水面埋藏在地面以下深度的简称。

埋深=实测深度−井台高

实测深度系指井口固定点至地下水面的距离，可由测具(测竿、测绳、皮尺等)的固定点读数减去测具的浸水深度而得，若测具浸水深度为零，即测具零点至水面，则测具固定点读数便为实测深度。

地下水面在井口固定点以下，实测深度为正值；地下水面在井口固定点以上，实测深度为负值；地下水面与井口固定点平时，实测深度为零。

井台高系指井口固定点与附近地面(能代表周围大田的地面)之间的距离，即

井台高=井口固定点高程–附近地面高程

井台高可以为正值，表示固定点高出地面；可以为负值，表示固定点低于地面；亦可为零，表示固定点与附近地面相平。

埋深绝大多数情况下为正值，表示地下水面低于地面；但也可以为零，表示地下水面升与地面平；亦可以为负值，表示地面有积水。

2. 水位计算

水位是指地下水面高出标准基面的数值，其计算方法为：

水位=附近地面高程–埋深

或　　　　水位=井口固定点高程–实测深度

水位在绝大部分情况下为正值，即地下水面高出标准基面，但也会出现零和负值，在地下水位大幅度下降的地区，地下水位有可能出现与海平面相平或低于海平面的现象。

(二) 计算中的误差

通常地下水埋深、水位都是要求精确到厘米；如果是精确到分米，往往不能反映出地下水位的变化；如果是精确到毫米，没有多少实用价值。因此，观测时规定实测读数精确到厘米。而各县测量井口固定点高程和附近地面高程时，都精确到毫米，这样就存在先四舍五入后算井台高，还是先算井台高后四舍五入的问题。

现举例如下：

例一：××县××公社文岩村观测井，测得地面高程为 66.804 m，固定点高程为 66.538 m。

如先算井台高，后四舍五入

井台高为　66.538– 66.804= –0.266(m)　　取–0.27 m

若先四舍五入，后算井台高

井台高为 66.54–66.80= –0.26(m)

相差　0.01 m

例二：××县××公社合河村观测井，测得地面高程为 75.982

m，固定点高程为 74.935 m。

如先算井台高，后四舍五入

井台高为　74.935 – 75.982= –1.047(m)　　　取–1.05 m

若先四舍五入，后算井台高

井台高为　74.94 –75.98= –1.04(m)

相差 0.01 m

例三：××县××公社七里桥观测井，测得地面高程为 123.263 m，固定点高程为 123.646 m。

如先算井台高，后四舍五入

井台高为　123.646 –123.263= 0.383(m)　　　取 0.38 m

若先四舍五入，后算井台高

井台高为　123.65–123.26=0.39(m)

相差 0.01 m

也有先算井台高，后四舍五入和先四舍五入，后算井台高，结果一样的。

例四：××县××公社义井观测井，测得地面高程为 121.669 m，固定点高程为 122.586 m。

先算井台高，后四舍五入

井台高为 122.586 –121.669=0.92(m)

若先四舍五入，后算井台高

井台高为 122.59 –121.67=0.92(m)

结果相同

例五：××县××公社南庄观测井，测得地面高程为 115.691 m，固定点高程为 115.928 m。

先算井台高，后四舍五入

井台高为 115.928 –115.691=0.237(m)　　　取 0.24 m

若先四舍五入，后算井台高

井台高为 115.93 –115.69=0.24(m)

结果相同

固然，先算井台高，后四舍五入和先四舍五入，后算井台高，有时仅相差 0.01 m，在允许误差范围内，但对水位、埋深的计算均有影响，为了资料统一，免于误解，在计算程序上规定为：测得的地面高程和固定点高程先四舍五入，后进行井台高、水位、埋深的计算。

四、地下水资料整编的一般规定

(一) 整编目的

进行地下水资料整编有三个目的：

(1) 通过整编，可以及时地掌握地下水变化动态，为合理开发利用地下水和防止土壤盐碱化提供资料。

(2) 通过整编，可以刊印地下水文年鉴，便于累积和保存地下水资料。

(3) 通过整编，可以发现观测工作中存在的问题，以便改进观测工作和管理工作。

(二) 整编工作的内容

地下水资料整编有下列一些内容：

(1) 填写地下水观测井基本情况一览表，做好考证工作。

(2) 绘制地下水观测井分布图(各县用五万分之一底图、地区用二十万分之一底图、省用五十万分之一底图)。

(3) 计算、校核地下水埋深和地下水位，编制年地下水埋深成果表。

(4) 编制地下水埋深年特征值统计表，绘制年最大与最小地下水埋深及出现日期分布图和年内变幅图。

(5) 绘制地下水年平均埋深图和年际间地下水变幅图。

(6) 审核地下水温原始记录，编制年地下水温成果表。

(7) 整理水化学分析成果，编绘地下水矿化度及水化学类型图。

(8) 整理水量观测井原始记录，计算单井年开采量。

(9) 收集降水、蒸发、灌溉等资料，点绘各地貌单元或典型地段的综合分析曲线。

(10) 编写地下水动态变化情况和资料整编说明。

(三) 整编要求和一般规定

地下水资料整编是研究地下水、认识地下水的重要一环，是百年大计，为此要求达到如下标准：

(1) 项目齐全，图表完整，说明完备。

(2) 考证清楚，规格统一，方法正确。

(3) 计算准确，资料合理，字迹清晰。

为保证实现上述要求，作如下一些具体规定：

(1) 观测井编号一律以县为单位进行编排。如××县 1 号井、××县 2 号井、××县 3 号井等。测井不变，井号也不变；测井报废，该井编号也报废，并不得重新使用，新调整的测井另续编号，新增设的测井再续编号。如××县 1973 年共有 6 眼基本井，编号为 1~6，1974 年 2 号井作废，编号也作废，调整后的新井编号 7 号井。1974 年另增设两眼井，分别编为××县 8 号井，××县 9 号井。

(2) 观测人员野外观测记载的原始记录簿，是整编工作的依据，必须认真审查、复核，做到去粗取精，去伪存真。整编后，应以县为单位，按观测井序号将原始记录簿用线绳整装成册，以便存档，长期保存。其他复制报出的表格，不能算原始记录。

(3) 原始资料和整编的各种成果图表，均须经过计算(或制表、绘图)、校核、审核三道工序。每道工序必须签名负责，以便查考。如发现错误，除填写错误登记外，一般会同原作者研究更正，改正后的数值，必须经别人核对。

(4) 各种整编成果图表中的数字，一律用阿拉伯数字填写，应该保证数字准确可靠。

地下水位和埋深，均以米为单位，记至小数点后二位，不足者应在其后补“0”，例如：井台高为“0”，应记作“0.00”；埋深为“2.5”m，应记作“2.50”m。

地下水温，以度为单位，精确到小数点后一位。

(5) 各种整编成果图表中使用的文字，不得任意简化，只能用公布过的简化汉字。字迹要清晰、端正。备注栏内编写文字说明时，应注意语言通顺、句子简练、意义明确、字数不要太多。

(6) 不论原始记录或各种整编成果图表中的数字，如发现有错误需要改正时，可将被改数字用一横线划去，但应保持原数字清晰可认，不得涂抹或擦除，在被改数字的右上方写上正确的数值。注意表面清洁。

(7) 月统计中如有一日或数日资料缺测，观测日应加缺测符号：“—”，该月均值和极值及其日期均加不全统计符号：“( )”，超过两个月者，年统计各项特征值也加不全统计符号。

(8) 年度中新增设的观测井，自观测之日起，编制成果表，以前各月任其空白，不加缺测符号，在备注栏内予以说明。

年度中停止观测的观测井，自年初至停测之日编制成果表，其后各月任其空白，不加缺测符号，在备注栏内予以说明。

不足六个月资料的观测井，仅制成果表，不作年统计；有半年以上资料的观测井，整编与全年资料相同，但年统计应加不全统计符号。

(9) 极值挑选时，如遇数个相同数值，则日期以最先出现的一次为准。

(10) 原始记录中的动水位数值，一般不参加月、年均值计算和极值挑选，其数值的右上方加动水位符号：“≈”，该月均值和极值及其出现日期均加不全统计符号。

(11) 当地下水位高于附近地面时，该日观测值应填“地面积水”；当观测之日发生井干时，该日格内应填记“井干”。

(12) 地下水埋深图区间划分应为：小于 1 m、1 ~ 2 m、2 ~ 4 m、

4～6 m、6～8 m、8～10 m、10～15 m、大于 15 m。用不同颜色分区，分区时应考虑地形变化情况。

标注方法：

$$编号\#\frac{埋深(m)}{水位(m)}井深(m)$$

若勾绘地下水等水位线，间距以 1 m为宜，线条应与埋深分区界线有所区别。

(13)地下水位变幅图。

年内变幅图标注方法：

$$编号\#\frac{最大埋深(日期)}{最小埋深(日期)}变幅$$

依据年变幅大小,分地下水变化显著区和地下水相对稳定区，变幅大于 5 m 为显著变化区，小于 5 m 为相对稳定区。

年际变幅图标注方法：

$$编号\#\frac{年平均埋深(1974年)}{年平均埋深(1973年)}$$

依据动态变化情况，分为地下水上升区、地下水相对稳定区、地下水下降区。

上升区：+0.5～+1.0 m、+1.0～+1.5 m、+1.5～+2.0 m、大于+2.0 m；

稳定区：±0.5 m；

下降区：－0.5～－1.0 m、－1.0～－1.5 m、－1.5～－2.0 m、小于－2.0 m。

用不同颜色分区，用细实线分级。

(14)地下水矿化度及水化学类型图的标注方法：

$$编号\#\frac{矿化度}{水化学类型}$$

地下水的水化学类型用不同颜色区分,矿化度用不同线条区分。

(四) 整编工作方法及其步骤

整编工作和其他工作一样,应以群众运动和专业队伍相结合,放手让各县抓地下水工作的同志对地下水资料进行初步整理(计算、校核和分析),便于他们掌握本县地下水变化动态,有利于当好领导的参谋,便于他们掌握观测员是否认真负责,有利于加强领导和教育。同时,亦可提高他们认识地下水、研究地下水的水平。

地区水利局应加强对地下水资料整编工作的领导,确定专人负责,拟定好工作计划,组织好专业队伍,专业队伍必须把好“质量关”,按计划、按规定完成整编任务。

整编工作一般分三阶段:

(1) 县级整理,由各县负责地下水工作的同志,于次年元月上中旬集中委托观测员进行整理,绘制综合分析曲线,找出降水、抽水和地下水变化的关系,简要写出本县范围内的地下水变化情况。

(2) 地区整编。由地区组织 3 ~ 5 人的专业队伍,并会同各县抓地下水工作的同志,进行资料整编,除填制各种成果表外,并绘制各种图件,同时写出本地区地下水动态变化情况及资料整编说明。

(3) 省级汇编。各地市水利局整编完成后,派员携带原始记录,各种整编图表、说明书等,集中到省汇编,经汇审无误后,再行复制,并点绘全省有关图件,然后由省负责刊印出版。

第三里程

新乡地区水利科学研究所
1980年工作总结和1981年工作安排

（1981年2月25日）

1980年是80年代的第一年，在局党委和局领导的直接关怀下，我们迈出了可喜的第一步。

一、1980年科研工作进展情况

1980年初，我所确定了4个研究课题，9月份以后，应河南省水利厅农水处的要求，又增加了井型结构和井径的试验研究，现将5个专题试验研究工作进展情况分述于后。

(一) 封丘县西部旱涝碱综合治理，改造低产田的试验研究

此项任务是黄淮海平原旱涝碱综合治理试验研究的一部分，根据省水利厅安排，去年我们已在封丘县陈固公社建点开展试验研究，基点包括西丈八、东丈八、塔北、前吴村四个大队全部和冯马台、东仲宫两个大队部分及公社林场，共有耕地1.63万亩。并在西丈八大队搞了160亩由中产变高产的试验区。一年来采取了下列一些措施：

(1) 深沟排水。疏浚排水河道23条，其中斗排7条，深2m，长16.87km；农排16条，深1.0～1.5m，长10.0km；共完成土方19.6万m^3，使除涝标准由3年一遇变为10年一遇。同时修路6条，长10km，修建斗排桥19座，农排桥涵87座，共完成土石方512.6m^3，混凝土62m^3。由于今年干旱，效益看不出来。

(2) 井灌井排。新打机井42眼，新配柴油机94台，全试区共有机井 162 眼，柴油机 173 台，电机 80 台，达到一百亩地一眼井，以机配为主，机电双配的约占 40%。另外，洗井 25 眼，修提灌站 1 处，新增灌溉面积 5 500 亩，缩短了浇地时间，降低了地下水位，大旱之年秋粮增产约 11.9 万 kg。

(3) 种植绿肥。为了培肥地力，今年种植绿肥 636 亩，压青 466 亩。根据省水利厅指示，今年秋季我们又在文岩故道上游扩大试点 1.0 万亩，包括应举公社的马房、石楼、孙马台三个大队和东大村的部分耕地，并在东大村 200 亩重盐碱地上建立一个由低产变中产的试验区，群众科研队伍 8 人，今年种油菜 7.2 亩，种小麦 89 亩，其中浇塌墒水的 25 亩。四个大队计划打井 44 眼，已打 31 眼，已修农排道路 4 200 m，共完成土方 1.75 万 m^3。目前小麦和油菜长势很好。

今年提交了《封丘县低产田改造试点工作报告》，另外，王世兴同志总结以往盐碱地改良经验，编写了《盐碱地的防治经验》和《引黄种稻对改良碱化苏打盐土的作用》。

(二) 延津沙区花生喷灌试验研究

此项任务系省水利厅下达，由我所(邹时杰同志)和局农水科、延津县水利局共同在班枣、塔铺两个公社开展试验研究，除对 4 000 亩大田进行花生喷灌试验外，又在冯班枣、老刘庄、马庄三个大队进行小区试验，包括喷灌与不喷灌对比试验、埂种和平种对比试验、适宜密度和适宜土壤含水率试验、施用磷肥和石膏试验等。通过对比试验明显看出，喷灌比不喷灌好，试验区花生普遍获得较好收成，班枣公社 2 000 亩平均亩产 175 kg，冯班枣大队种的 18 亩试验田，品种为开农 27，亩产达 307.5 kg，最高产量是老刘庄大队的 30 亩试验田，品种为杨庄 133，亩产达 330.5 kg；塔铺公社在严重干旱的情况下，2 000 亩平均单产 125 kg，马庄大队试验田，亩产也可达 300 kg。

今年共打喷灌用机井 65 眼，配套 12-C 型喷灌机 40 台，国家基建投资 8 万元，肥料种子投资 8 万元，社队投资 5 万元，总共 21 万元。计划提交《延津沙区花生喷灌试验阶段报告》。

(三) 人民胜利渠灌区泥沙问题和土壤次生盐碱化防治问题的试验研究

这是水利部 1980 年下达的任务,由我所和人民胜利渠管理局共同承担，由于经费下达较晚，到目前为止我们仅做了如下工作：

(1) 在水利部水科院指导下，与人民胜利渠管理局一道，对灌区井渠结合现状进行了调查研究，并对灌区历年观测资料进行了初步分析,编写了《人民胜利渠灌区渠井结合灌溉经验调查研究》。

(2) 整理了人民灌区历年泥沙观测研究资料，编写了《人民胜利渠泥沙问题研究成果简编》。

(3) 为搞好灌区水文、泥沙观测，举办了短期训练班，培训了 30 多名观测人员。

(4) 井渠结合防次研究,选择小冀一斗渠范围作水量平衡试验区,包括小冀公社 21 个大队,翟坡公社 4 个大队,面积约 20 km^2,耕地约 2 万亩，区内设地下水观测井 68 眼。

(5) 泥沙问题研究，包括渠首防沙措施及其效果的分析研究，沉沙池沉沙规律和沉沙效能的分析研究，渠系泥沙分配情况及浑水灌溉可能性的分析研究。除控制总干渠和 6 条干渠的引水引沙量外，以东一灌区为点，研究干渠以下各级渠系泥沙分配情况。今冬主要作测验设施和仪器设备的准备工作，争取明年春灌投入观测。

(6) 针对引黄灌溉中的经验和问题，我所先后编写了《赞井渠结合》、《引黄灌区发展水稻不可忽视的几个问题》和《阐明关于引黄灌溉的几个论点》等论文。

(四) 水资源调查和水利化区划的研究

这是全国农业自然资源调查和农业区划研究的一个组成部分，在兄弟科室的支持下，我们在整理分析现有资料的基础上，对我区水资源供需平衡情况作了概算，并根据各不同地貌单元内的降水、地表水和地下水的分布规律，考虑到水系分布和流域界线，考虑到以往治水经验和今后治理方向，提出了我区三级水利化简明区划初步意见，我所提交了《新乡地区水资源概算和水利化简明区划报告》。

郑洪同志借调到地区农业区划办公室工作，主持全区农业自然资源调查和农业区划的技术工作，负责编写了《新乡地区农业简明区划报告》、《新乡地区地貌区划及其水利条件》、《新乡地区的自然条件及土壤形成因素》等论文。

(五) 井型结构与井径的试验研究

1980 年 9 月份以后，我们根据省水利厅农水处的安排，在封丘县应举公社马房大队进行了不同管井直径的试验研究，试验井直径分别为 70 cm、50 cm、30 cm、20 cm 四种规格，目前已全部打成，70 cm 管井 1 眼，井深 39 m；50 cm 管井 1 眼，井深 40.23 m；30 cm 管井 1 眼，井深 43 m；20 cm 管井 1 眼，井深 43.5 m。抽水试验将在 1981 年第一季度进行。

二、科技后勤工作情况

为了服务科研，1980 年我所的“三室”得到了充实，并顺利地开展了工作。

(一) 化验室

1979 年下半年恢复后，1980 年上半年边充实、边投产，老同志培训新同志，使工作逐渐走上了正规，半年来，共分析样品 428 个，其中水样 192 个，土样 228 个。不仅能进行常规分析，而且开展了养分分析。袁礼君同志还编写了《试谈丁村盐土改良》一文。

(二) 情报资料室

整理了水利局和原水电部豫北试验站的图书资料，并从本地和外地购进新书 582 册，目前情报室已藏书 3 000 余册，科技杂志 60 多种；建立了新乡地区水利系统科技情报网，并加入了省水利系统科技情报中心站，与全国 60 多个科研单位建立了情报联系，收到各地资料 250 多份，编印了国外《地下水开发利用》资料摘要，和新到图书资料目录第一期。

(三) 材料试验室

建室工作已基本就绪，仪器设备已部分安装，因无电源，尚未投产。

秦永俊同志在整理总结过去试验研究资料的基础上，先后提交了《矿渣粉煤灰硅酸盐水泥试验报告》和《改性粉煤灰水泥试验研究总结》、《G(sncg)减水剂试验研究初步报告》。

三、学术活动情况

我所积极参与了新乡地区水利学会的学术活动，并承担了组织和服务工作。

新乡地区水利学会，于 1980 年 1 月 19 日召开会员代表大会，选举产生了新乡地区水利学会第二届理事会，并进行了第一次学术交流活动，交流学术论文、技术报告等 30 余篇。11 月 10 日，又召开了以“新乡地区水利资源合理开发利用”为主题的第二次学术讨论会，会上还对引黄灌溉问题进行了探讨，交流论文及报告 20 多篇。1980 年共收到论文报告近 60 篇，已印 38 篇，在报刊上发表的有 7 篇，在省、地授奖的有 8 篇，其中水科所提交 21 篇，报刊上发表的 3 篇，在地区授奖的 1 篇。目前，我区已有水利学会会员 258 人。

四、外事活动情况

受局委派，我们还参与了一些外事活动。1980 年，我局先后接待国际友人的活动共 6 次 29 人。5 月份，接待了巴基斯坦低洼盐碱地考察团一行 5 人，陪同他们参观了原武公社、七里营公社、洪门公社和人民胜利渠等地。8 月份，接待了美国哈佛大学马斯等 3 名教授来人民胜利渠考察并讲学，时达 1 个月。另外，还接待了西德柏林工业大学水利专家克劳马博士来我区考察人民胜利渠灌区和洪门盐碱地改良；9 月份，在清华大学学习的马里、斯里兰卡、多哥三国留学生 5 人来人民胜利渠实习；10 月份，先后接待了美国农田水利考察团 6 人。此外，还有一次联合国南水北调考察团 9 人，由人民胜利渠管理局负责接待。

五、经验和问题

我们水科所只所以能取得一些初步成果，原因是：

(1) 领导重视是我们科研工作能够顺利开展的主要原因，地委领导对全区水利科学研究工作非常重视，听取汇报，作具体指示，局党委为加强对科研工作的领导，充实了水科所领导班子，成立了党支部。

(2) 有几位老同志，主持科技工作，并带领广大科技人员从事科学研究，起到了带头的作用。几位年轻的同志，都勤奋好学，长期在野外工作，不计较个人得失，成为科研工作的骨干力量。

(3) 党支部不仅加强了对科研工作的领导，而且为保证科研工作的顺利进行做了大量的思想工作和后勤工作。

目前我们存在的主要问题是：

(1) 还没有把全区的水利科研人员发动起来，形成一支群众性的科研力量。

(2) 任务大、人员少。1980 年省水利厅下达了 4 项科研任务，水利部下达 1 项科研任务，共拨经费 43 万元。目前，我们共有 19 人，行政干部 3 人，工人 4 人，技术人员 12 人(其中 1 人被地区农业区划办公室长期借用)。

(3) 材料试验室目前尚未投产，主要是电源问题未能得到解决。

(4) 封丘、延津一些低产区，生产体制的改变，对科研工作有所影响，需要我们去探索如何适应新形势、新情况开展科研工作。

六、1981 年的科研任务

1981 年，我所基本维持 1980 年的科研任务，不再增加新的研究项目。

1. 配合人民胜利渠管理局，全面开展人民胜利渠灌区泥沙问题的试验研究，提交引黄灌溉泥沙问题研究阶段报告。

(1) 渠首引水渠不同机械措施防淤冲沙效果的观测分析。观测引水渠和引水口河床演变及水沙运行规律，对比分析小型绞吸式挖泥船(广东斗门产)、推进艇(江苏溧阳产)和水陆两用清淤机(三门峡水工机械厂试制)防治引水渠淤塞的效果。

(2) 沉沙池工程沉沙效果的观测分析。观测东一沉沙池进出水口的水量和含沙量，并对出水口沙样进行颗粒分析，研究沉沙效果。

(3) 渠系泥沙分布状况的观测。通过对总干渠、5 条干渠和东一灌区支、斗、农渠引水量、引沙量，以及东西孟姜女河、四号跌水的退水量、退沙量的观测，分析研究渠系泥沙分布状况和颗粒级配情况。

(4) 渠道挟沙能力的试验研究。通过室内模型试验，进一步改进渠道挟沙能力计算方法，为改善渠道工程提供依据(该项研究工作配合黄委会水科所泥沙室进行)。

2. 配合人民胜利渠管理局，全面开展人民胜利渠灌区防止土壤次生盐碱化问题的试验研究，分别提交渠井结合防止土壤次生盐碱化的研究阶段报告。

(1) 人民胜利渠灌区水盐动态观测分析。

(2) 东一干三支一斗平衡区水盐动态与平衡状况的观测研究。

(3) 渠井结合联合运用的研究。

3. 继续进行封丘西部旱涝碱综合治理，改造低产田的试验研究，提交低产田改造技术报告。

(1) 东大村大队 89 亩小麦试验田丰产措施的试验研究。

(2) 西丈八大队 160 亩试验方，由中产变高产综合措施的试验研究。

4. 完成延津沙区花生喷灌技术的试验研究工作，提交沙区花生喷灌总结报告。

(1) 沙区花生耗水规律和典型年花生喷灌制度的探讨。

(2) 冯班枣、老刘庄两大队 1 500 亩花生丰产试验。

5. 继续进行井径试验及提水工具的改进和选型试验，年终提出报告。

6. 协助县市水利局完成水资源调查和水利化区划。

(1) 协助博爱县完成细线条的水资源调查和水利化区划。

(2) 协助汲县、新乡市郊区、获嘉、武陟完成粗线条的水资源调查和水利化区划。

七、1981 年的“三室”任务

(一) 化验室

(1) 继续开展地表水和地下水的水质分析。

(2) 继续开展土壤盐分和养分的分析测定。

(3) 增设泥沙颗粒级配分析。

(二) 材料试验室

(1) 上半年争取开展水泥和混凝土的材料试验。

(2) 增添设备，争取下半年开展土工试验。

(三) 情报资料室

(1) 办好阅览室，做好图书和情报资料的供应服务工作。

(2) 加强图书资料的管理，完成现有图书资料的分类编目和期刊杂志的装订。

(3) 加强全区水利系统科技情报交流，争取创办《新乡水利科技》。

八、为了完成以上任务我们还需要做好的工作

(1) 人员还需要适当加强，不仅需充实基点科研人员，而且需充实“三室”后勤科技人员。

(2) 搞好与兄弟单位的关系，争取协作单位大力支持。

(3) 购置先进设备，革新科研手段，加强科学管理，加速科研进度。

九、经费开支计划

(1) 引黄灌溉泥沙问题和防次问题的试验经费，为中央专项拨款，由人民胜利渠管理局经管。

(2) 封丘西部低产田改造试验，目前省水利局准备撤点，我们的意见是继续搞下去，请省水利局每年拨给试验费用。

(3) 延津沙区花生喷灌试验，今年需经费 4 000 元，目前省水科所已下拨 2 000 元，计划从局科研经费中再拨 2 000 元试验费。

(4) 井径试验继续使用去年省拨付的专项用款。

(5) 水资源调查和水利化区划，利用地区农业区划办公室的专项经费。

(6) 化验室，因增设泥沙颗粒分析，尚需购置部分设备，计划开支 5 000 元。

(7) 材料试验室，为购置土工试验设备需用款 5 000 元；

(8) 资料室，除正常的图书、资料、杂志费用外，尚需增加书架等设备，计划用款 5 000 元。

(9) 水利学会学术交流会(计划两次)和科技情报工作会议用款约 1 000 元。

在目前国民经济比较困难的情况下，中央决定不压缩科研经费，说明党对科研工作的高度重视。我们决心和党同心同德克服

困难，在科研工作中，贯彻少花钱多办事和不花钱办好事的精神，能不花则不花，能少花不多花，尽量节约国家开支，搞好科研工作。

陪同苏联水利专家考察团在河南省考察（图为在邙山提灌站合影留念）

新乡地区水利科学研究所
1981 年工作总结和 1982 年工作计划

(初稿)

(1982 年 2 月)

水科所自 1979 年恢复以来,在党的十一届三中全会精神鼓舞下，在局党委直接领导下，1980 年迈出了可喜的第一步，1981 年又有了新的进展，取得了一定成绩。

一、1981 年工作回顾

(一) 加强思想政治工作，齐心协力搞“四化”

水科所的思想政治工作，在局党委的领导下，在所党支部的带动下，同志们能够努力学习马列主义和毛泽东思想，拥护党的十一届三中会会以来的路线、方针、政策。坚持四项基本原则，主要表现在：

(1) 团结。从所里的领导成员来讲，能够做到有事共同商量，不是一人说了算，以身作则，团结一致，民主管理所里的工作，因此工作进行得比较顺利。

全所同志基本能开展批评与自我批评，结果是同志们团结友爱，互相帮助，老同志关心帮助年轻同志，年轻同志尊敬老同志。这样，就消除了原则上的纠纷和隔核。

(2) 学习。学习政治理论和业务的良好风气在我们所已初步形成。政治理论学习，能严格按照党委布置，认真读书，认真讨论。去年的政治理论学习成绩全所均为良好。

业务学习，每个同志除完成本职工作外，挤时间进行自学，努力提高自己的业务水平和工作能力，扩大知识面。特别是年轻同志，求知欲望更为迫切，为了学习外语，有条件的同志(蒋家振、刘淑惠)买了录音机，其他学习外语的同志都能按时收听英语广播。有几个同志已读完了初、高中英语教材。

(3) 工作态度。因为加强了政治理论学习和业务学习，有了思想政治的基础，全所同志都具有干“四化”的劲头，即使在工作分散的情况下，每个同志都能做到不怕苦，不怕累，任劳任怨，踏踏实实地工作。蒋家振同志在东三干渠泥沙观测中，争着上船，冒雨测验，在网坝试验中，不慎落水，掉在卫河里，棉裤腿湿透了，仍顶着寒冷继续工作，直至完成。单炳中同志工作踏踏实实，任劳任怨，不管刮风、下雨都能按科学要求按时取样，从不叫苦叫累。张永发同志是双职工，爱人每天都上夜班，孩子小，无人照管，每天都把孩子锁在屋里，坚持下乡蹲点。总的说，全所同志的表现都比较好。

(二) 科学研究，成绩良好

1981 年我所有三个科研基点，五项研究课题。

封丘基点，从 1979 年冬开始进行旱涝碱综合治理，改造低产田的试验研究，1980 年完成了第一期试验工程，范围包括陈固公社的西丈八、东丈八、塔北、前吴村四个大队和冯马台、东仲宫两个大队的一部分及公社林场，共 1.63 万亩耕地。1981 年又完成了第二期试验工程，范围扩大到应举公社的马房、石楼、孙马台三个大队和东大村大队的一部分，约有耕地 1.0 万亩。两年来，我们采取了打井灌溉、排水除涝、培肥地力、平整土地、科学种植等项综合治理措施，使试区内农业产量有了显著的提高，1981 年夏季小麦总产比 1980 年同期增长了 32%，秋季玉米也获得了丰收。今年我区气候，前期干旱，后期阴雨，日照少，积温低，对农业生产极为不利，全区粮食总产比 1980 年降低了 7.1%，即使是这种情况，试区粮食总产仍比 1980 年增长了 39%。两年来，通过调查研究，搜集了不少基本资料，通过总结，提交了《低产农田改造技术研究》阶段报告。

去冬今春，我们又在应举公社的范庄、西大村、南范三个大队和东大村、丁占、石楼等大队的一部分，共 1.07 万亩耕地，开始第三期试验工程。

在封丘基点，我们除了进行低产田改造技术的试验研究之外，同时在马房大队进行了不同井径出水量与经济效益的对比试验，打了四眼试验井，井径分别为 200 mm、300 mm、500 mm、700 mm，通过成本核算和抽水试验，初步认为：在含水层为中细砂地区，井径以采用 500 mm 为佳；井径为 200 mm 机井，虽造价低廉，但使用极为不便，出水量也小，不宜采用。并整理编写了《不同井径抽水试验报告》，对我区的机井建设有一定参考价值。

人民胜利渠灌区井渠结合防止土壤次生盐碱化的试验研究工作，在 1980 年准备工作的基础上，1981 年进行了具体的断面布设，开展了降水、灌溉水、地下水和土壤水水盐动态的观测工作，并搜集了试区内工业用水、农业用水和人畜饮水等资料，经过整理分析编写了《人民胜利渠灌区井渠结合防止土壤次生盐碱化试验研究阶段报告》。

引黄泥沙的观测研究工作，也取得了新的进展，布设了观测断面，开展了水文观测，搜集了部分资料。对引水渠不同类型船只机械清淤效能进行了对比观测；结合引黄济津，在卫河上进行了网坝观测试验；对东三干渠泥沙淤积情况进行了分析研究，编写了《人民胜利渠东三干渠泥沙淤积情况分析报告》，提出了防止渠道泥沙淤积的一些合理化建议。

延津沙区花生喷灌试点，在局农水科和延津县水利局的配合下，1981 年主要进行了小区对比试验，依靠天然降水的花生地连种子也难收够，而喷灌两次的亩产可达 100 kg 以上，喷灌五次的比喷灌两次的增长 14.1%～91.1%，亩产可达 176 kg，如喷施增产灵，可再增长 20%～44%，亩产可达 231 kg。

此外，我们还承担了新乡地区县级水资源调查和水利化区划的辅导工作，重点帮助博爱县进行水资源计算和水利化分区。对水资源计算方法提出了一些新的看法，编写了《水资源供需平衡分析中几个问题的推敲》。

1981 年度，我所共提交 13 份科技成果，除以上编写的试验报告和论文外，还有《阐明关于引黄灌溉的几个论点》、《赞井渠结合》、《引黄灌区发展水稻不可忽视的几个问题》、《改变原延封三县低产面貌的途径》、《古黄河背河洼地引黄种稻改良碱化苏打盐土试验资料整编》、《SNCG 减水剂试验研究初步报告》(未印稿)、《延津沙区花生喷灌试验报告》、《辉县百泉断流原因分析》(未印稿)等论文和报告。其中《阐明关于引黄灌溉的几个论点》荣获地区科技成果二等奖、《古黄河背河洼地引黄种稻改良碱化苏打盐土试验资料整编》和《延津沙区花生喷灌试验报告》分别荣获地区科技成果三等奖。

(三) 科技后勤，服务及时

化验室在 1980 年初步恢复的基础上，1981 年又进行了充实和提高，购置了一批新的仪器设备，采用了一些新的测试手段。目前，不但能够进行水质的常规分析，而且能够进行土壤盐分和养分的分析，泥沙的颗粒分析。1981 年共分析水样 301 个，土样 945 个，沙样 200 余个，为科学研究、水文资料累积和解决生产中的问题，及时地提供了分析数据，共回收化验费为 1 万元。

科技资料情报室的工作也稳步向前。1981 年新购图书 650 册、资料 500 多份册，目前已藏科技图书 4 500 余册，科技资料近 2 000 册。初步建立了新乡地区水利科技情报网，并与国内 60 多个单位建立了正常的科技情报交流关系。编印了《国外地下水开发利用资料摘要》、《水资源研究文摘》和两期《新到科技图书资料目录》。组织翻译了《花生的灌水次数和灌水深度》、《对喷灌和地面灌溉水的利用效率与经济情况的研究》、《灌溉玉米的产量和水的关系》、《小麦播前灌水和生长期灌水对其产量用水量与根系分布的影响》、《畦灌水流形状因素的推导》、《用稀释的咸水灌溉以改良土壤的建议》、《竖井用“多孔混凝土”性质的研究》等 7 篇外文资料。1981 年总共印发了 15 种科技资料计 4 000 余册。

此外，还为我区水利学会做了大量准备工作，对我区的学术交流做出了一定贡献。

二、1982 年工作意见

1981 年，我们虽然取得了不少成绩，但与形势对我们的要求还相差很远，我们也还存在不少缺点。在 1982 年中，我们决心响应党中央的号召，在物质文明和精神文明建设方面都要有一个较大的进展。我们有以下初步打算。

(一) 进一步搞好科学研究，加速物质文明建设

科学研究是物质文明建设的一个重要方面，1982 年我们计划完成 8 项任务。

(1) 继续进行封丘西部低产田改造试验研究，计划在第一、二期工程的基础上，在文岩故道上游应举公社的范庄、西大村、南范三个大队和东大村、丁占、石楼等大队的一部分，总耕地 1.07 万亩范围内，进行第三期试验工程，推广冲洗压盐、水平排水、施放石膏、深翻改土、种植绿肥、秸秆还田等成功的改良盐碱地的经验，同时探索用酸离子交换改造碱土的新技术、新途径。

(2) 继续与人民胜利渠管理局配合，进行井渠结合防止土壤次生盐碱化的试验研究和减少泥沙入渠，提高渠系挟沙能力，防止渠道淤积的试验研究。

(3) 恢复水资源调查和水利化区划的研究工作，作好新乡地区降水、地表水、地下水、泉水和土壤水盐动态的观测和资料搜集，在分析计算区域水资源的基础上，提出新乡地区水利化区划正式报告。

(4) 为适应水利工作的重点转移到管理方面来的要求，我们计划下半年与农水科配合，进行一次机井管理的调查研究，为机井建设的健康发展提供资料。

(5) 进一步健全科技情报网，加强我区水利系统科技情报的交流工作，计划上半年召开全区水利系统科技情报员会议。进一步搞好科技资料的服务工作，在力所能及的情况下，多编科技文摘和专题索引。

(6) 化验室除了搞好今年的化验任务外，对我区历年土壤水盐动态分析资料进行整理、刊布。在分析历史资料和进行现状调查的基础上，有计划地恢复我区土壤水盐动态的观测工作。

(7) 为了适应水利工程建设的需要，计划今年第一季度，材料试验室投入生产，开展水泥和混凝土的试验研究工作。

(8) 加强对忠义、引沁、广利三试验场的业务领导和技术交流。

(二) 树新风，争为“四化”多做贡献

为了保证上述任务顺利完成，我们提出如下措施：

(1) 进一步加强领导班子的团结，这是搞好全所团结的重要前提。团结就是力量，只有安定团结的局面，才能保证科研工作的顺利进行。

(2) 充分调动每个同志的积极性，大胆放手让同志们工作，采纳支持他们的合理化建议，帮助解决工作中的实际问题。

(3) 明确分工，密切配合，争取为“四化”多做贡献。

(4) 加强业务理论和外语学习，不断提高同志们的科学研究和管理水平，以适应“四化”建设的需要。

(5) 组织参观学习，开拓眼界，增长知识，学习先进经验，改进科研手段和工作方法。

(6) 加强政治思想工作，表彰先进，开展讲文明礼貌活动，树立新的社会风尚。

搞好水利科学研究，为农业现代化做出贡献

(1982 年 4 月 26 日)

我所自 1979 年 6 月恢复以来，已近三年，在党的十一届三中全会的路线、方针、政策的指引下稳步发展。

目前，全所有行政干部 2 人，技术干部 15 人(其中工程师 6 人，助理工程师 6 人)，技术工人 4 人，共 21 人。下设办公室、情报室、化验室、材料试验室。承担着 4 个专题的研究任务，即：引黄灌溉问题的研究，旱涝碱沙综合治理的研究，机井选型的研究，水资源调查和水利化区划的研究。此外，关于灌溉试验(灌溉制度、灌水技术)由引黄人民胜利渠灌溉管理局、引沁灌溉管理局、广利灌溉管理局所属的三个试验场分担，技术方面受我所指导。

现将三年来的工作情况和体会汇报如下。

一、工作情况

(一) 科学研究工作

根据省水利厅的布置，我们参与了黄淮海平原旱、涝、碱、沙综合治理的试验研究：在封丘县西部的陈固、应举两个公社的部分大队建立了研究试点，1980 年完成了第一期试验工程，受益面积 1.63 万亩，1981 年完成了第二期试验工程，受益面积约 1 万亩。目前第三期工程基本完成，受益面积 1.07 万亩。两年多来，我们采取了打井灌溉、排水除涝、培肥地力、平整土地、科学种植等综合治理措施，同时，又进行了小面积的化学、物理等改良土壤的小区试验研究，使试区内的农业生产面貌发生了较显著的变化，产量显著提高。1981 年小麦总产达 242.5 万 kg，比 1977～

1979年三年同期平均增长34%；秋季总产达221.5万kg，比1977～1979年三年同期平均增长61%。1981年新乡地区由于自然、气候等原因的影响，在全区粮食总产比1980年降低7.1%的情况下，而我们试区的粮食总产仍比1980年增长45.7%。

三年来取得的成果，分别编写在《封丘县如何从低产变高产》的调查报告；《封丘县旱、涝、碱综合治理报告(1980～1981年阶段报告)》；《改变原、延、封三县低产面貌的途径》三篇文章中。

引黄灌溉问题的研究：我所与人民胜利渠灌溉管理局共同承担了水利部下达的引黄泥沙问题和井渠结合防止土壤次生盐碱化问题的试验研究。

在泥沙问题研究方面，分析整理了历史资料，恢复了全灌区水文泥沙观测，对引水渠机械冲淤效能进行了对比观测，对东三干渠泥沙淤积情况进行了观测分析，并派人参加了黄委会水科所泥沙室的室内模型试验和资料分析。先后编写了《河南省人民胜利渠泥沙问题研究成果简编》、《人民胜利渠东三干渠泥沙淤积情况分析报告》。

在井渠结合防次的研究方面，我们总结了新乡地区引黄灌溉的经验教训，进行了井渠结合调查，建立了小冀试验基地，开展了水盐动态观测工作。三年来编写了《引黄灌溉问题的探讨》、《赞井渠结合》、《引黄灌区发展水稻不可忽视的几个问题》、《阐述关于引黄灌溉的几个论点》、《河南省人民胜利渠“井渠结合”经验调查报告》(与中国水科院水利所、人民胜利渠灌溉管理局合写)、《井渠结合防止土壤次生盐碱化效果的观测研究(阶段报告)》。

此外，我们还总结了新乡地区盐碱地的防治经验，编写了《新乡地区盐碱地防治经验》、《古黄河背河洼地引黄种稻改良碱化苏打盐土试验资料整编》、《试谈丁村盐土改良》。

水资源调查和水利化区划的研究：根据省水利厅和地区区划

办公室的布置，我们进行了新乡地区水资源调查和水利化区划的研究工作，对全区“水利”资源进行了概算，对供需平衡作了初步分析，在此基础上进行了水利化区划，编写了《新乡地区水利化简明区划报告》、《新乡地区地貌区划及其水利条件》、《新乡地区自然条件及形成因素》、《水资源供需平衡分析中几个问题的推敲》、《区域水资源计算方法分析研究》、《辉县百泉断流原因分析》等。同时还承担了县级水资源调查和水利化区划的辅导工作。

沙区花生喷灌试验研究，获得了较显著效果，1980 年喷灌比不喷灌的花生增长 1.1 ~ 1.8 倍，1981 年喷灌比不喷灌的花生在自然气候等多种不利因素的影响下，增产也很显著。根据试验结果，我们先后总结编写了延津县沙区花生喷灌试验阶段报告和总结报告。

结合新乡地区机井建设中存在的问题，进行了井径和井型结构的试验研究。通过总结经验、调查分析和抽水试验，编写了《机井建设与机井管理》、《关于机井选型的试验研究报告》。

材料试验室编写了《矿渣粉煤灰硅酸盐水泥试验报告》、《改性粉煤灰水泥试验研究总结》。

三年来，我所的同志共编写了 30 份技术报告，其中，《改性粉煤灰水泥试验研究总结》曾获新乡地区 1980 年科技成果三等奖；《阐明关于引黄灌溉的几个论点》曾获新乡地区 1981 年科技成果二等奖；《古黄河背河洼地引黄种稻改良碱化苏打盐土试验资料整编》和《延津县沙区花生喷灌试验报告》分别获新乡地区 1981 年科技成果三等奖。

(二) 科技情报工作

我所设立了“新乡地区水利科技情报室”，开展了科技情报工作。三年来，我们整理了历史图书资料，又新购了科技图书和科技资料。目前，已藏科技图书近 5 000 册，科技资料 2 000 余册，初步建立了新乡地区水利科技情报网，并与国内 60 多个单位建立了正常的科技情报交换关系。

三年中，编印了《国外地下水开发利用资料摘要》、《水资源研究文摘》，并且组织翻译了《花生的灌水次数和灌水深度》、《对喷灌和地面灌溉水的利用效率与经济情况的研究》、《灌溉玉米的产量和水的关系》、《小麦播前灌水和生长期灌水对其产量用水量与根系分布的影响》、《畦灌水流形状因素的推导》、《用稀释的咸水灌溉以改良土壤的建议》、《土壤水分管理》等 7 篇外文资料，供同志们参考。三年来，我们共印发了 50 余种科技资料，计 1.5 万余册。

(三) 科技后勤工作

为了更好地为本地区水利建设和科学研究工作服务，我所恢复了化验室，建立了材料试验室。

三年来，化验室不断得到充实和提高，购置了一批新仪器，采用了一些新的测试手段。目前，对水质的常规分析，土壤盐分和养分分析、泥沙的颗粒分析都能正常进行。三年中，共分析水样 350 多个，土样近 1 000 个，沙样 300 余个。为科学研究、水文资料积累和解决生产中的问题，及时提供了可靠的分析数据。

(四) 其他

我所积极组织并参与了水利学会的学术活动，承担了水利学会的日常事务工作。新乡地区水利学会自 1980 年元月份恢复活动以来，先后举办了三次规模较大的学术讨论，其中两次为水资源调查和合理开发利用的学术讨论。两年多来，我们积极参加了中国水利学会、河南省水利学会以及其他有关学会组织的一些学术活动。完成了老会员登记和新会员的发展工作。目前，全区有省水利学会会员 39 人，地区水利学会会员 280 人。

除此之外，我们还派人参与了水利科技成果的评审工作，技术职称的评定工作，并且根据地区安排，参加了一些外事活动，先后参加接待了巴基斯坦低洼盐碱地考察团、美国马斯等三位教授、西德柏林工业大学克劳马博士、美国农田水利考察团等对人民胜利渠的考察,在参与这些活动中我们得到了很好的学习机会。

二、水利科研工作的体会

中央提出生产要上去，一靠政策，二靠科学，我们愈感到作为一个科研单位，责任重大，如何能不负所望，做好本职工作，通过几年的实践，在以下几方面有所体会。

(一) 加强党的领导，是搞好科研工作的关键

一个科研单位，能否健康地发展，稳步前进，多出成果，多做贡献，党的领导是完成各项任务的保证。局党委对水科所的研究工作非常重视，在恢复时给以调配人员，购置设备，并建立了水科所党支部，加强党对科研工作的领导。支部成立以来，执行党的路线、方针、政策和党中央保持一致。在加强对科技人员的政治思想教育方面做了大量工作。党支部严格要求支部的每个党员都要从“我”做起，在完成科研计划方面作出表率；经常做好政治思想工作，勇于开展批评与自我批评，因此，水科所的领导班子是团结得比较好的，能够做到有事共同商量，充分征求群众意见，实行民主管理，不搞一言堂，做到了老同志帮助年轻同志，年轻同志尊重和关心老同志，互相学习，互相帮助，团结一致，齐心协力搞四化的良好风气在我所已初步形成。

(二) 研究课题的选择，应以当前当地农业生产中存在的问题为主要研究对象

地区一级的水利科学研究单位，与工农业生产直接接触，关系密切，因此，应以解决当前农业生产中存在的问题作为自己的工作方向。三年中，我们根据本地区的实际生产情况，分析水利建设与管理工作中存在的问题，根据这些问题，来确定自己的研究课题。

例如，我区继人民胜利渠灌区之后，又陆续开辟了 13 个大小引黄灌区，根据过去的经验教训，感到泥沙和土壤次生盐碱化是引黄灌区带有普遍性的两个重大问题，而泥沙问题尤为突出。因此，在研究引黄灌溉问题时把泥沙问题和井渠结合防止土壤次生盐碱化问题作为重点。

关于井灌，我们原来没有列入科研项目，但根据实际灌溉情况，目前我区有机井 7 万余眼，井灌面积占总灌溉面积的 60%以上，在井灌中，当前还存在着井的配套、维修、管理等许多问题，如不及早研究，势必会给农业生产带来影响。因此，我们在 1981 年增加了井灌问题的研究。经过一年多的观测研究，在井径选型方面我们推荐内径 500 mm 的机井；在配套方面我们推荐潜水电泵；在井灌管理方面我们推荐专业承包的管理制度。

(三) 对科研人员，要做到知人善用，工作分配应尽量照顾专业，发挥所长，充分调动大家的积极性

我们水科所有学水文的，有学农田水利的，有学泥沙的，还有学土壤农化的，我们根据各人的专业和本人的爱好分配适当的课题，学泥沙的同志参与人民胜利渠灌区泥沙问题的研究；学土壤农化的同志参与井渠结合防止土壤次生盐碱化的研究，封丘西部旱涝碱综合治理改造低产田的研究，以及承担化验室的分析工作；学习水文的同志，让其从事水资源调查和水利化区划的研究。这样，既可以使他们理论与实践相结合，又可以发挥他们的专长。

我们所的科技人员中，有一部分是 50 年代初期参加工作的老同志，如今皆已年过半百。但是，在三中全会精神的感召下，雄心不减当年，人人表示要用有生之年为四化贡献力量；另一部分是 60 年代初期的大学生，如今正是年富力强，但由于十年动乱，使他们没有能很好地搞自己的专业，业务方面耽误了许多锻炼提高的机会，但他们事业心强，迫切渴望为“四化”多做贡献，以弥补失去的岁月所造成的损失；还有一部分是近年毕业的大中专学生，他们朝气蓬勃，渴望学习，上进心强。老、中、青科技干部互相配套紧密团结，这是我所能够取得较好成绩的一个重要因素。

对科技人员的培养提高，也是不可忽视的一项工作。科学是在不断发展的，掌握新的科学知识，运用新的研究手段，才能使科研工作不断取得新的成果。几年来，我们先后派同志出外学习数理统计学、电子计算机的应用、水泥混凝土试验及科技资料管理等专业知识，并鼓励大家努力学习外语，“磨刀不误砍柴工”，有计划地培养和提高科技人员的业务水平，才能更好地适应目前及长远工作的需要。

(四) 开展科研工作的步骤

有的科研工作是可以当年出成果的，有的科研工作则需要多年才能搞出眉目，但我们对每个课题的要求是每年必须有工作总结和阶段试验报告，在课题选定以前要写该专题的调查报告，以往已有研究成果的，要先对历史资料进行整理分析，结合对国内外情报资料的博览，以期研究项目有个较高的起点，避免重复前人走过的路，对一些成功的试验研究结果，随时提供领导和生产部门参考。三年来，在我们编写的科技报告中，有的报告应用在生产中已起到一定的作用，有的报告虽不尽完善，但某些结论、某些看法对解决生产中的实际问题尚有一定的参考价值。

水科所是一个新恢复的单位，许多同志，虽然具有一定的技术水平，但因长期未从事科研工作，所以现在工作中仍存在许多问题，例如，对于在业务上与我们联系的三个试验场的灌溉试验研究工作，我们才刚刚接触，抓得还很不够；各县市水利局和局直各单位的群众性水利科学研究工作，还没有充分组织起来；我区水利建设存在的一些亟待解决的问题，我们研究得还不够，或者还没有去研究；对成果的推广运用缺乏有力的措施，文件虽然写出来了，但如何用于生产中，研究得不够，这就失去了研究的意义。因此，我们今后要付出一定的力量，做好科研成果的应用推广工作。

随着水利工作的重点由建设转移到管理上来，科研任务越来越重，我们决心再接再厉，继续前进，为解决我区水利工作中特别是管理工作中的问题提供科学依据，为我区农业现代化做出贡献。

(本文是为新乡地区水利科学研究所王有全书记出席河南省水利系统先进单位代表大会编写的汇报材料)

陪同苏联水利专家考察团在陕西省考察(图为在临潼华清池合影留念)

新乡地区水利学会第二届理事会工作报告

(1984 年)

各位代表：

我受新乡地区水利学会第二届理事会的委托，向大会作第二届理事会工作报告。

一、五年工作的回顾

新乡地区水利学会自1980年1月恢复活动以来,已经五年了。五年来，我们在党的十一届三中全会正确路线的指引下，在河南省水利学会和新乡地区科协的领导下，主要做了下列一些工作。

(一) 建立健全学会组织，积极发展新会员

水利学会是中国共产党领导下的水利科技工作者的学术性群众团体，是党联系群众的纽带，是党领导科技工作者的助手，这是学会的性质。学会的任务就是要把广大科技人员团结起来，为实现党的十二大所提出的为开创社会主义现代化建设新局面而奋斗！

五年来,我们积极发展新会员,努力团结广大科技人员。1980年，我们完成了老会员登记工作，同时吸收 200 多名科技人员参加学会，使我区水利学会会员达到 251 人，其中水利系统 88 人，修防处系统 34 人，地直机关 5 人，各市县水利局 124 人，其中 26 人为省水利学会老会员。在最近的常务理事会上，我们又发展了一批新会员。由于地市分家，我会原辖十六个市县，现在只辖十个县市，会员人数有所变化。

为了更好地组织广大科技人员，开展学术活动，我们设立了分会和基层学会组织。

新乡地区黄沁河修防处，属河南黄河河务局领导，专门承担新乡地区黄河、沁河的防洪抢险、河道整治和堤防维修工作，有10多个下属单位，分布在我区9个县市，共有职工1 600多人，为了便于开展学术交流和更好地组织科技人员为黄沁河修防工作做出贡献，应黄河修防处的要求，经常务理事会研究决定，并报请地区科协批准，成立了“新乡地区水利学会黄河分会”。

另外，根据各县科协的安排，我们还帮助县成立了县水利学会，县水利学会为地区水利学会的基层组织。

(二) 围绕水利建设中心任务开展学术活动

开展学术活动是学会的主要任务，适时地围绕水利建设的中心任务，开展各种学术活动，学会工作就富有生命力。

五年来，我们针对新乡地区水利建设中存在的问题，曾就“新乡地区水利建设的方针”、“水资源合理开发和利用”、“引黄灌溉的经验和教训”、“加强管理提高经济效益”等内容举行了几次较大规模的综合性学术讨论和专题讨论。黄河分会和基层水利学会，也曾就本单位水利建设上的问题举行过多次学术讨论会。这些学术活动，对促进我区水利建设的发展起到了一定的作用。

1980年1月中旬，我们在召开新乡地区水利学会第二次会员代表大会选举产生“新乡地区水利学会第二届理事会”的同时，举行了一次综合性的学术讨论会，就新乡地区水利建设的方针、主攻方向，不少同志发表了很好的意见，这对后来我区工作有很大的帮助，还有一些同志介绍了自己在水利工作战线和科学研究领域中所取得的成绩。会上共交流了学术论文、技术报告30余篇。

随着“四化”建设的飞速向前，国民经济各部门对水资源的需求越来越高，供需矛盾日益突出，围绕水资源研究和开展我区水利化区划工作，我们于1980年11月又召开了以“新乡地区水资源合理开发利用”为主题的学术讨论会，会议上交流论文及报告 20 多篇；1982 年 1 月又召开了第二次水资源问题研究学术讨论会，在这两次会议中间，我们还召开了多次地面水资源、地下水资源、水利化区划专题研究会。通过这些学术活动，对我区水资源供需平衡分析研究，对我区及各县水利化区划工作都起到了指导和推动作用。

1982 年 4 月 12 日，是人民胜利渠开灌 30 周年的纪念日，我们热情倡导并积极创办"引黄人民胜利渠开灌 30 周年纪念活动"。在 1981 年 9 月 18 日召开的常务理事会上，我们就作出决定，为总结引黄人民胜利渠开灌 30 年来的经验和教训,探讨进一步开发利用黄河下游水沙资源的途径,举行一次"引黄灌溉学术讨论会"。我们这一倡导，得到了地委、行署的批准，同时，也得到了河南省水利厅、河南省水利学会以及水电部、中国水利学会的赞成和支持。原地委书记牛立峰同志、原行署副专员张君仁同志，给予我们具体指导。

引黄人民胜利渠是新中国成立初期在黄河下游兴建的第一个大型引黄灌溉工程，于 1952 年 4 月 12 日开闸放水，到 1982 年整整走过了 30 的历程，人民胜利渠的 30 年，是战斗的 30 年，是曲折的 30 年，也是取得治黄胜利、光辉灿烂的 30 年。对引黄灌溉事业的发展作出了重大的贡献。为了开好这次会议，在牛立峰书记的主持下，我们组织了刘好智、王谦祥、冯清玺、乔廷楷、马允吉、郑洪等 10 多位同志参加的写作班子，编写了《人民胜利渠三十年》共 10 章(即 10 分册)。"引黄人民胜利渠开灌 30 周年纪念活动"很隆重，水电部、中国水利学会、水科院、黄委会、清华大学、华东水院、武汉水院、华北水院、中国农科院农田灌溉研究所、中国科学院土壤所、地理所等单位，都派人出席了纪念活动。出席会议的代表 180 多人。兄弟省、兄弟地区及一些引黄灌区还发来了贺信、贺电。这次盛会无疑对我区引黄灌溉工作将是一次巨大的推动。

(三) 组织会员积极参加国内学术交流

我们积极组织学会会员参加中国水利学会、河南省水利学会以及其他学会组织的一些学术活动，对提高广大科技人员的学术水平，开拓新的知识领地，无疑是极好的学习机会。五年来，我们多次组织了科技人员参加了国内、省内各种学术讨论会。

1981 年 1 月份，参加了在新乡召开的中国水利学会农田水利专业委员会成立暨灌溉排水技术讨论会，向会议提交了《阐述关于引黄灌溉的几个论点》、《引黄灌区发展水稻不可忽视的几个问题》、《人民胜利渠泥沙问题研究成果简编》、《人民胜利渠灌区渠井结合灌溉经验调查研究》和《喷灌是沙区花生增产的一项重要措施》5 篇报告和论文。

1981 年 6 月份，胡斌武同志参加了中国电机工程学会农村电气化专业委员会在广州召开的全国小水电站提高经济效益学术讨论会，作了大会发言，并提交了《浅论小水电网装机容量中的无功容量》和《提高小水电经济效益的十项措施》两篇报告。

1981 年 7 月份，组织有关人员参加了河南省水利学会和河南省水利厅联合举办的“浮体闸学术讨论会”。

马允吉工程师编写的《沁河史话》和《从白茅堵口评贾鲁治河》两篇论文，在中国水利学会水利史研究会上交流。

高庆铭工程师为砌石坝情报网撰写了《正面水库砌石坝渗漏观测的初步分析》。

1982 年 5 月份，我们派人参加了河南省农学会、林学会、水利学会联合举办的“加快农业发展学术讨论会”，同年 10 月，我们又派人参加了中央委托中国水利学会、中国农学会、中国林学会联合在济南召开的“黄淮海平原农业发展学术讨论会”，在会上提交了论文，并编入会议文集。

1982 年 12 月，我们派人参加了河南省水利技术经济学术讨论会，《温县林肇公社机电井管理八项指标测试报告》受到了与会代表的好评。

(四) 开展了国际学术交流

几年来，我们注意了国际学术交流活动，1980 年以来，先后接待了国际友人 30 多人次。

1980 年 5 月份，巴基斯坦低洼盐碱地考察团一行 5 人来我区考察，参观了原武公社、七里营公社、洪门公社和人民胜利渠等地。

1980 年 8 月份，美国哈佛大学马斯、安德生、梅杰尔 3 名教授来我区人民胜利渠灌区进行考察并讲学，时达一月之久。

1980 年 8 月底，我们又接待了西德柏林工业大学水利专家克劳马博士，来我区考察人民胜利渠灌区和洪门盐碱地改良。

1980 年 9 月份，在清华大学学习的马里、斯里兰卡、多哥三国的留学生 5 人来人民胜利渠灌区实习。

1980 年 10 月份又先后接待了美国农田水利考察团一行 6 人和联合国南水北调考察团一行 9 人，来人民胜利渠灌区和七里营公社进行考察。

(五) 积极参加了“科学技术年”活动

1982 年，省委、省政府转发了省科委和省科协关于《组织“科学技术年”座谈会纪要》，号召全省组织“科学技术年”活动。我们新乡地区水利学会，积极响应省委和省政府的号召，经常务理事会研究决定，发出了“关于组织好‘水利科学技术年’活动的通知”，号召全区水利科技人员和水利工作者，涌跃参加“科学技术年”活动，争取为科学技术年做件好事。

(六) 组织了对水利科技成果的评审

十一届三中全会以来，落实了党对知识分子的政策，调动了广大科技人员的积极性，在“科学技术必须面向经济建设，经济建设必须依靠科学技术”的方针指引下，广大科技人员深入基层，从事水利建设工作和水利科学研究工作，取得了显著的成绩。五年来，我区水利科技工作者在提交论文、研究报告、技术总结和勘测设计报告某方面均有较大幅度增长。

为了奖励在水利勘测设计、科学研究、施工技术革新和水利工具改革等方面取得优异成绩者，我们在地区科委的领导下，成立了科技成果评审委员会，及时地对我区科技成果进行了评审鉴定。几年来，我区有不少科技成果荣获省、地科技成果奖，其中荣获省科技成果三等奖一项，荣获省科技成果四等奖一项，《阐明关于引黄灌溉的几个论点》荣获新乡地区科技成果二等奖；《改性粉煤灰水泥试验研究总结》、《古黄河背河洼地引黄种稻改良碱化苏打盐土试验资料整编》和《延津县沙区花生喷灌试验报告》荣获地区科技成果三等奖。

(七) 参加了地区和水利系统技术职称的评定工作

(八) 组织老工程师出外考察

(九) 组织了水利夏令营

今年夏天，我们根据中国水利学会的安排，组织了首次水利科技夏令营。在水利局系统和豫北试验站挑选了初二、初三、高一、高二四个年级的三好学生或共青团员，以人民胜利渠渠首园林场为营地，组织他们参观了人民胜利渠、邙山提灌站等水利工程，参观了黄河展览馆，游览了中岳嵩山和少林寺。活跃了孩子们的暑假生活，开阔了他们的视野，使他们学到了课堂上学不到的知识，通过这次活动，也使青少年初步认识到水利工程的作用及其重要性，激发他们热爱祖国的山河、热爱水利工作的情操。

二、对今后工作的建议

回顾五年历程，我们确实做了不少工作，也取得了不少成绩，但是对照学会的宗旨和地区专业学会的任务，我们做得还远远不够，学术活动开展得还不够广泛，组织还不够健全，目前尚无专职人员抓学会工作，科学普及工作和咨询服务工作至今尚未开展等等。

展望未来，祖国前程似锦，“四化”建设犹如万马奔腾，我们学会工作，理应跟上形势发展的需要，为我区水利建设，为工农业总产值翻两番做出更大的贡献。为此，我们提出今后学会工作的意见，请第三届理事会研究。

(一) 当好“助手”，当好“纽带”

学会工作要认真贯彻党的十二大精神，根据中国科协第二次全国代表大会和中国水利学会第二次全国会员代表大会确定的新时期学会工作的具体方针、任务，搞好学会工作，使党的路线、方针、政策变为广大科技人员实现“四化”的动力。中央领导同志指出：国民经济必须依靠科学技术，科学技术必须面向经济建设。没有科学技术的发展，也就不可能有国民经济的高度发展；科学技术面向经济建设，既是经济建设的需要，也是科学技术发展的需要。学会是学术性的群众团体，贯彻面向经济建设，面向社会生产，服务于“四化”，是学会性质所决定。水利是农业的命脉，工业的血液，能源、交通运输、环境保护等等的发展无不与水有关，我们要充分认识水利工作在整个国民经济中的地位，作为一个水利科技工作者，肩负的责任是重大的。学会是人才荟萃、知识密集的团体，我们要充分发挥“人才库”、“智囊团”的优势，调动广大科技人员的积极性、创造性，为完成十二大提出的到2000年工农业总产值翻两番的伟大任务，为进一步实现祖国四个现代化建设的宏伟目标而努力奋斗！

(二) 广泛开展学术活动

水利建设牵连着国民经济的各个部门，水利不仅是农业的命脉，工业的血液，也是能源、交通运输、环境保护、城市建设等部门必不可少的条件因素。随着“四化”建设的迅速发展，国民经济各个部门对水利工作都提出了新的要求和新的任务；随着农村形势的变化，也给水利建设和管理工作带来了许多新的问题；针对这些新任务、新要求、新问题，开展多形式、多内容的学术活动，已是新形势下摆在我们面前的任务。

根据水利工作的着重点转移到管理上来的方针，以水利经济效益为核心，提高水利工程管理水平，发挥现有水利工程设施的最大效益的水利技术经济的研究，应是我们的重点。

在开展学术活动中，一定要发扬学术民主，贯彻“百花齐放、百家争鸣”的方针，欢迎不同学派、不同观点、不同见解的智士仁人，都能敞开思想，各抒已见，通过争辩寻求真理，对少数不同意见，应允许保留。在学术领域里，不能论资排辈，不能享同疏异，更不能以势相斥。

希望搞活今后的学术活动，改变“半年打一更”，甚至“一年不打更”的局面。

(三) 开展科学普及和科技咨询服务

(四) 健全组织、健全制度

理事会要设立常务理事会，并定期研究学会工作，建议设立学会秘书处，配备专职干部 1～3 人，具体处理学会工作的日常事务。

同志们：前进的道路已经铺平，向“四化”进军的号角已经吹响，让我们团结起来，紧跟党中央的步伐，为全面开创社会主义现代化建设的新局面，为振兴中华而努力奋斗！

第四里程

黄河下游引黄灌溉工作纲要

(第一稿)

(1986年12月)

前　言

为了进一步巩固和发展黄河下游引黄灌溉事业，为黄淮海平原现代化建设做出新的贡献，遵照部领导指示，编制了《黄河下游引黄灌溉工作纲要》，其目的在于：认真总结历史经验教训，根据当前形势,科学分析巩固和发展引黄灌溉的必要性与可行性，提出“七五期间以至2000年的奋斗目标及实现这一目标的战略部署和措施。期望再经过十几年的努力，争取使黄河下游引黄灌区成为我国第一流的现代化灌区。

编制《工作纲要》是关系到黄河下游引黄灌溉事业继续健康向前发展的重大决策，必须依赖于对灌区历史和现状系统的、客观的分析，以及对未来科学的预测。长期以来，在引黄灌溉工作中存在着重建轻管，行政型领导，经验型指挥，组织机构不健全，规章制度不完善，缺乏科学的态度，民主的作风和实事求是的精神。而欲达上述之要求，必须几经自上而下的探测和自下而上的反馈，方能使《工作纲要》成为今后引黄灌溉事业的行动指南，把引黄工作办得更好，为振兴豫、鲁两省的农业和整个国民经济发挥更大的作用。

一、三十五年之回顾

新中国成立以来，在党中央和国务院的领导下，黄河下游引黄灌溉事业取得了伟大的成就。

(1) 截至 1985 年底，黄河下游已建成引黄涵闸 72 座(河南 32 座，山东 40 座)；引黄虹吸工程 48 处，虹吸管 133 条(河南 15 处，虹吸管 37 条；山东 33 处，虹吸管 96 条)。河南还建成提灌站 7 处。总设计引水能力已达 3 984 m^3/s(河南 2 201 m^3/s，山东 1 783 m^3/s)。

(2) 已建成引黄灌区 104 处，其中万亩以上灌区 96 处(河南 28 处，山东 68 处)，设计灌溉面积 3 264 万亩(河南 1 130 万亩，山东 2 134 万亩)。30 万亩以上灌区 24 处(河南 10 处，山东 14 处)；10 万~30 万亩灌区 30 处(河南 16 处，山东 14 处)；10 万亩以下灌区 46 处(河南 6 处，山东 40 处)。干支渠配套面积河南 660 万亩，山东 755 万亩。河南省工程配套齐全的面积约 220 万亩，山东省四级配套面积约 100 万亩。

另外，灌区内打机电井 30.9 万眼(河南 7.5 万眼，山东 23.4 万眼)，已配套 25.3 万眼(河南 6.1 万眼，山东 19.2 万眼)。

(3) 黄河下游引黄灌区已经发展到河南、山东两省的 14 个地市(河南为 6 市 2 地区，山东为 2 市 4 地区)；93 个县和市郊(河南为 35 个县 5 个市郊，山东为 51 个县 2 个市郊)；总面积约 14 万 km^2(河南 8.68 万 km^2，山东 5.33 万 km^2)；耕地 7 475 万亩(河南 3 215 万亩，山东 4 260 万亩)；农业人口约 4 100 万人(河南 1 917 万人，山东 2 184 万人)。引黄灌溉对改变这一地区的生产条件正在发挥着巨大的作用。

(4) 引黄灌溉不仅改变了黄河两岸的农业生态环境，改善了农业生产条件，而且为城市生活、工业生产和油田用水提供了有利条件，对促进工业生产的发展和能源基地的建设，发挥了巨大的作用。

三十五年取得的辉煌成就是来之不易的，引黄灌溉之路是曲折的、坎坷的。前后经历了健康发展、严重曲折、整顿恢复和稳步前进四个时期。

1952 年兴建人民胜利渠灌区，揭开了开发利用黄河下游水利资源的序幕，结束了“黄河百害，唯富一套”的历史。到 1957 年黄河下游引黄灌区灌溉事业不断健康发展。

1958 ~ 1961 年期间，在“左”的思想影响下，加之对黄河冲积平原旱、涝、碱等自然规律认识不足，大兴引黄，采取了大引、大蓄、大灌和只灌不排的错误做法，因而破坏了生态平衡，排水系统淤死，地下水位抬升，盐碱地面积剧增至 5 700 万亩(河南 1 200 万亩，山东 4 500 万亩)，粮食产量降到解放后最低水平，给农业生产造成了严重危害，教训是极其沉痛的。

1962 年以后，在“左”的思想影响下，由一个极端又跳到另一个极端，大砍引黄，废渠兴井。1965 年以后，旱的矛盾逐渐突出，地下水资源日显不足，引黄灌溉才得以恢复。

经历了坎坷的道路之后，目前引黄灌溉事业正沿着积极慎重、稳步发展的方针前进！

三十五年引黄灌溉积累了丰富的经验，在灌排技术方面主要有：

(1) 引黄灌区的命脉在于排水系统，严防排水河道淤积，保证畅通无阻是引黄灌区得以发展的关键。没有畅通的排水体系，就会抬高地下水位，涝碱威胁必然抬头。这是从教训中得来的宝贵经验。

(2) “井渠结合”是在经历了由兴渠废井—兴井废渠的曲折道路之后，从教训中总结出来的又一经验。实行井渠结合，可以合理调配地面水和地下水，以渠灌补井灌之不足，以井灌补渠灌之不及，这样既充分利用了地下水资源，又可防止土壤次生盐碱化。

(3) 渠道衬砌防渗，已在黄河下游引黄灌区推广应用。黄河下游引黄灌区土壤沙性，渗漏强烈，渠系损失水量占总损失水量的50%以上。自 1964 年在人民胜利渠灌区进行各种材料衬砌防渗试验以来，实践已经证明，渠道衬砌对提高水的利用率，减少渗漏，加大输水渠道挟沙能力都有显著成效。

(4) 网帘拦沙是近年来为防止渠首引水渠淤积试验成功的一项工程措施，简单易行，投资少，效益显著，已为一些灌区所采用。

目前引黄灌溉还有以下五方面的问题比较突出：

(1) 引黄水资源既不足又浪费。黄河径流年内变化很大，三门峡水库调节能力有限，灌溉季节，黄河来水量严重不足，远不能满足各引黄灌区农业生产的需要；近年来又连续干旱，灌区外围急需引黄抗旱、引黄补源。目前，河南、山东均在扩大引黄工程，加大引水能力，对黄河水资源的需求量越来越大，供需矛盾日益突出。

而多数引黄灌区，由于工程不配套，管理水平低，对黄河水的利用又存在着严重的浪费现象。如灌溉定额过高，甚至大水漫灌，亩次用水在 150 m^3、200 m^3 甚至 300 m^3 以上，使大量引黄水弃走和渗入地下。渠系防渗能力差，山东省万亩以上灌区的干支渠衬砌长度仅占灌区渠道总长度的 1.4%左右，河南省人民胜利渠灌区衬砌渠道长也仅占 12.3%，渠道渗漏严重，渗漏损失平均高达 50%左右。由于管理粗放，制度不健全，工程不配套，带病运行，技术设备落后等因素，致使黄河下游各引黄灌区水的利用系数仅在 0.25~0.4，低于全国平均水平 20%以上。

(2) 引黄泥沙处理不当既淤渠又淤河。黄河是一条多泥沙河流，要引黄河水，就得引沙，这是引黄灌溉的必然。但是，有的灌区没有沉沙设施，引水直接进入渠系，造成了灌排渠道的严重淤积；有的灌区只顾引水，不考虑含沙量大小，大量泥沙随之引入灌区；有的灌区管理粗放，昼灌夜排，浑水直接退入排水河道，造成河道淤积；有的灌区为了防止渠首引水渠淤积，放水拉沙，将大量泥沙泄入排水河道；还有的灌区利用排水河道向灌区外围送水或提蓄，亦造成河道淤积，严重降低了排涝能力。河南北岸的共产主义渠、卫河、天然文岩渠、金堤河，南岸的贾鲁河、惠济河、涡河等；山东北岸的徒骇河、马颊河，南岸的红卫河、梁济运河等，淤积都很严重，除涝能力普遍下降了 30%~50%，最严重的天然文岩渠已丧失 80%的除涝能力，惠济河和涡河的淤积已引起河南和安徽的水利纠纷。引黄灌溉的命脉在排水，排水河道的严重淤积，潜伏着涝碱灾害的威胁。

(3) 盐碱威胁依然存在。1965 年复灌以来，总的看盐碱地面积是缩小了，特别是老盐碱地，由于引黄稻改、淤改，压盐洗碱，得到了改造，然而次生盐碱地亦有发生和发展，特别是在输水渠道两侧，排水不畅的低洼地区，稻改区的边缘等地，次生盐碱化尤为明显。目前，各引黄灌区地下水埋深普遍在 2.0~3.0 m，这是潜在危险的深度，在灌区高定额灌溉和排水河道严重淤积的情况下，稍遇丰水年，就很可能重蹈覆辙，导致次生盐碱地大面积出现，决不能掉以轻心。对现在“盐碱问题不大”的认识，应引起足够的重视。

(4) 工程不配套，标准低，老化严重。目前，黄河下游引黄灌溉工程，大部分兴建于 50 年代后期大兴引黄之时，长官意志、“三边工程”、不配套、标准低、质量差；60 年代初，引黄灌溉被迫下马，扒渠还耕，兴井废渠，工程设施惨遭破坏；1965 年引黄复灌后，又经历了“文革”期间干扰破坏；无政府主义严重，重建轻管，重骨干轻配套；从 80 年代开始水利工作的着重点才转移到管理上来，但由于过去欠账太多，资金短缺，维修养护工作跟不上，使本来不配套的工程，带病运转，经过二三十年的运用，工程设施老化、退化相当严重，甚至遭到破坏，直接影响了工程效益的发挥。

(5) 组织管理薄弱。灌区机构级别偏低，与管理权限不相适应，已严重妨碍了管理工作的正常进行；灌区内组织机构不健全，灌溉管理工作跟不上灌区发展的需要，特别是技术力量严重不足；管理设施，如交通工具、通讯设备、量水设备等落后不堪，直接影响着灌区经济效益的充分发挥。

二、战略指导思想

(1) 黄河下游引黄灌区地处黄淮海平原中部,黄淮海平原在我国农业发展上具有重要的战略地位。所以，进一步搞好引黄灌溉事业，对促进农业增产，继续改变黄淮海平原生产面貌，振兴这一地区的整个国民经济有重大意义。

要进一步树立引黄事业面向社会、面向整个国民经济的全方位服务思想。引黄灌溉采取巩固提高、适当发展的方针，主要以加强管理、提高水的利用率来扩大灌溉面积，尽最大努力保证城市、工业、生活用水。

(2) 黄河下游引黄灌区是世界上最大的连片灌溉系统之一,已经过了三十五年的历程，积累了丰富的经验。在全国人民为实现四个现代化而奋斗的今天，建设现代化的引黄灌区已成为摆在我们面前的艰巨而紧迫的任务。

(3) 科学管理是巩固和发展引黄灌溉事业的关键,应用现代科学技术从事引黄管理工作，可以大大提高引黄灌溉的经济效益、社会效益和环境效益。系统工程、电子计算机、无线电通讯设施等先进技术和手段应在引黄灌区得以广泛的应用。

(4) 到 2000 年小浪底水库建成生效以前,巩固现有引黄灌区,提高管理水平，吸取历史经验教训，做到一不淤河，二不碱地，三要增产，不断扩大引黄灌溉效益。

三、奋斗目标及近期任务

黄河下游引黄灌区到本世纪末的奋斗目标为：

(1) 黄河下游引黄灌区为实现党的十二大提出的到本世纪末

工农业总产值翻两番的奋斗目标服务。保证这一战略决策的实现，提供水资源和防治自然灾害，即旱能灌、涝能排。

(2) 为把黄河下游引黄灌区建设成为管理决策科学化、规章制度规范化、组织机构系统化、工程设施现代化、管理队伍知识化的现代化灌区而奋斗。

“七五”期间的任务：

(1) 加强现有工程管理，充分发挥其经济效益，积极搞好老化、退化工程的维修养护，更新改造；继续搞好续建配套工程。“七五”期间争取使三级配套面积增加 20%~30%。

(2) 科学用水，计划用水，节约用水，扩大引黄灌溉面积。“七五”期间河南省引黄保灌面积由现在的 600 多万亩增至 1 000 万亩，山东省由 1 300 多万亩增加到 2 000 万亩。

(3) 建设 8~10 个现代化灌区样板，应用系统工程原理，电子计算机进行水沙合理调配，建立无线电通讯网络，及时反馈灌区信息。摸索经验，推动面上工作。

四、战略措施及方针政策

(1) 继续贯彻执行“加强经营管理，讲究经济效益”的管理方针，进一步明确“转轨变型，全面服务”的改革方向，充分发挥“两个支柱，一把钥匙”的作用。

(2) 搞好水利工程管理体制改革，变行政管理为企业管理，扩大灌区管理自主权，水权自主，经费自理，把灌区管理单位逐步建成一个独立核算、自负盈亏的经济实体。

(3) 水费是灌区管理经费的主要来源，各灌区根据国家的有关规定，积极搞好水费征收，以保证水利工程的自我运转，并促进节约用水。“七五”期间，各引黄灌区均应将以亩计征改变为以方计征，并逐步实现按供水成本计算水价。

(4) 利用灌区水土资源，因地制宜开展多种经营，努力增加综合收入，以水养水，改善灌区工程。

(5) 全面推行各种形式的经济责任制，明确职责，授予权限，使责、权、利结合，充分调动职工的积极性和能动性。

五、重大问题对策

(一) 水资源问题对策

(1) 黄河径流年际变化较大，丰枯水年相差 3.5 倍。年内分配亦不均匀，汛期(7~10 月)来水量约占全年来水量的 60%，大量汛水付诸东流，而每年 10 月至来年 6 月，正值小麦生长、棉花现蕾、水稻育秧、玉米下种的灌溉时节，黄河来水量却很少，即使经三门峡水库调节，也不能适应河南、山东两省引黄事业发展的新形势，尤其 5、6 月份，黄河来水仅 20 亿 m^3 左右，远远不能满足同期灌区农业的需要，更无法解决引黄灌区外围抗旱补水和其他方面的需求。随着“四化”建设的迅速发展，上中游地区对黄河水资源的开发利用水平会不断提高，上游来水量将会越来越少，在小浪底水库建成以前，下游黄河水资源可利用量日趋不足，将是我们面对的严峻现实，应有足够的认识。

(2) 科学利用黄河来水，是“七五”期间一项重要任务。应用系统工程原理，对三门峡水库以下工农业生产用水、城市人民生活用水和油田需水，进行统筹规划、合理调配，使有限的水资源能得以充分利用，发挥最大的经济效益。在新的分配方案产生之前，暂按国家计委分配指标执行。河南省农业保灌面积维持在 980 万亩，用水量 46.9 亿 m^3，城市和工业用水量 8.5 亿 m^3；山东省农业保灌面积维持在 1 000 万亩，用水量 53.6 亿 m^3，城市和工业用水量 16.5 亿 m^3。

(3) 引黄灌区应积极开发利用当地地下水资源，实行地面水和地下水的合理调配。黄河下游引黄灌区分布在黄河两岸，地势低平，土壤沙性，降雨入渗强烈，黄河又是地上河，侧渗补给条件优越，加之灌溉回归影响，地下水资源丰富。合理开发利用地下水资源，既可补引黄灌溉之不足，又可节省黄河水，扩大引黄灌溉面积，还可降低地下水位，防止土壤次生盐碱化。应制定相应的经济政策，鼓励灌区农民开发利用地下水资源。

(4) 利用坑塘洼地，拦蓄部分地表径流，向降水要资源。既可减轻除涝负担，又可开展多种经营，发展水产养殖业；既可解决村镇人畜用水，又可作抗旱应急补水之源。

(5) 搞好渠道衬砌防渗，减少渗漏损失，是提高引黄水利用率的重要工程措施。“七五”期间应大力开展渠道硬化，山东省渠道硬化比应由现在的 1.3%提高到 15%，河南省渠道硬化比应由现在的 1.5%增至 20%。

(6) 严格执行按方计征水费的政策，是提高引黄水利用率的经济措施。实践已经证明，按方计征水费，对促进计划用水、节约用水、科学用水，成效显著，相应地扩大了引黄灌溉面积，提高了引黄灌溉效益。今后应进一步完善水费征收办法，制定合理的水费价格，逐步实行按供水成本计算水费。

(7) 加强管理，强化各种形式的责任制，是提高引黄水利用率的组织措施。认真执行计划用水，严格按签票放水，加强渠道管理，杜绝决口跑水和乱扒乱堵现象。

(8) 广泛宣传节约用水的重要性，大力推广节水灌溉技术和设备，积极倡导种植节水型农作物，把水稻种植面积限制在适当范围之内。

(二) 泥沙问题对策

(1) 黄河含沙量之大居世界诸河之首，黄河下游多年平均来沙量约 16 亿 t，年平均含沙量为 38.6 kg/m^3，下游河道年平均淤积泥沙 3 亿多 t，每年河床抬高近 10 cm，预计在相当长的时间内，黄河三门峡以上年来沙量不会有明显减少，黄河下游仍将是多泥沙河流，想从黄河里引清水而不引沙是不现实的，多引水少引沙，把泥沙沉积在河床里，致使黄河河床年年增高，也绝非良策。防洪兴利应统筹考虑，引黄灌溉引水必引沙。

(2) 泥沙亦属资源。黄河泥沙有机质含量较高，更有其长，对引黄泥沙不能唯处理而处理，而应该是处理和利用相结合。

(3) 黄河两岸尚有不少易涝洼地、盐碱沙荒，用来沉沙，抬高地面，改造地形，压盐改土，盖沙造田，既改造了盐碱沙荒和易涝洼地，又改善了农业生产条件和生态环境。

(4) 利用黄河泥沙淤临淤背，加宽堤防，已取得了很好的经验。今后引黄灌区应与修防处、段密切配合，结合加固堤防，处理引黄泥沙，巩固黄河大堤，防预洪水灾害。

(5) 泥沙亦是建筑材料。利用黄河泥沙制造建材产品，是处理和利用泥沙的又一途径。水泥砖、灰沙砖等建材产品已在引黄灌区试制成功，可因地制宜地推广，亦可利用泥沙试验烧制定型构件，为渠道衬砌、田间工程配套就地提供廉价的建材。

(6) 积极搞好渠首防淤工程，减少灌区沉沙负担，并为适时引水提供保证。在远离大溜的灌区，渠首引水渠条件适宜时，可推广网帘拦沙经验，亦可试用橡胶坝或其他拦沙设施，在顺大溜的灌区，应配备小型挖泥船或其他清淤机械。严格杜绝放水拉淤入河。

(7) 在灌溉引水季节，应避开沙峰引水，尽量减少入渠沙量。引水含沙量的限制标准暂定为 35 kg/m^3，超过时，停止放水，各引黄涵闸应严格把关。放淤改土情况例外。

(8) 每个灌区都应设有沉沙池或泥沙利用处理场所。沉沙池型式应根据各地情况选择应用，最好采用梭形或规划的条渠，少用湖泊型，以便达到沉粗排细的目的，延长沉沙池使用寿命。无沉沙池或泥沙处理利用场所或沉沙池失效的灌区，上级主管部门应限其停止引水灌溉。

(9) 大力开展渠道硬化，调整渠道比降和渠道横断面，加大输水渠道的挟沙能力，尽可能多地将细颗粒泥沙输送到支渠以下渠道和田间。实行浑水灌溉，输沙至田，加高地面。

(10) 严格控制引黄灌溉退水含沙量，减轻排水河道淤积。退水含沙量的限制标准暂定为不超过 2 kg/m^3，若超过 2 kg/m^3 时，河道管理部门有权要求灌区按超过 2 kg/m^3 的天数进行罚款。对利用排水河道向灌区外围输水抗旱的灌区，本着“谁受益，谁清淤”的原则，外围受益单位应负责因输水而造成河道淤积的清淤等费用。

(11) 在排水河沟上设闸，拦截上游灌溉退水造成排水河沟淤积的，由受益单位负责清淤费用；上游灌区退水超过排放标准的，清淤费用由退水灌区负担，或由下游抗旱灌区与上游灌区协商解决，未达成协议前不准利用退水抗旱。

(三) 盐碱问题对策

(1) 目前，黄河下游引黄灌区盐碱地总面积有所下降，这与近年雨水偏少等因素有关，若遇丰水年，在目前排水河道淤积的情况下，涝碱灾害的威胁依然严重存在。势必引起地下水位抬升，而导致土壤次生盐碱化。因此，切不可掉以轻心，麻痹大意。

(2) 由于目前工程配套差，标准低，管理制度不健全，技术水平落后，大部分灌区灌溉定额偏高，使相当一部分引黄水回补于地下，致使灌区地下水长期保持在高水位状态，使耕作土壤经常处于积盐状况，面临着次生盐碱化的威胁。

(3) 大力发展井灌，开发利用地下水资源，实行“井渠结合”，通过三水转化，促进土壤盐分淡化，是防治和改造土壤次生盐碱化的成功经验，应积极推广。

(4) 灌区应统筹规划，因地制宜，适当地采取放淤改土、放淤种稻或压碱淋盐等措施，这是改造低洼易涝盐碱沙荒地的有效措施。今后应结合引黄泥沙处理，进一步改造老盐碱荒地。

(5) 引黄灌区的命脉在排水，加强排水河道的管理，防止泥沙淤积，及时疏浚清淤，保证排水畅通，是预防涝碱灾害的重要措施。

(6) 引黄灌区应广泛开展地下水盐动态的观测研究工作，以及时掌握地下水盐动态变化规律，指导灌区的灌溉管理和灌溉技术工作。同时向领导部门及时提供水盐动态信息，以供制定决策之用。为此，应设立下游引黄灌区地下水盐动态监测网络和监测中心。

(四) 工程问题对策

(1) 加强灌溉工程管理，充分发挥现有工程作用，挖掘潜力，提高经济效益。

(2) 进一步搞好工程的续建和配套。“七五”期间，使灌溉工程三级配套面积比由现在的 25%增加到 50%。

(3) 衬砌骨干输水渠道，提高渠道输水效率。“七五”期间争取使渠道硬化率增至 10%~15%

(4) 搞好老化、退化工程的维修养护、更新改造。

(5) 加强排水沟河整治，密切监视河道淤积，骨干排水河道要布设固定的测淤断面，每年初实测一次。

(6) 疏浚骨干排水工程。“七五”期间争取对天然文岩渠、惠济河、贾鲁河、红卫河、徒骇河、马颊河等排水河道进行一次全面清淤，并解决天然文岩渠的排水出路问题。

(7) 搞好面上除涝工程配套，按 3 年一遇标准进行。

(8) 灌区发展首先满足井灌漏斗区及咸水区的需要，由近及远，逐步发展。

(五) 组织管理对策

(1) 系统工程是一门新的科学技术，在一些先进国家已被广泛应用，若应用系统工程原理，科学管理引黄灌溉，必将开创引黄灌溉的新局面。

山东位山灌区、河南韩董庄灌区已开始运用系统工程进行水资源合理调配的研究。“七五”期间争取有 20%的灌区，能运用系统工程编制水量分配方案，包括地面水和地下水的合理调配。

(2) 灌溉管理系统是个大系统，它有若干个支系统组成。如灌溉工程系统、排水工程系统、监测系统、科研系统、信息系统、调度系统和中枢机构等，对这样一个大的控制系统，必须变行政型、经验型管理为民主管理、多数人决策，这样方能加强信息反馈，集思广益，统一思想，统一行动。

(3) 组织机构是进行科学管理的基础，要建立现代化的引黄灌区，必须建立健全与管辖范围及管理任务相适应的组织管理机构。

①一县范围内的中小型灌区，可成立引黄灌区管理所(股级)或管理分局(副科级)。

②同一地市范围内的跨县灌区，可成立管理局(副县级)。

③跨地市的大型灌区，可成立县级管理局。

④对灌排问题突出，影响省与省之间，地(市)与地(市)之间水利纠纷的热点灌区，管理机构可适当升级。

⑤为了加强对引黄灌溉工作的领导，沿黄地市应成立引黄科，豫、鲁两省应成立引黄处。

⑥在黄委会成立引黄管理局，代部行施灌溉规划、灌区设计审批、水资源调配、水费计征、灌区监测(包括水沙、水盐、工程、环境等)、管理队伍培训和引黄灌溉科学研究工作。

(4) 改革管理体制，简政放权，变行政管理为企业管理，全面推广各种形式的经济责任制，扩大灌区管理自主权，支持灌区水权自主、经费自理，责、权、利相结合，逐步把灌区建设成为独立核算、自负盈亏的经济实体。

(5) 各项规章制度是实现科学管理的重要保证，建立健全各项规章制度，使其规范化，是实现灌区现代化的一项战略措施。

(6) 管理队伍的知识化，是科学管理的关键，加强引黄管理队伍的培训，是“七五”期间一项重要任务。灌区领导干部和工程技术人员，要学习系统工程原理、电子计算机应用、信息论、管理学等现代科学知识，克服知识老化，改进管理方法，提高管理水平。灌区职工要普及水沙测验、水文气象、土壤水盐、地下水动态、工程质量等监测知识，使每个职工都能熟练地掌握各种监测方法。要充实新乡引黄灌溉培训基地，加强领导，强化师资力量。

(7) 改善引黄队伍的工作条件和生活条件，配备必要的交通工具和通讯设施，妥善安排职工住房、家属就业和子女上学。对长期在县以下(含县)引黄灌区工作的工程技术人员，除按国家规定每月增加 8 元岗位津贴外，可以从征收水费中再向上浮动一级工资，连续在基层工作 8 年，即可固定一级工资，并继续向上浮动一级。

(8) 尊重知识，尊重人才，重视人才的开发和利用，防止人才流失。要鼓励科技人员到灌区工作，鼓励创新，鼓励成名成家，对评定职称等不能有任何歧视，要充分发挥灌区专业人员的聪明才智，使引黄灌区的管理沿着现代化道路顺利前进。

六、几个关系

(1) 黄河下游沿黄两岸，分布着十多个中等城市，随着城市和工业的发展，人民生活水平的提高，城市工业生产用水和市民生活用水量越来越大，供需矛盾日益突出，有的城市地下水位持续下降，已形成区域性降落漏斗，为了缓解供水紧张的局面，不少城市已引黄济市。本着优先保证人民生活用水和工业用水的原则，在干旱年份，宁可压缩农业用水，也要保证城市和工业用水的需要。

(2) 黄河下游引黄灌区的边缘和部分滨海地带，地下水资源不足，有的地方地下水水质很差，人畜吃水都很困难，严重地影响了这些地区的农业生产和人民身体健康。因此，在干旱年份或干旱季节，要千方百计节约灌区用水，优先向这些缺水地区送水，解决人畜吃水和抗旱补水的需要。

(3) 黄河下游引黄灌区范围内，分布着中原油田、胜利油田两大能源基地，是国家重点建设单位，因此，油田用水应该得到充分保证。油田用水量较大，应在充分利用当地水资源的前提下，由引黄灌区提供补充水源。

(4) 华北平原严重缺水，人所共识，跨流域调水，势在必行。就目前国家经济状况，从黄河调水较为现实。引黄济京、济津、济冀意义重大，利用冬四月向北送水 20 亿 m^3 比较可行。

(5) 要积极宣传节约用水的意义，要制定节约用水的经济政策和技术政策，工矿企业应改进生产用水工艺，试制、生产、应用节水型设备，努力提高水的循环利用率，大力发展节水型工业。城市居民也应制定节水措施，一水多用，促使全社会重视节水，使我国逐步发展成节水型社会。

七、引黄灌溉科学研究

1. 建立健全引黄灌区监测体系，为科学管理和决策，为跟踪研究和超前试验收集灌区各种信息资料。

(1) 建立水沙监测系统。首先，搞好引水引沙监测，控制引黄水量和沙量。根据黄河来水来沙规律，巧引水少引沙。其次，搞好灌区水沙分配监测，结合以方计征，建设测水量水设施，开展灌区水沙分配研究。其三，搞好退水退沙监测，加强排水河道管理，分析研究退水退沙对排水河道淤积的影响。

(2) 建立水盐监测系统。首先，建立黄河下游引黄灌区地下水动态监测网络，每 5 万亩地布设一眼地下水动态观测井，密切注视地下水位的变化；其次，建立土壤盐分监测网点，对新老盐碱地加强土壤盐分变化规律的分析研究，每 5 年全面进行一次土壤盐份大普查。

(3) 建立环境水利监测，分析引黄灌溉对农业生态环境的影响，分析环境水利的经济效益、社会效益和环境效益。

(4) 建立农田水文气象监测网点。农田水文气象资料是指导灌区计划用水、科学用水的重要依据。加强农田水文气象观测非常重要，各地市应根据自然条件选定有代表性的灌区，建立农田水文气象观测场，开展观测研究工作。

2. 应用现代科学技术，加强引黄灌溉管理科学研究，努力提高灌区管理的科学技术水平。

(1) 应用系统工程原理，进行水沙资源合理调配的研究，进行地面水和地下水合理开发利用的研究，以及有限水资源农业结构的研究。

(2) 应用电子计算机技术，进行引黄灌溉水利经济效益分析，进行供水成本和水费价格的研究。

(3) 引进遥测遥控技术和设备，建设干支渠配水自动化控制系统。

3. 加强灌溉和排水的技术研究，使引黄灌区灌排技术具有科学性、先进性和实用性。

(1) 对灌排分设和灌排合一的两种灌区模式，分别进行配套标准、灌溉效益和灌排技术的分析研究。

(2) 加强灌溉试验研究，根据农业生产区划在 30 万亩以上大型灌区应选择有代表性的地区，设灌溉试验站(场)，结合当地农业生产，针对当前灌溉用水中的实际问题进行试验、示范，推广研究成果。

4. 加强引黄灌区泥沙处理和利用研究。

(1) 开展渠首防沙工程项目合理选用与布设，减少 0.1 mm 以上粒径泥沙进入灌区的研究。

(2) 沉沙池的合理布局及合理调控的研究，做到沉粗排细，达到既能有效拦截粗沙，又能延长沉沙池的使用寿命。

(3) 提高引黄渠系水流挟沙能力的研究，将粒径小于 0.05 mm 的泥沙大部分送入田间，减少渠系淤积。

(4) 在自流沉沙困难的灌区，开展以挖待沉型泥沙处理研究。包括沉沙池选用，清淤机械、堆沙场地范围，淤高及复淤还耕技术等。

(5) 渠道清淤机械的研制。

(6) 利用灌区泥沙做建筑材料的研究。包括水泥土、灰沙砖、红砖及新品种的研制，特别要对现有机械进行模具方面的改革，做到一机多用，产品既能为民用提供建筑材料，又能为灌区配套服务。

(7) 利用灌区泥沙降低黄河临背差，加固黄河大堤的研究。包括供沙方式、工程设施、抽淤机械及合理负担，做到灌区与河务两利。

(8) 放淤改土的研究。包括放淤改土的规模、工程技术、管理措施及经济效益分析，做到既能改土又能不与沉沙池争地，稳妥发展。

展望改革前景　激起进取锐意

——1984年工作总结和1985年改革意见

(1985年1月14日)

1985年来临了，在辞旧迎新之际，回首已履历程，展望改革前景，总结经验教训，激起进取锐意，是非常有益的。

一、一年的回顾

我站(即原水电部豫北站)，恢复于1980年5月，1982年9月交黄委会管辖，改名为“引黄灌溉试验站”。一年来，我们在党的十一届三中全会正确路线的指引下,通过同志们的艰苦奋斗，完成了不少工作，取得了较大的进展。

(一) 为新的起步做了必要的准备

(1) 确定了研究方向和主攻目标。经过反复讨论和多方面征求意见，初步提出了我站今后的科研方向和主攻目标，针对黄河下游引黄灌区存在的五大问题(水资源、泥沙、盐碱、工程和管理)，考虑到我站的处境和条件,我们提出了以引黄灌区泥沙问题研究，水资源问题研究和应用现代科学技术进行引黄灌溉管理研究，作为我站“七五”期间科学研究的主攻目标，开展引黄灌溉技术培训，同时进行引黄灌溉问题的试验研究，是我站的发展方向。参照水电部《1986～2000年水利科技发展规划》和黄委会《治黄科技长期发展规划轮廓设想》，我们编制了《“七五”期间科研工作设想及1985年工作安排意见》，向有关部门作了汇报，并报请黄委会领导审批。

(2) 发展了科技队伍。几年来，在黄委会的直接领导下，我站发展较快，目前已由恢复初期的 10 人，发展到 41 人，其中科技干部 23 人，行政人员 8 人，工人 10 人。

科技队伍，从智力结构看：工程师 10 人，助理工程师 1 人，新大学生 6 人，中专生 6 人；从专业结构看：农田水利专业 8 人，陆地水文专业 5 人，水文地质专业 2 人，水利工程专业 4 人，泥沙专业 1 人，测绘专业 1 人，土地规划专业 1 人，农作专业 1 人；从年龄结构看：50 岁以上的 2 人，占 8.7%，最大的 55 岁，40 ~ 49 岁的 9 人，占 39.1%，20 ~ 29 岁的 11 人，占 47.8%。引黄灌溉科研队伍已初步组成。

(3) 建立健全了组织机构。为适应科学研究工作的需要，更好地组织广大职工为引黄灌溉试验研究和先进技术推广贡献力量，我们根据黄委会有关文件精神，本着提高工作效率，力求精简的原则，在充分酝酿的基础上，成立了科技办公室、水资源研究室、泥沙研究室、行政办公室和政工科。科技办公室负责全站科技管理和科技后勤工作，下设科技情报室、化验室。科技情报室是将图书、资料和情报“三位一体”，负责开展科技情报交流和科技情报服务工作。化验室承担泥沙颗粒分析和水质化验。水资源室和泥沙室则分别从事黄河下游引黄灌区水资源问题和泥沙问题的研究。行政办公室负责全站行政事务及财务器材管理。政工科负责全站思想政治工作，人事劳资管理，治安保卫及工青妇等工作。

(4) 进行了调查研究。根据黄委会的安排，我们对黄河下游引黄灌区水资源开发利用、引黄泥沙淤河淤渠、盐碱地变化、监测和管理等情况进行了调查研究，搜集了黄河下游沿河两岸 101 个灌区，58 个县的有关资料，初步建立了灌区档案。通过对资料的整理分析，正在编写《黄河下游引黄灌区用水情况调查报告》、《黄河下游引黄灌区盐碱地变化情况的调查报告》和《黄河下游引黄灌区淤渠淤河情况的调查报告》。通过这次调查，为今后进一步开展引黄灌溉科学研究工作打下了基础。

(5) 开展了科技情报交流和服务工作。科技情报工作是科学研究工作的耳目和尖兵，为了适应科学研究工作的需要，我们编印了科技情报交流联系卡，向全国水利系统、科研单位、高等院校以及与水利有关的研究单位，发函建立科技情报联系，现在关系户已达 97 处，科技情报网初步形成，打开了科技情报工作的局面，现已有科技图书 2 000 余册，新到科技资料 500 多份。为了做好服务工作，我们编印了两期科技资料目录，并翻译刊印了《灌水方案的土壤湿度测值法》。

(6) 筹建了化验室。派人去黄委会水科所、郑州水文总站、北京水利水电科学研究院参观学习，为水沙监测和泥沙问题研究作好准备。

(7) 编绘了黄河下游引黄灌区图。

(8) 维修了房屋，购置了部分仪器设备，为开展科学研究和进行引黄灌溉技术培训创造了条件。

(9) 加强了科技队伍的自身建设。为提高科技人员业务素质，选派了两名工程师分别参加了黄校英语班和农科院举办的初级英语班的学习，均获得了良好的成绩；并派人参加了黄科所举办的系统工程原理培训班的学习，参加了武汉水院农水系室内土壤测验学习班的学习。我们组织了 21 名技术干部参加微型计算机电视辅导函授班的学习。批准了 1 位同志参加武汉水院农水系农水专业的函授学习，3 名青年参加了黄河技校文化补课学习，还安排了 10 名工人参加了政治补课学习，4 名干部参加了马克思主义哲学学习。

(二) 积极参加了科研攻关工作

这两年来，我们先后选派了 11 位同志参加了引黄人民胜利渠灌区综合性技术改造实验区科研攻关工作，从中得到了锻炼和提高。

(1) 配合黄委会水科所进行了引黄渠系泥沙分配、沉沙池调控、结合淤背沉沙等引黄泥沙问题的研究。去年工作的重点是粗沙处理研究，第一步是利用机械结合大堤淤背用沙，处理粒径大于 0.08 mm 的粗沙；第二步是利用沉沙池或背河洼地拦粗排细，处理粒径在 0.05 ~ 0.03 mm 之间的次粗沙。我们参与了试验场地选择，抽淤机械设备购置，进行了野外测量和规划设计等方面的工作。

(2) 配合北京水利水电科学研究院在引黄人民胜利渠西灌区，进行放淤种稻、排水改碱的试区改造和水盐动态的观测研究。我们参加了试区规划设计工作，进行了耐盐品种水稻的种植试验，建立了简易气象场，开展了气象观测，进行了地下水动态观测，布设了 37 眼地下水定点观测井和 23 眼专用观测井，设置了 6 个进、退水测流断面，选择了 12 个土壤定位点，普查了 43 个点的土壤盐分，应用了中子测水仪和马赛克土壤盐分测定仪等先进设备。

(3) 配合农田灌溉研究所、人民胜利渠管理局在田庄试区继续进行了“井渠结合防止土壤次生盐碱化的试验研究”。

(三) 其他业务工作

为迎接今年春季引黄灌溉工作会议的召开，组织人员奔赴河南、山东收集了大量的地下水资料，准备编写《黄河下游引黄灌区地下水动态分析》。

我们还配合中国科学院、水科院在天然文岩渠流域进行水资源合理开发利用的研究。应新乡地区水利局邀请，我们派人为新乡地区灌溉培训班讲授有关量水量沙等基础知识。

(四) 行政事务管理工作

(1) 落实了知识分子政策，对科技人员因才使用，分配了合适的工作，并妥善地解决了他们的住房和烧煤等问题。

(2) 加强了思想政治工作，加强了精神文明建设，成立了共青团支部，发展了工会会员，积极投入了“五四三”活动，不定期地出了黑板报，成立了职工之家，结合国庆和元旦假日，举办了内容丰富多彩、形式生气勃勃的文艺晚会，暑假期间还举办了共青团和职工子弟夏令营。

(3) 结合整党，增强了党组织的战斗力，不少党员事事吃苦在前，为改变我站的面貌，他们艰苦奋斗，日夜操劳。在组织建设方面，为发展知识分子入党，我们做了大量的细致的调查研究工作。

(4) 为了保证科技工作的顺利进行,负责后勤的同志保证了经费和仪器器材的及时供应，并妥善地安排了职工生活，付出了艰辛的劳动。

二、1985年的任务

根据中央科技发展方针：“经济建设必须依靠科学技术，科学技术必须面向经济建设”。我们是“引黄灌溉试验站”，名称就决定了任务，黄河下游引黄灌区存在的问题，就是我们研究的对象。考虑到我站的处境和条件，我们提出了以黄河下游引黄灌区水沙资源的综合开发利用研究、应用现代科学技术指导引黄灌溉管理研究，作为我站“七五”期间科学研究的主攻目标，而举办引黄灌溉技术培训班，进行引黄灌溉问题和开展引黄技术咨询服务则是我站的发展方向。

1985年的主要任务是为“七五”期间全面开展科研工作进一步作好准备。针对黄河下游引黄灌区管理水平低、测验设施少、科技人员缺等问题，提出下列几项任务。

(一) 黄河下游引黄灌区水、沙监测试点研究

(1) 以韩董庄灌区和红旗灌区为试点,开展引水引沙监测和提高引水量、引沙量测验精度研究。

(2) 以韩董庄灌区为试点，开展引黄渠系水沙分配规律监测研究。

(3) 配合天然文岩渠管理处，在天然文岩渠干渠上，对引黄退水退沙建立遥测遥讯装置，分析引黄退水退沙对排水河道的影响。

(二) 搞好黄河下游引黄灌区技术培训

(1) 为配合引黄灌区设置监测系统，拟举办两期观测人员培训班(每期两班、时间两月)，重点讲授基本原理、观测方法、新仪器设备使用等。

(2) 为提高各灌区科学管理水平，计划明年下半年举办一期(两班)灌区业务负责人参加的系统管理研习班。

(三) 原阳县韩董庄灌区地面水和地下水综合开发利用研究

(1) 建立降水、地表水、地下水、引黄水沙、土壤水盐监测系统。

(2) 降水、地表水可利用量分析计算。

(3) 浅层地下水资源评价和允许开采量分析。

(四) 继续参加引黄人民胜利渠灌区综合性技术改造实验区科研攻关工作

(1) 继续配合黄委会水科所进行引黄渠系泥沙分配、沉沙池调控、结合淤背沉沙等引黄泥沙问题的研究。

(2) 继续配合北京水利水电科学研究院在人民胜利渠西灌区进行放淤种稻、排水改碱的试验研究。

(3) 继续配合农田灌溉研究所、人民胜利渠管理局在田庄试区进行“井渠结合防止土壤次生盐碱化”的观测研究。

三、科技体制改革方案

1985 年将是我国经济体制改革全面铺开的一年，也是科技体制大改革的一年，在改革的浪潮面前，我们全体同志，决心积极投入，以适应形势发展的需要，经研究初步意见如下：

(1) 实行有偿合同制，对会里下达的纵向指令性科研任务，我们愿意实行有偿合同制，鉴于试验站恢复以后方向未定，任务不明，虽四年有余，但很不健全，仪器、设备均很缺乏，希望会里能资助开办费用,并将原来的事业费拔给我们作为科技发展基金，以便我们能更好的执行合同，保证指令性任务的顺利完成。

(2) 对内实行课题承包责任制，使责、权、利相结合，把完成任务的好坏，解决实际问题的能力和所做贡献的大小，作为评价、奖励科技人员的标准。这样，不仅增强了科技人员的责任感，而且有利于实现按劳分配的原则，充分调动和发挥科技人员的积极性。

(3) 积极鼓励科技人员对外承包横向科研任务。水利不仅是农业的命脉，也是工业的血液，更是人类赖以生存和发展不可缺少的物质要素。我们水利科技工作者，应该面向整个国民经济建议，在保证纵向指令性任务能顺利完成的前提下，允许并鼓励科技人员对外承包横向科研任务，这样既可调动广大科技人员的积极性，亦可搞活机关经济，对承包横向科研任务的科技人员，提取一定比例的资金进行奖励。

(4) 积极发展科研—教学(培训)—服务型联合体。我们计划开办引黄灌溉技术培训班和开展引黄灌溉科技咨询服务工作。我站位于新乡市区，地处中原，交通方便，加之拥有 60 多亩地的大院，且人民胜利渠灌区就在新乡，有着良好的实习场所，这是我们开办培训班的有利条件。通过举办引黄灌溉技术培训班，分期分批轮训引黄灌区监测人员、管理人员和科研人员，有利于提高管理队伍和科研队伍的业务素质。开展引黄灌溉科技咨询服务工作，有利于把现代科学技术应用于引黄灌区的建设，促进灌区工农业生产。而灌区监测系统、管理系统、科研系统和信息系统的建立，又有利于科学研究工作的深入开展，有利于引黄灌区问题的反馈，亦有利于领导对引黄灌溉作出新决策，制定新方针、新政策。因此，建立引黄灌溉技术培训基地，进行引黄灌区问题研究，开展引黄科技咨询服务是我们的发展方向。

(5) 发展第三产业，广开财源。我们计划成立劳动服务公司，发展多种经营。我站位于新乡市南干道和东干道的交汇处，地理位置十分优越，现拥有土地面积60余亩，平房近200间，大卡车1辆，小吉普1辆，有利于服务业的发展。如果稍加投资，开设旅社、食堂、理发、浴池等综合性服务行业，定能获得较大的经济效益。我们希望黄委会能给一部分投资，以便进行服务公司的基础建设，我们也热忱欢迎黄委会和我们合股经营。

四、认识与要求

(一) 引黄灌溉的成绩是辉煌的

新中国成立35年来，在党中央和国务院的领导下，黄河流域引黄灌溉事业发展很快，截至目前，全河引黄灌溉面积已由解放初期的1 200万亩，发展到6 800万亩，5万亩以上灌区已达200多处，许多大型灌区已成为我国重要的商品粮基地。开发利用黄河水沙资源，为改善沿黄两岸生产条件、促进农业增产做出了重要的贡献。

黄河下游地处黄淮海大平原，战略地位极为重要。从50年代起，党中央、国务院就非常重视沿黄地区引黄灌溉，发展工农业生产。自1952年开辟人民胜利渠灌区以来，虽然走过了曲折的道路，有过沉痛的教训，然而，经过30多年的努力探索，已取得了辉煌的成绩。实践证明，开发利用黄河水沙资源，改变黄淮海平原农业生产条件，方向是正确的。

从黄河下游河南、山东两省资料看：沿黄地区已开辟万亩以上灌区101处(河南43处、山东58处)，建成引黄涵闸72座(河南33座、山东39座)，总设计引水能力4 700 m^3/s，控制灌溉面积2 790万亩(河南1 090万亩，山东1 700万亩)。近10年来，每年实灌面积可达1 200万～1 600万亩。另外，向灌区外送水抗旱，面积300万～800万亩。由于引黄灌溉，促进了农业生产大幅度增长，据1982年统计，粮食总产196亿kg，比1965年总产100

亿 kg 增长 96%，棉花总产 10.05 亿 kg，比 1965 年总产 205 亿 kg 增长 3 倍，为改变黄淮海平原的面貌，发挥了巨大的作用。

随着农业现代化建设的发展和党的农村新政策的执行，黄河下游引黄灌溉面积正在稳步发展。以山东为例，70 年代平均年引水量 47.9 亿 m^3，灌溉面积 1 107 万亩，进入 80 年代，平均年引水量 67 亿 m^3，灌溉面积 1 650 万亩，而近两年，灌溉面积已近 2 000 万亩。

去年 7 月，万里、胡启立、李鹏等中央领导同志视察了黄河，提出了“今后黄河规划、管理、使用的方针，必须以灌溉和防洪为主”。可以相信，引黄灌溉事业必将得到进一步发展，以新的科学技术指导引黄灌溉工作的新局面即将来临。

(二)引黄灌区的问题是需研究解决的

30 多年来，黄河下游引黄灌区的发展，成绩是巨大的，经验是丰富的，但也存在不少问题，需要进一步研究解决。

1. 水资源问题

黄河是我国第二大河。据花园口站 1919～1979 年 61 年资料统计，天然年径流均值为 564 亿 m^3，水资源还是比较丰富的，然而由于黄河径流年内分配极不均匀，汛期(7～10 月)来水量占全年来水量的 60%左右，丰水年甚至可达 70%。洪峰流量大，来势猛，无法利用，此时也不需灌溉，大量水资源付诸东流。而每年 10 月到次年 6 月，正值小麦生长、棉花现蕾、水稻育秧、玉米下种时期，黄河来水很少，5、6 月份，黄河来水仅 20 亿 m^3 左右，远远不能满足同期引黄灌区农作物需水要求，不少年份还出现上段超引、下段缺水断流的局面。随着“四化”建设的迅速发展，上中游地区对黄河水资源的开发利用水平会不断提高，上游来水量将会越来越少，在小浪底水库建成以前，黄河下游水资源可利用量不足，已为人们所共识。

水资源问题中，一方面可利用资源不足，另一方面又存在着严重浪费水的现象。据黄河下游引黄灌区 1972～1981 年资料分析，平均每年引水 89.9 亿 m^3，浇地面积 1 760 万亩(包括抗旱面积)，每亩毛用水量 510 m^3，若不包括抗旱灌溉面积，每亩毛用水量达 700～800 m^3。据 20 个灌区水的利用率调查统计，一般为 0.25～0.40，较好的灌区也仅为 0.5，差的只有 0.2，不少引水白白浪费。

2. 泥沙问题

黄河是一条多泥沙河流。据 1956～1979 年实测资料统计，每年平均输沙量为 16.2 亿 t，平均含沙量约 38.1 kg/m^3，泥沙数量之多，居全国河流之首位，在世界河流中也是罕见的。

要引黄河水、必然要引沙，这是引黄灌溉的必然。据近期下游引水引沙资料分析，年平均引水含沙量 20 kg/m^3 左右，即每引 1 亿 m^3 的水，就引进泥沙 200 万 t，平均每年随水引进泥沙约 2 亿 t。这些泥沙逐年淤积灌排渠系和下游河道，致使排涝能力逐渐降低,潜伏着引黄灌区及其下游地区渍涝和土地盐碱化的危机。例如，山东阎潭、刘庄等灌区今年向下游送水约 5 亿 m^3，未经沉沙，潘庄灌区沉沙池失效，混水入河，湖西地区排水河道本来淤积就相当严重，这两年更甚，如遇洪涝，后果将不堪设想。故引黄灌区能否妥善处理引入泥沙问题，决定着引黄事业的兴衰，问题亟待解决。

3. 盐碱地问题

黄河下游引黄灌区既有老盐碱地的治理问题，也有次生盐碱地的防治事情。据调查，局部地区盐碱化又有所抬头。

4. 工程问题

黄河下游引黄灌区的工程，一方面存在着灌排工程不配套、标准低，另一方面现有工程还有相当大的潜力可挖。

5. 管理问题

管理工作是关系到引黄灌溉事业得以巩固和发展的重要环节。加强管理，可以在一定程度上弥补工程上的缺欠，取得较好的效果，相反，配套完好的工程，没有健全的管理，也会影响效益和造成危害。

目前，引黄灌区普遍存在着管理机构和管理组织不健全，缺乏科学的管理制度。一般灌区都存在着没有水沙监测设施，技术力量薄弱，管理队伍人员少且水平低等问题，加强管理，向管理要效益，建立完整的监测系统和管理体制，已是摆在我们面前亟待解决的问题。

研究解决这些问题，对改变引黄灌区面貌，促进下游国民经济的发展都是至关重要的。

(三) 发挥试验站的作用是必要的

对我们黄委会来说，有一个从事引黄灌溉科学研究的机构，我们认为是必要的，但是，引黄灌溉试验站已经恢复四年多了，至今方向定不下来，科研任务不予下达，同志们非常着急。我站除了年青人外，相当大一部分都是四五十岁的中年人，同志们都迫切希望为“四化”建设多做贡献，为开创引黄灌溉的新局面而奋斗。为此，我们不得不为试验站的任务，以致前途多次奔走呼号，请示汇报，希望试验站能得到应有的重视，盼望黄委会能给予课题，发挥我们的作用，希望黄委会领导能理解我们的心情，体察我们的处境。假若黄委会认为引黄试验站没有存在的必要，那也恳请领导尽早做出决定，我们也好另找出路，免得浪费尚能为“四化”做贡献的年华。如果认为试验站还有存在的必要，我们恳求黄委会能认真研究一下试验站的方向、任务和我站提出的《“七五”期间科研工作设想及1985年工作安排意见》和科技体制改革方案，给予明确批示，我们将不胜感激。

以上如有不当之处，请批评指正。

端正业务指导思想　开拓引黄研究新路

——1985 年工作总结及 1986 年工作意见

（1985 年 12 月）

树木长了一年，就要留下一圈年轮，骆驼走过沙漠，就要留下一串长长足印。1985 年就要过去了，我们引黄灌溉试验站，在改革的征途上留下了什么呢？回首历程，一年来，在黄委会领导的亲切关怀下，在全国党代会的精神鼓舞下，经过全站同志共同努力，艰苦奋斗，我们向前迈出了可喜的一步。

一、围绕基本任务　做好服务工作

去年 12 月，钱正英部长在流域机构改革工作座谈会上指出，流域机构的基本任务是：加强基本工作，搞好宏观决策，确保重点任务，调度协调水源，服务各地各方。我们引黄灌溉试验站是黄委会的下属科研单位，科学研究必须面向经济建设，我们围绕基本任务，面向黄河下游引黄灌区，开展了监测、教学、科研等一系列活动。

(一) 开展监测研究，服务治黄需要

黄河下游现有万亩以上引黄灌区 101 处，引黄涵闸 72 座，虹吸 55 处，每年都要从黄河里引走 80 亿～90 亿 m^3 水和 2 亿多 t 泥沙。然而由于测验手段古老，误差很大，致使黄河下游干流水沙账不平衡，给水沙调配和河道治理带来一定困难。

引水引沙的监测工作是治黄的一项基本工作。去年冬天，水电部农水司给我站下达了引黄灌区水沙监测研究任务，今年我们在黄委会工务处领导下，制定了试验研究方案，成立了课题组，经过调查研究，确定首先在河南省天然文岩渠流域开展此项工作，并于今年初在新乡市召开了有16个单位参加的《天然文岩渠流域水沙监测研究》座谈会。

随后，在新乡修防处及所属原阳、封丘段的密切配合下，在韩董庄和大功两处穿堤闸设立了监测试点，开展了泄流曲线校正比测，闸上、下游水位代表性分析、水量和含沙量计算以及颗粒分析。一年来，韩董庄断面测流102次，其中精测法45次，常测法56次，简测法1次，输沙率测验4次，取单沙135个，颗分水样110个；大功断面测流97次，其中精测法11次，常测法86次，输沙率测验8次，取单沙103个，颗分水样121个。6月下旬，我们又与黄委会水科所新技术室合作，在祥符朱穿堤闸进行了X射线正比管测沙、压力传感测深、半导体测温等试验。

通过对所获资料的整理分析初步发现，用原泄流曲线推求的流量，误差较大，比流速仪实测流量系统偏小，韩董庄断面平均相对误差-29.3%，最大相对误差-52.3%。其他断面分析工作正在进行，计划年终提交《天然文岩渠流域引水引沙监测试点研究报告》。

引黄灌溉事业的迅速发展，给黄河下游广大地区的自然生态环境带来了巨大的影响，大量引进黄河水，势必要改变原来地下水的平衡关系，引起土壤水盐动态规律的变化。为摸清下游引黄灌区水盐动态现状，掌握新形势下水盐动态变化规律，预测未来的发展趋势，我们在黄委会科技办的支持下，开展了《黄河下游引黄灌区地下水盐动态监测及预测预报研究》。今年，我们首先在天然文岩渠流域，搜集整理了降雨、蒸发、地表水、地下水、引黄水等历史资料，进行了动态监测分析研究，计划年终提交《天然文岩渠流域地下水动态调查分析报告》。

(二) 加强调查研究，便于宏观决策

去年7月，万里、胡启立、李鹏等中央领导同志视察了黄河，提出了“今后黄河规划、管理、使用的方针，必须以灌溉和防洪为主”。可以相信，在黄河为患问题基本得到解决以后，引黄灌溉事业必将得到进一步发展，以新的科学技术指导引黄灌溉工作的新局面必将来临。在这种新形势下，作为引黄灌溉科研机构，及时地反馈灌区信息，为领导宏观决策服务，是我们义不容辞的责任。

目前，黄河下游引黄灌区存在着五大问题：一是水资源问题，一方面可利用资源不足，另一方面又存在着严重浪费现象。二是泥沙问题，既淤渠又淤河。三是盐碱地问题，既有老盐碱地的改造，也有次生盐碱地的防治。四是工程问题，一方面标准低，配套不健全，另一方面现有工程也未能发挥应有的效益。五是管理问题，管理组织和管理制度不健全，管理队伍人员少且素质差。

针对上述问题，去年，我们组织人员进行了“黄河下游引黄灌区水的利用情况调查”、“黄河下游引黄灌区盐碱地情况调查”和“黄河下游引黄灌区淤渠淤河情况调查”，并分别编写了调查报告，为领导提供了资料，水利部农水司邹广荣副司长，最近在山东考察时就引用了我们调查统计的一些数据。今年，我们又主动地组织人员，分别对黄河下游引黄灌区泥沙利用情况、灌排工程情况、管理机构和管理队伍情况、节水节能情况等进行调查研究，春节前后将提交相应的调查报告，以便更多地提供灌区信息，为黄委会领导制定治黄规划、制定引黄灌溉决策提供依据。

(三) 搞好引黄培训，加强智力开发

黄河下游引黄灌区100多处，灌溉面积2 900多万亩，在这么大的范围里，靠少数人从事引黄灌溉问题研究，显然是微不足道的。发挥每个灌区的作用，大家共同来探讨引黄灌溉技术问题，力量和效益才是巨大的。针对引黄灌溉管理队伍水平低、素质差，

我们创办了“引黄灌溉培训班”，以智力开发智力，以智力开发生产力，把量水量沙的技术传给灌区管理人员，使他们能适应形势需要，以方计征水费。把系统工程、水利经济等现代科技知识，传授给灌区负责干部和技术人员，使他们能运用现代科技知识，改进灌区管理，提高灌溉效益。今年，我们先后办了三期引黄灌溉培训班，培训了来自山东、河南两省引黄灌区、沿黄县水利局、修防处段共 74 个单位的技术干部和技术工人 101 人。第一期 4 月中旬开学，5 月底结业，历时 45 天，开设了《农田水利基础知识》、《灌区水文和水沙监测》、《普通水准测量》和《农田供水水文地质基本知识》四门课；第二期 7 月 5 日开学，24 日结业，历时 20 天，针对灌区当前分水配水、以方计征，重点讲授了量水、测沙基础知识，仪器使用、测验方法、资料记录、整理和简易分析计算；第三期 9 月 15 日至 10 月底，历时 45 天，开设了《泥沙基本知识和供水泥沙处理》、《量水测沙技术》、《农田灌溉技术》、《农田灌溉管理》、《防治土壤次生盐碱化》、《水利经济》、《系统工程灰色系统与水利》等。在教学过程中，我们还举办了一些专题讲座，结合专业课进行测量、水文测验等实习，组织参观了人民胜利渠灌区、农田灌溉研究所，开阔视野，并把投影、幻灯、电影等电化教学手段用于教学过程。为了保证教学任务顺利完成，我们作了大量准备工作，整修了教室、宿舍、食堂 40 余间，扩大了图书阅览室和电视室，开辟了篮球、排球、乒乓球、网球、羽毛球等体育活动场地，为学习班创造了良好的学习环境，学员们回到单位后，已把学到的知识用于工作和生产实践，发挥了积极作用。山东处、段几位来学习的同志，在今年山东省引黄资料汇编中发挥骨干作用。有的学员回单位后，运用所学知识，整理分析了本灌区资料，寄来请我们提意见，有的灌区邀请我们到灌区去帮助工作，有的灌区还请我们去灌区办培训班。通过办培训班，促进了我们对灌区的了解，增强了我们与灌区的联系，缩小了科研与生产的距离。

(四) 加强横向联系，密切配合协作

一年来，我们除了完成水利部和黄委会交给的任务外，还积极与兄弟单位联系，开展横向协作。

配合黄委会水科所泥沙室，在人民胜利渠灌区和封丘县，进行渠系泥沙分配，结合淤背沉沙、网帘拦沙等引黄泥沙问题研究。

配合北京水科院水利所和武汉水电学院等单位，在人民胜利渠西灌区，进行水盐动态分析和盐碱地改造技术研究，承担了水均衡要素的观测，参加了抽水试验和溶液运移试验，编写了《丁村试区非稳定抽水试验报告》。

配合农业田灌溉研究所和河南省水科所，在人民胜利渠灌区田庄试区进行井渠结合防止土壤次生盐碱化的试验研究，作了大量观测服务工作。

参加了中国科学院在天然文岩渠流域进行农业发展战略和综合开发治理总体规划方案的研究，配合水科院承担了“天然文岩渠流域水资源合理调配和利用的研究”，并提交了相应的报告，最近在北京通过鉴定，被评为国内先进水平。

配合河南省环境保护研究所，对辉县百泉断流原因进行监测分析研究，并探讨保护百泉生态环境的工程技术措施。目前，正在分析整理资料，春节前将提交成果，并进行鉴定。

另处，我们还配合水科院水利所，在豫北平原开展井灌区地下水漏斗快速回补试验研究。

通过与兄弟单位的横向协作，开拓了我们的研究领域，丰富了我们的知识，也培养和提高了我站人员的业务水平。

(五) 应用现代科技，探索科研新路

系统工程是一门新的科学技术，在一些先进国家已广泛应用，如若应用系统工程原理，科学管理引黄灌溉，必将提高引黄灌溉的经济效益。今年初，水利部农水司曾组织武汉水院和我站，计划开展《系统工程在引黄灌溉管理中应用》的研究，并拟定位山灌区为试验基地，后因故未能实现。我们认为：应用系统工程原理，解决引黄灌溉中的问题，这是今后科研和管理工作的方向，于是，我们决定成立课题组，挤出少量业务经费，开展此项工作。首先以原阳县韩董庄灌区为试点，进行地面水和地下水优化调配方案的研究，经过一个多月的研究，已经编制了模型，确定了 54 个约束函数，建立了 78 个矩阵方程，目前正在上机试算。同志们为了完成任务，克服了人力不足，没有微机、没有钱的严重困难，共同研究，虚心请教，利用同学关系到兄弟单位利用业余时间进行调试，到收费低廉的单位去上机演算。同志们决心一定拿出《韩董庄灌区地面水和地下水优化调配方案》研究报告，并争取提交《韩董庄灌区水资源供需平衡分析报告》。

(六) 做好基础工作，服务各地各方

为了更好地服务生产、服务科研、服务领导决策，我们初步建立了黄河下游沿黄 10 个地市 58 个县和 101 个灌区的档案。明年，我们将继续搜集引黄灌区资料，争取在黄委会工务处的领导下，汇编引黄灌区资料。

为了能及时地把引黄灌区的信息反馈给领导，把领导的决策传达到各个灌区。同时，为了加强各灌区间的技术经验交流，推动引黄灌溉事业的不断前进，我们创办了《引黄灌溉》期刊和《引黄灌溉简报》。

我们积极参加了新乡市水利学会的学术活动，担任了学会的副理事长、学术委员会秘书长职务，参加了新乡市第五水厂水源地论证咨询活动，新乡市水资源讨论会在我站召开，我们在会上发表了《新乡市水资源条件及城市供水对策》的研究报告，得到了市长的重视和好评。学术活动在我站举行，也活跃了我站的学术空气。我们对学会工作的支持，得到了市科协的表扬。

我们还应天然文岩渠管理处的邀请，帮助他们对 1984 年天然文岩渠流域6个引黄退水退沙监测站的资料进行整理分析，编写了《天然文岩渠流域引黄退水退沙对排水河道影响》的初步分析报告。

最近，我们正在编辑一本以灌溉和水资源为主要内容的译文集，发表最新的国外论文，明春印发，服务各地各方。

二、加强自身建设　巩固科研队伍

我站原为水电部豫北试验站，从事黄淮海平原旱涝碱综合治理的试验研究，文化大革命中被撤销，1980年5月才恢复，名为恢复，实为重建，原试验站的财产、仪器、设备等都毁于动乱年代，除了60多亩院落和200余间50代的平房，其他一无所有，没有仪器设备，工作条件很差，连晒图机都没有，更不用说复印机和微机了。1982年9月交黄委会管辖，改名为“引黄灌溉试验站”。三年来，在黄委会领导的亲切关怀下，试验站发展很快，目前已有51人，其中技术干部29人，占56.9%，建立了“三室一司”，添置了部分仪器设备，开始了一些科研活动，我站绝大部分同志都处在中年和青年，最大的才56岁，最小的19岁，40岁以上的中年技术人员占全体技术人员的27.6%，30岁以下的青年人占65.5%，同志们正处在风华正茂、血气方刚的年华，一心想为“四化”贡献力量。在“转轨、变型”的新形势下，加之经费渠道不通，任务不甚明确，同志们难免产生一些活思想，在这种情况下，加强自身建设，巩固科研队伍就非常重要。一年来，我们做了下列一些工作。

(一) 加强思想建设

首先，我们根据中央部署，在新乡地委和黄委会党组的领导下，胜利地进行了整党，正式党员全部进行了党员登记，通过学习整党文件，提高了广大党员的政治觉悟和思想水平，使自己的言行永远保持和党中央高度一致。通过对照检查，端正了党风，纠正了一些歪风邪气，以整党促改革，推动了机关工作，使我站出现了新的气象。

为了巩固整党成果，加强对党员、团员和积极分子的思想教育，党支部做出决定，开设党课，对党员和积极分子进行系统的党的基本知识教育。“七一”以来，我们已经上了两次党课。

我们认真地学习了全国党代会文件，及时地传达了全河理想、纪律教育会议精神；充分发挥团支部的作用，开展了“八十年代青年的特点的大讨论”；全站开展了“以站为家，我为试验站做贡献”的活动，大大振奋了胸怀大志为祖国“四化”建设而献身的精神。

另外，我们还开展了谈心活动，进行思想政治工作。通过谈心，消除误解，增强团结，互相帮助，改进工作。

(二) 加强组织和制度建设

为了加强试验站的领导力量，改变停滞不前的工作状态，经黄委会党组批准，重新建设了我站领导班子。半年来，新的领导班子带领大家艰苦创业，开拓前进，迈出了可喜的一步。

经黄委会批准，我站建立了科技办公室、水沙研究室、行政办公室和劳动服务公司，相应地配备了中层领导。

在整党胜利结束后，我们完成了党支部的换届改选，随着党员人数的增加，划分了两个党小组。

试验站虽已恢复五年，然而由于各项制度不健全，机关秩序存在许多弊端，为了改变机关作风，保证科研工作顺利进行，我们建立健全了各项规章制度，拟定了 21 项制度，经全体职工讨论后，人手一册，已于 6 月 1 日开始执行。

另外，我们还进行了工会委员会和共青团支部的换届改选工作，充实了工会委员会的力量。

(三) 加强智力建设

我们比较重视职工教育，比较重视智力开发和人才培养，鼓励职工学习文化，学习现代化科技知识，学习外语。在今年成人高考中，我站 5 人报名考试，全被录取。到目前为止，我站有 5 人在职工大学和干部管理学院学习，有 2 人在上大学本科函授，有 1 人准备报考硕士研究生，还有 2 人在上夜校，补习高中课程。

今年，我们还选派 1 位同志参加了黄委会英语强化班学习，获得了较好的成绩；选派了 2 位同志参加水电部办的系统工程短训班的学习；在站上，我们还组织了英语“夺魁”学习辅导，利用暑假为职工子弟办英语补习班，效果良好。

另外，我们还鼓励职工结合工作到高等院校、科研单位参观、学习和研讨，开拓眼界，更新知识，提高业务水平。

(四) 加强设备建设

为适应水沙监测研究的需要，我们创建了泥沙颗粒分析室，在设备差的条件下，开展了颗粒分析工作，今年共完成了 320 个沙样的分析，感谢黄委会领导的支持，调拨了价值 2 万元的仪器设备。

购置了图书、资料，建立了图书资料情报室，目前已藏科技图书 3 000 余册，科技资料 600 多份，与国内 100 多个单位建立了情报资料交换关系。

(五) 加强精神文明建设

成立了职工之家，开展多种多样的文体活动；每逢国庆、元旦佳节都召开庆祝晚会；成立了篮球队，并举行篮球、乒乓球和羽毛球循环赛；举办了站桩功学习班。今冬计划召开体育运动会，活跃同志们的身心，增强职工体魄，陶冶精神情操。

成立了精神文明领导小组，开展文明科室、文明宿舍和五好家庭竞赛活动。

(六) 办好多种经营，解决后顾之忧

成立了劳动服务公司，利用现有的生产工具，发展多种经营，设立了可接待 50 人的招待室，开设了知青日杂门市部，利用仅有的一辆卡车跑运输，最近又筹建了沙发厂，安排了待业青年和无职业闲散家属，解决了职工后顾这忧。

三、克服困难　开拓前进

“六五”期间，试验站得以恢复，“七五”期间试验站则应大步前进，1986 年是“七五”计划的第一年，我们计划开展下列各项工作。

(一) 开展黄河下游水沙巡测

水沙监测是治黄的一项基础工作。为了给河道治理、水沙调配提供准确的数据，为了适应当前以方计征收取水费，进一步开展黄河下游引黄灌区水沙监测是非常必要的。为推动黄河下游的监测工作，把今年在天然文岩渠流域的试点经验推广到面上去，我们计划采用巡测手段,对下游各引水口门的监测进行定期检测，以不断提高全下游引黄水沙测验精度。不仅开展引黄水沙监测，而且要加强退水退沙的监测。我们已得到水文局和科研所的大力支持，恳请黄委会能批准这一设想。

(二) 开展黄河下游引黄灌区地下水盐动态监测及预报研究

近年来，引黄灌溉事业发展很快，灌溉面积已达 2900 多万亩，山东省在制定引黄灌溉规划时，竟提出了向 4000 万亩进军的翻番目标，大量引进黄河水必将改变地下水原来的平衡关系，引起土壤水盐动态规律的变化。加强引黄灌区地下水盐动态监测，掌握水盐动态变化规律，预测未来发展趋势，已是我们义不容辞的义务。我们计划“七五”期间，在黄河下游引黄灌区建立地下水盐动态监测站网，开展地下水盐动态的监测和预报研究，反馈灌区信息，便于领导决策。

(三) 开展黄河下游引黄灌区泥沙处理和利用的研究

黄河下游引黄灌区的泥沙问题是决定引黄事业兴衰的大问题，亟待研究解决。我们希望通过对引黄泥沙综合利用和处理的研究，找到一条解决引黄灌区泥沙问题的经济有效的途径，为下游引黄灌区的巩固和进一步发展创造有利条件。几千年来，黄河用它挟带的泥沙造就了黄河下游平原。今天，如何用黄河挟带的泥沙来加高、改造这块大平原，已是历史赋予我们的任务。

(四) 开展黄河下游引黄灌区水资源合理开发利用研究

合理调配和利用黄河下游引黄灌区地面水和地下水资源，充分利用当地水资源，扩大引黄灌溉范围和效益，是引黄灌区发展农业生产解决水资源不足、防止土壤次生盐碱化的需要，也是解决华北平原水资源不足的一条重要途径。今年，我们在天然文岩渠流域开展了水资源合理调配和利用的研究，计划明年在金堤河流域开展此项工作，逐年扩大，争取在“七五”期间完成下游引黄灌区水资源合理利用的研究。

(五) 开展系统工程在引黄灌溉管理中的应用研究

科学管理引黄灌溉，是进一步发展引黄灌溉事业的关键，应用现代科学技术从事引黄灌溉管理，可以大大提高引黄灌溉的经济效益。系统工程是一门新的科学技术，我们计划“七五”期间，逐步研究系统工程在引黄灌溉管理中的应用，1986 年首先在山东省位山灌区开展系统工程在引黄灌区水资源调配中的应用研究。

(六) 继续办好引黄灌溉培训班

加强引黄灌区管理队伍的培训，是一项非常重要的工作，为了提高引黄灌区的管理水平,我们决定继续办好引黄灌溉培训班，在今年取得办学经验的基础上，计划明年举办四期短训班，为灌区再培训 150 人左右，上半年和下半年各在站办一期，其余两期利用灌区空闲时间，深入灌区办学，减少灌区开支。

新的一年即将来临，在我们重整行装准备踏上新的征途的时候，我们清楚地知道，摆在我们面前的困难很多，我们决心克服困难，艰苦创业，开拓前进！我们相信，黄委会领导是支持和关心我们工作的。沙漠的尽头是绿洲，试验站应该有她美好的前景！

1985 年夏黄委会引黄灌溉试验站团支部在狮豹头水库组织游泳活动（前排左起：李会安、沈慧清、佟蕾、张景华，后排左起：王路平、齐献忠、杨国权、马胜利、张俊峰、冯立新、赵永东）

艰苦奋斗结硕果　再接再厉创辉煌

——1986年工作总结及1987年工作意见

（1987年3月20日）

过去的一年，是我站全体同志同心协力结硕果、和衷共济开新颜的一年；过去的一年，也是我站在水利部、黄委会领导的亲切关怀下，发生了巨大变化的一年。

一、艰苦奋斗，硕果垒垒

在全国改革开放、搞活经济的大好形势鼓舞下，全站上下团结一致，努力拼搏，艰苦奋斗，在过去的一年中，做了大量工作，无论是在科研一线，还是在行政后勤，都取得了可喜的成绩。尤其是在钱正英部长对我站工作做了具体指示后，黄委会对我站又明确下达了科研任务，我站形势发生了明显的变化。

(一) 科研一线，喜获丰收

1. 总结调查研究成果，喜获领导表扬

1984年，我们组织人员对黄河下游引黄灌区水的利用情况、盐碱地变化情况和引黄泥沙淤渠淤河情况进行了调查研究，分别提交了《黄河下游引黄灌区用水情况的调查报告》、《黄河下游引黄灌区盐碱地面积调查报告》和《黄河下游引黄灌区淤渠淤河问题的调查报告》。

1985年，我们又组织科技人员对黄河下游引黄灌区渠首引水防沙条件、沉沙池运用、泥沙利用(淤临淤背、放淤改土)、灌排工程、管理机构和管理人员以及节水节能等情况进行了调查。

1986年初，我们对调查情况进行了认真的分析研究，提交了《黄河下游引黄渠首引水防沙条件分析》、《黄河下游引黄灌区沉沙池运用情况浅析》、《黄河下游引黄灌区灌排工程情况调查报告》、《黄河下游引黄灌区目前节水、节能、扩大效益的措施》、《黄河下游淤背(临)调查报告》、《黄河下游引黄灌区放淤改土调查报告》、《河南省引黄灌区管理情况调查报告》、《山东省部分引黄灌区组织管理情况调查报告》等成果。我们将两年内调查研究的十一份报告，上报水利部，供领导决策时参考。

钱正英部长在审阅了我们的部分调查报告后，于 1986 年 7 月 24 日，亲笔给试验站写信，肯定了我们的工作，信中说：读了你们的报告，很受教益。并且指出："希望在此基础进一步综合提出'七五'期间如何巩固与发展下游引黄灌溉的工作纲要，以便黄委与豫鲁两省组织讨论后有步骤地开展工作"。

部长来信，对我们全站职工是极大的鼓舞，我们激动地将部长来信复印若干份，分送黄委会各位领导和有关部门，我们决心以部领导的关怀为动力，全力搞好引黄灌溉科学研究工作，完成部长交给的任务。

2. 继续开展黄河下游水沙监测研究

课题组按照水利部农水司要求，在 1985 年完成河南省天然文岩渠流域内有关引黄闸的引水引沙和排水河道上退水退沙监测、检测工作后，1986 年对资料进行了系统的整理分析，提交了《韩董庄引黄闸水沙监测报告》、《红旗闸水沙监测资料分析》和《引黄涵闸水沙监测技术报告》，并进行了引黄退水退沙对天然文岩渠淤积影响的分析研究。

1986 年，我们又根据水利部农水司的指示，在惠济河流域，开展了《河南省黑岗口、柳园口引黄灌区退水退沙对惠济河冲淤影响的分析研究》工作，拟对黑岗口、柳园口引黄闸引水引沙情况、柳园口引黄灌区水沙分配情况、引黄退水退沙对惠济河及涡河淤积影响，进行系统的监测研究。我们首先确定了协作单位，选定试区，召开协作会议，就工作的开展拟定了具体计划。8 月份，我们提交了《黑岗口、柳园口灌区引黄退水退沙对下游排水河道影响的分析计算》（工作大纲）；9 月份，参加了部组织的调查；年底，我们在开封召开了年度工作总结会议。目前工作正按预定计划顺利进行。

另外，10 月份，我们组织力量对河南、山东两省沿黄 68 个引黄涵闸，进行了一次引水引沙巡回检测工作。

3. 继续开展引黄灌区水资源合理开发利用研究

1985 年，我们在原阳韩董庄灌区进行了地面水和地下水优化调配方案的研究，提交了相应的研究报告。

1986 年，我们向水利部水利技术开发基金委员会申请了《引黄灌区水资源研究》科研项目，签订了专项合同后，立即组建了课题组，在调查研究的基础上，确定山东省梁山县陈垓引黄灌区为研究基地，并选择了试验研究场地，布设了观测网点，进行了试验项目的观测和资料收集。年终对试验、观测和收集的资料进行了整理分析，完成了灌区降水资源、地表水资源和地下水资源等年度报告，提交了《陈垓引黄灌区降水资源评价》、《陈垓引黄灌区降水资源与引黄灌溉》、《陈垓引黄灌区浅层地下水资源评价》三份报告，并总结了陈垓引黄灌区的管理经验，编写了《一个自主型科学管理的引黄灌区》。

4. 积极参与泥沙处理和利用的研究

(1) 与黄委会水科所泥沙室密切合作，顺利地完成了“六五”攻关项目河南省引黄人民胜利渠灌区“泥沙处理技术研究”课题的研究任务。并在山东省位山引黄灌区进行了渠首拦沙的试验观测工作。

(2) 对引黄泥沙的利用进行了调查，编写了《黄河泥沙变害为利的途径——黄河下游利用泥沙作建筑材料简介》的调查报告和《机械高浓度抽淤腾空沉沙池加高黄河堤背地——引黄泥沙处理和利用方案的设想》。

5. 组织编写《黄河下游引黄灌溉工作纲要》

遵照钱部长的指示，我们成立了“黄河下游引黄灌溉工作纲要编写小组”，组织人员，收集资料，认真总结历史经验教训，客观分析引黄灌区存在的问题，并分赴河南、山东两省水利厅听取意见和要求。1986 年 10 月，在“黄河下游引黄灌溉管理工作座谈暨学术讨论会”期间，讨论了我站起草的《黄河下游引黄灌溉工作纲要》(第一稿)。在此稿中，我们大胆地提出了建设黄河下游现代化引黄灌区的设想。

6. 组织力量进行水利经济分析研究

我们组织进行了水利经济效益的调查和分析，重点对河南省人民胜利渠灌区进行了水利经济效益分析和水费制度研究。1986 年 10 月提交了《人民胜利渠灌区农业水费与农业生产成本的关系及按供水成本收水费的可行性分析》和《试论黄河下游引黄灌区水费制度的改革》两份研究报告。并在黄河水利经济研究会年会上交流。水资源课题组在山东省陈垓引黄灌区也收集了有关资料，开展了引黄灌区水利经济效益的分析研究工作。

7. 其他科研工作

(1) 积极开展横向联合，加强与兄弟单位的协作。今年我站派出 3 位同志，分别参加了河南省水利厅设计院和黄委会设计院承担的内蒙古河套引黄灌区技术改造规划设计工作，使我站的科研工作开创了横向联合打入社会的局面，既承担了任务，又锻炼了干部。

(2) 1986 年 8 月，我们与水利水电科学研究院王重九高级工程师共同就河南省境内引黄济冀路线进行了调查研究，编写了《兴利除害、统筹兼顾——浅谈红旗渠调水之优点》，系统地阐述了从河南省封丘县红旗渠向河北调水方案的优点，此方案已为国家采纳。

(3) 1986 年 1 月，我们还对 E-601 型蒸发皿和 20 cm 蒸发皿蒸发量的折算进行了分析研究，提交了《E-601 型和 20 cm 蒸发皿折算系数的初步分析》报告。

(二) 科技管理，业绩显著

1. 继续办好引黄灌溉技术培训

加强智力建设，开创引黄灌溉新局面。根据水利部农水司的部署，我们于 7 ~ 9 月份举办了第四期黄河下游引黄灌溉技术培训班，培训学员 32 人，学期 50 天，开设了《泥沙基本知识和供水泥沙处理》、《引黄灌区水文测验与资料整编》、《农田灌溉管理》和《防治土壤次生盐碱化》等四门课程。培训班结束后，我们于 9、10 月份先后两次组织人员到山东、河南的部分灌区进行走访、调查，了解办班的效果，了解学员回到工作岗位后的实用情况，听取了灌区的反映和意见。总之，灌区对办培训班是满意的，认为这条智力投资的道路应该走下去，并希望越走越好。因而提出了不少宝贵意见和建议。通过调查访问还进一步摸清了灌区管理队伍的状况、技术队伍的素质等。提交了《黄河下游引黄灌区技术队伍现状和技术培训》报告，为今后继续办好引黄灌溉技术培训班总结了经验。

2. 继续办好《引黄灌溉》期刊和简报

1985 年，我们创办了《引黄灌溉》期刊，开辟了引黄灌区学术交流的新园地，受到了广大科技人员的欢迎。今年我们要继续努力办好，编辑出版了两期《引黄灌溉》和 21 期简报，有力地促进了我站与引黄灌区和社会上的联系，交流了情况，扩大了影响。

3. 积极参与学术活动和学术交流

1986 年 10 月，受水利部委托，承办了“黄河下游引黄灌区管理工作座谈暨学术讨论会”的组织工作，让广大科研人员参加会议、服务会议，从学术讨论中受益，我们在大会上交流的研究报告有：《黄河下游引黄灌区技术队伍现状和技术培训》、《天然文岩渠流域引黄涵闸水沙监测技术报告》、《天然文岩渠流域引黄退水退沙资料分析报告》、《天然文岩渠流域红旗闸引水引沙监测资料分析》等。这次会议对推动黄河下游引黄灌溉事业的发展有着重要的作用，对提高我站科研人员献身引黄灌溉事业的决心也有着重大的作用。

我们积极参与了新乡市水利学会的学术活动，先后有：《新乡市水资源浅析》、《辉县百泉水资源保护研究》、《人民胜利渠灌区农业水费与农业生产成本的关系及按供水成本收水费的可行性分析》、《天然文岩渠流域水资源开发利用和合理调节》、《天然文岩渠流域地表水资源分析》、《天然文岩渠流域韩董庄引黄闸引水引沙监测报告》、《韩董庄灌区地面水地下水联合运用线性规划灌溉模型》、《韩董庄灌区水资源评价》、《E-601型和 20 cm 蒸发皿折算系数的初步分析》、《兴利除害、统筹兼顾——浅谈红旗渠调水之优点》等研究报告在学术活动中交流。

另外，我们还派员参加了中科院黄淮海平原治理与开发研究学术讨论会、山东省 1986 年引黄灌溉技术研讨会、黄河水利经济研究会 1986 年学术交流会等学术会议,并在会上提交研究报告或论文。

今年，我站有 7 名工程师加入了中国水利学会河南分会；2 人加入了黄河水利经济研究会；还有一批同志分别加入了新乡市水利学会、环保学会、测绘学会、建筑学会和外语学会等。

4. 不断提高职工队伍业务素质

我们举办了新技术科普学习班，以期促进科技人员的知识更新，在机关的技术干部都参加了学习，讲授了系统工程和微机应用等基础知识。水沙监测课题的成员，为了适应水沙监测科研工作的需要，组织学习陆地水文专业知识。今年，我站又有 2 名技术人员考取大学本科函授，目前全站已有 4 人在攻读大学函授，4 人在职大学习，1 名职大毕业生已返站工作，1 人参加了市科委举办的 86.5~87.4 中级英语班学习。

我们组织科技人员外出考察、参观学习和参加会议。加强与水利部有关司局，河南、山东省水利厅有关处室，华东水院、武汉水院高等院校，北京水科院、黄科所、南京水文所、灌溉研究所等单位的联系和合作，互相学习，获取信息，收集资料，拓宽视野，不断充实自己，提高自己。

5. 努力做好科技服务工作

(1) 加强了图书资料情报室的建设，使其更好地为科研一线服务。今年，我们又与国内 40 个单位建立了情报资料交流关系，至此，与我站建立了情报关系的单位已达 170 个；新增图书 730 册，总藏书已达 3 730 册；新增资料 500 份，总数已达 1 200 余份；阅览室订阅报纸 28 种、杂志 58 种。为科研人员创造了学习业务、增长知识的良好环境。

(2) 为了更好地服务于引黄灌溉技术培训教学工作，站内建立了一座简易气象观测场。常规观测仪器已安装就绪，正积极筹备开展观测工作。

(3) 建立了晒图室，购买一台苹果–Ⅱ微机，并试编了下游引黄灌区基本资料程序卡，为微机应用于引黄灌溉档案管理打下了基础。

(4) 下半年拍照了下游引黄灌区照片 800 多张，配合人民治黄 40 周年纪念活动和部在新乡召开的灌区工作会议进行了展出。

(三) 科技后勤，形势喜人

1. 加强了精神文明建设，机关面貌生机勃勃

思想政治工作是一切工作的灵魂。一年来，我们的科研工作所以能取得丰硕的成果，原因之一就在于我们加强了思想政治工作，极大的调动了广大职工为引黄灌溉事业的振兴和发展而发奋工作的积极性。我们认真学习中共中央关于加强社会主义精神文明建设的文件，积极响应新乡市委“争创双新”的号召，在全站职工中开展了“以站为家，我为试验站做贡献，争做四有新人”

的活动。钱正英部长对我站工作的指示，更激发起了广大科技人员的工作热情，我站呈现出生机勃勃、团结向上的大好形势，涌现出了很多好人好事，勤奋学习的气氛空前浓厚。

2. 制定了规章制度，各项工作顺利进行

没有规矩，不成方圆。我们完善了各项制度，特别建立了各级岗位责任制，使各项工作做到任务明确、责任明确、权力明确、奖罚明确，保证了科研和后勤工作的顺利进行。

3. 召开了首届职工大会，积极推行民主管理

根据上级要求，在站党支部的领导下，从4月份开始，结合创建“职工之家”活动，党、政、工、团一起抓，积极筹备召开职工大会。1986年11月27日，我站正式召开了首届职工大会，职工大会的成立，是我站实行民主管理、监督行政领导的好形式，我们要根据职工大会条例，坚持实行民主管理，对于职工大会形成的决议，要付诸实施、认真落实。

4. 完成了机构定编和工资改革

根据黄委会统一布置，落实了机构设置和人员定编的拟定工作，为适应我站科研工作的需要，报请黄委会批准，1987年1月，已将我站原来的三室(行政办公室、科技办公室和水沙研究室)一司(知青劳动服务公司)调整为四室(办公室、一室、二室、三室)一司。截至1986年底全站正式职工已达到53人，其中行政干部11人，工人14人，科技干部28人。各类人员的职务系列也将按黄委会的布置进行了落实。

在去年完成工资改革，理顺关系的基础上，从7月份开始全部补差，现已完成。经过工改，全站的标准工资水平从人均60元，增加至人均80元。

5. 逐步改善了职工的物质生活和文化生活

1986年，在资金短缺的情况下，我们想方设法，为食堂购置了面条机、冷藏箱、绞肉机、碗柜等炊事器械和用具，改善了食

堂卫生条件；添置了太阳能热水器，改善了职工洗浴条件；筹建了医务室，为职工和家属就医创造了条件；修建了厕所、洗漱间、自行车棚和汽车库；为职工创造了良好的工作和生活环境。

1986 年，积极发展第三产业和多种经营，充实了劳动服务公司的经营力量，顺利地完成了目标任务，增加了积累，并为职工办了福利。

为活跃职工文化生活，工会和共青团开展了多种形式的文化体育活动，职工之家为广大职工提供了娱乐活动的场所，年终，我们还举办了职工冬季运动会。

二、再接再厉，迎接辉煌

几年来，在水利部、黄委会的亲切关怀下，我们一边恢复机关各项建设，一边积极从事引黄灌溉科学研究和管理，由于全站同志努力奋斗，各项工作均取得了显著的成绩。现在已经打开黄河下游引黄灌溉科研工作的局面，初步具备了开展引黄灌溉科研工作的基础和条件，特别是钱正英部长对我站工作批示后，黄委会领导对我站工作更为重视，明确下达科研任务，并首次下拨专项科研经费，使我站的形势发生了根本的变化。让我们再接再厉，再创辉煌。

(一) 科研工作

(1) 黄河下游水沙监测研究和引黄灌区水资源研究两项合同项目 1987 年结束。希望集中力量，按合同要求努力完成，争取高质量地通过验收鉴定。

(2) 按照黄委会领导指示精神，建立我站科学试验基地，开展对建设现代化引黄灌区不同模式的探讨和研究。在过去工作的基础上，计划在河南、山东各选 1 ~ 2 个灌区，作为试验研究基地。山东选择梁山县陈垓引黄灌区,河南计划今年进行调查选点工作。在基地上，一方面开展对黄河下游现代化引黄灌区不同模式的探索、研究；一方面结合生产和管理，全面推动灌区的改革，迎接部、省开展的灌区评比竞赛活动。

(3) 根据黄委会领导指示，今年计划开展《黄河下游引黄灌区节水措施的研究》、《黄河下游引黄灌区地下水盐动态的监测及预测报的研究》和《机械高浓度抽淤腾空沉沙池，利用引黄泥沙加高堤背地面的研究》；继续与黄科所合作，进行《引黄泥沙处理和利用措施的研究》等。在陈垓基地继续进行引黄灌区水利经济方面的分析研究工作。

(二) 科技管理

(1) 建立站学术委员会，大力开展学术活动和与社会上科技团体加强联系、交流。计划对站几年来所出成果进行评比。将优秀者向上级推荐，请奖和发表。

(2) 继续加强图书资料和科技情报工作，建立健全黄河下游引黄灌区的档案库、争取试用微机调阅档案资料，大力加强对《引黄灌溉》和《简报》的领导。努力把刊物和简报办得更好，真正成为引黄战线广大职工的科技生活园地，及时反映引黄事业的新面貌。交流新经验以促进引黄事业的健康发展和与外界的技术情报信息的交流联系，计划 1987 年出版《引黄灌溉》四期、《简报》24 期。

(3) 继续抓好引黄灌区技术培训工作。争取在站内办二期培训班。到灌区去办 4 期专项培训班。

(4) 健全完善化验室，充实必要的仪器设备，达到能承担泥沙、水盐常规分析化验的要求。

(5) 设立微机室、暗室，完善描图室、晒图室，以便更好地服务于全站科研、生产任务。

(6) 积极开展横向联系，面向社会、面向生产。计划今年与中科院、水科院、海委、黄科所和有关地市县水利部门和灌区的联系和合作，以争取项目。

(三) 机关后勤

(1) 大力加强机关管理。为适应改革形势的需要，按照黄委会对科研工作体制改革的要求，适当调整科室机构和人员组成，逐步试行岗位责任制。对已经制订的21项规章制度，进行一次认真检查和补充修订，使其更加健全、完善。同时，制订岗位责任制、任期目标制、文明科室、文明宿舍、先进职工、五好家庭等评比奖励制度和条例，积极开展文明单位和先进职工的竞赛、评比活动。

(2) 做好机关整体规划。从近期和长远考虑，对机关大院60余亩土地进行综合性整体规划(包括绿化工作)。大致分为办公区、试验区、服务区和家属区。为有利于工作，家属区与办公区应建成各自独立的区域。

(3) 逐步进行机关建设。①机关新大门建设，根据新乡市城市建设要求，1987年需开设面向东干道的正式大门一座和配房4间，同时硬化相应的路面2 140 m^2。②建设给排水工程，目前我站尚无排水系统，计划根据全站整体规划，结合新大门的道路建设，进行下水道系统的施工，同时对供水管道系统进行合理的调整和更新维修。③解决年轻人结婚用房，计划在机关北墙与石油部管理局新乡输油公司交界处，将现有的18间家属平房改造为单面二层楼房，以解决年轻职工结婚住房问题。④建设商业用临街平房，新乡市东干道今年上半年将建成通车，为充分利用临街土地资源，计划向黄委会财务部门借款，沿东干道建设一排平房约400 m^2，作为商业开发或租赁经营。

1987年，是继续加强社会主义精神文明和物质文明建设，坚持改革、开放、搞活的重要一年，是科研体制改革大步前进的一年，也是我站全面开创引黄灌溉科学试验工作新局面的一年，全站同志需团结一致，在黄委会的领导下，紧跟中央布置，大力加强科研体制改革和管理工作，深入灌区，结合生产，从事引黄灌溉科学研究，争取取得更大胜利。

附：水利电力部钱正英部长给黄委会引黄灌溉试验站的信

农水司请转黄委引黄灌溉试验站：

读了你们1985年12月及1986年1月刊印的陈家汉、孙可振、李会安、吴秀英、马胜利、赵永东、王路平、周振民、杨国权、阮本清等同志的报告，很受教益。希望在此基础进一步综合提出“七五”期间如何巩固与发展下游引黄灌溉的工作纲要，以便黄委与豫鲁两省组织讨论后有步骤地开展工作。你们工作的进行情况盼与我部农水司联系。

此致

敬礼！

钱正英

（1986年）7月24日

中华人民共和国水利电力部

农水司请转黄委引黄灌溉试验站：

读了你们1985年12月及1986年1月刊印的陈家汉、孙可振、李合安、吴秀英、马胜利、赵永春、王瑞平、周振民、杨国权、陈丰清、蔡锐的报告，很受教益。希望你们站能进一步结合提出“七五”期间如何巩固与发展下游引黄灌溉的工作纲要，以便黄委与豫鲁两省组织讨论后有步骤地开展工作。你们工作的进展情况请随时与我部农水司联系。

此致

敬礼

钱正英

七月廿四日

1986 年 8 月 25 日水电部第四期引黄灌溉学习班结业合影

深化改革　开拓前进

——1987年工作总结及1988年工作意见

(1988年2月)

辞旧岁，迎新春；回首履程，令人欣慰，在黄委会的直接领导下，在水利部农水司的亲切关怀下，我们在改革的道路上，又获得了较大的丰收；展望前景，争取在新的一年里更上一层楼。

一、积极开展科研活动　服务引黄灌溉事业

巩固和发展引黄灌溉事业，任重而道远，积极开展引黄灌溉科学研究，责无旁贷。一年来，我们围绕科研为生产服务这一指导思想，面向灌区，开展了一系列的科研、监测、教学及社会服务活动。

(一)继续进行黄河下游引黄灌区水沙监测研究

惠济河流域是河南、安徽水利纠纷的热点，为科学分析引黄灌区退水退沙对排水河道的淤积影响，我们遵照水利部农水司指示，进一步加强了惠济河流域的水沙监测工作。

继续对柳园口、黑岗口引黄闸进行引水引沙监测，协助闸管所拟定了设备改造和更新计划，帮助安装了淮阴200型全自动测水测沙水文缆道，并对观测资料进行了分析，提交了《柳园口、黑岗口引水引沙精度分析》报告。

继续进行惠济河流域退水退沙分析研究，应用暴雨径流相关分析、蓄满产流产沙模型及灌区水沙平衡三种方法，对河道冲淤变化进行了分析，完成了《蓄满产流法在引黄灌区的应用》、《利用暴雨径流相关分析进行退水退沙分割计算》、《利用灌区水沙平衡计算推算引黄退水退沙量》等三篇报告。

为探求自然降水情况下产流产沙的规律，分析水土流失对排水河道淤积影响，遵照水电部[86]农水字第 33 号文精神，积极参与了吴堂河水土流失试区筹建工作，成立了协调领导小组，落实了试验经费，编写了观测任务书，测绘了千分之一测站地形图和控制断面图，搜集了流域内的降水、蒸发、地下水等资料，购置了翻斗式自记雨量计、蒸发皿、流速仪、采样器及水文绞车等测流测沙仪器设备，对试区工作进行了明确分工，并与河南省水利厅、豫东水利工程管理局、民权县水利局签订了责任承包任务书，为 1988 年全面开展观测研究工作，打下了良好的基础。

另外，为检测下游引黄涵闸测水测沙精度，正确进行黄河下游水沙平衡计算，继 1986 年首次巡测后，1987 年又先后两次对河南、山东引黄涵闸的水沙监测进行了检测，基本上摸清了下游引黄涵闸测水测沙的现状与存在问题，对提高涵闸的测验精度有一定的指导作用，并且提交了《黄河下游引黄涵闸引水引沙巡测技术报告》。我们还配合黄科所在人民胜利渠五孔闸开展了射线正比管输沙量计的应用试验，结果表明，该仪器在引黄涵闸有一定的推广价值。

(二) 胜利完成引黄灌区水资源研究

1987 年我们继续在山东省梁山县陈垓引黄灌区开展引黄灌区水资源研究。在县水利局和陈垓灌区管理处的密切配合下，我们把研究范围从自流灌区扩大到提水灌区和补源区，在对降水、地表水、地下水资源进行系统分析的基础上，1987 年又分析了降水资源与引黄灌溉的关系，分析了引黄灌溉经济效益，并应用系统工程原理，对引黄灌区水资源优化调配进行了分析研究，先后提交了《降水资源评价》、《降水资源与引黄灌溉》、《地表水资源及其开发利用的研究》、《浅层地下水资源评价》、《浅层地下水动态分析及开发利用》、《水资源优化调配研究》及《引黄灌溉经济效益分析和供水成本计算》7 份报告。这一研究对如何发挥自流灌区地下水资源的作用，节约引黄水，扩大自流灌溉面积，提高提水灌区或补源区的供水保证率有重大的指导意义。

为开展地下水盐动态研究，我们还组织人员对陈垓引黄灌区的地下水质进行了普查，取得了基础资料。

(三) 积极开展引黄泥沙处理和利用的调查研究

1987 年我们继续配合黄科所从事泥沙处理应用研究。完成了原阳县祥符朱灌区沉沙池橡胶坝设计和韩董庄灌区水泥土试验厂房设计及预算，在原阳县韩董庄灌区北裹头和东明县阎潭灌区渠首开展了网帘防沙试验，参加了室内渠道挟沙能力试验及黄河下游机械清淤情况调查，测绘了封丘县大功灌区东干沉沙池地形图及纵横断面图。

积极组织开展黄河下游引黄渠首引水防沙情况调查、引黄灌区沉沙池运用情况调查、引黄淤改调查等，编写了《黄河下游引黄渠首引水防沙条件分析》、《黄河下游引黄灌区沉沙池运用情况浅析》、《从引黄淤改谈起》等调查报告，在对引黄涵闸调查的基础上，初步确定在山东省惠民县白龙湾灌区进行橡胶坝渠首拦沙试验。

为在原阳县韩董庄灌区开展输沙入田中间试验，我们积极协同有关单位开展前期准备工作，初步选定了试验区，商定了研究内容，待审批后实施。

(四) 积极开展节水技术和措施的研究

随着工农业生产的发展，水资源供需矛盾日趋突出，钱正英部长在全国农村水利座谈会上指示：“水利工作面临的工程老化失修、效益衰减和北方水资源紧缺两个危机”。农田灌溉用水是个大户，节水潜力很大，发展节水型灌溉势在必行，为探讨引黄灌区的节水途径，我们成立了节水研究课题组，开展了节水技术和措施的调研与试验。搜集了国内外大量的有关节水问题的资料，试制了不同型式的防渗材料，为在灌区开展节水研究打下了基础。

同时，我们积极筹备在山东省陈垓引黄灌区开展节水灌溉的中间试验。

(五) 完成了黄河下游引黄灌溉工作钢要(初稿)的编写任务

1986 年我们遵照钱正英部长 7 月 24 日来信指示：“进一步综合提出‘七五’期间如何巩固与发展下游引黄灌溉的工作纲要”，积极组织人员编写了“黄河下游引黄灌溉工作纲要”(初稿)，并交黄河下游引黄灌区工作座谈暨学术讨论会讨论。1987 我们又遵照钱部长关于“抓紧定出下游引黄灌溉纲要”的指示，组织专人，会同有关部门进行了反复修改，并邀请河南、山东从事引黄灌溉工作的部分专家讨论修改，最后经黄委会审定报部。

(六) 积极参与了黄河下游引黄灌区评比竞赛活动

根据 1986 年黄河下游引黄灌区管理工作座谈暨学术讨论会议精神，水电部农水司决定在黄河下游引黄灌区开展一次评比竞赛活动，以促进管理水平的不断提高，充分发挥引黄工程在农业生产中的作用。我们根据水利部农水司指示，积极参加了这一活动，利用《引黄灌溉》期刊和简报，及时地传达了水电部关于开展评比竞赛活动的通知和意见，报道了山东省、河南省以及菏泽地区、人民胜利渠管理局、陈垓引黄灌区管理处等单位开展评比竞赛活动的情况，并为水利部检查终评做了大量的准备工作，保证了评比工作的顺利进行。

(七) 继续办好引黄灌溉技术培训班

为改善黄河下游引黄灌区的管理状况，提高灌区管理队伍的文化素质及技术水平，以智力开发智力，以智力开发生产力。几年来，我们连续举办了引黄灌溉技术培训班，为灌区培养学员 150 余人。1987 年根据水利部农水司安排，我们又举办了第五期学习班，讲授了《水文测验与资料整编》、《农田灌溉技术》、《防止土壤次生盐碱化》、《农田小型测量及水工建筑物》、《泥沙基本知识和供水泥沙处理》等五门课程，历时 42 天，37 名学员均取得了良好的成绩。

我们还应梁山县水利局邀请，在陈垓引黄灌区举办了水沙测验及资料整编学习班，为灌区培训了 24 人。

为总结培训经验，检查培训效果，我们对受过培训的学员进行了跟踪调查，听取他们对培训工作的反映，广泛征求意见。调查结果表明，学员对培训工作是满意的，并给予了较高的评价，普遍认为通过培训，提高了业务水平及工作技能，多数学员学用一致，有的已成为单位的业务骨干，有力地推动了引黄灌溉工作，在此基础上我们报送了“引黄灌溉技术培训工作总结及今后设想”。

(八) 积极办好《引黄灌溉》期刊与简报

《引黄灌溉》期刊自 1985 年试刊以来，得到了有关领导的大力支持，受到了灌区广大科技人员的欢迎，为进一步把期刊办好，我们加强了组织领导，成立了编辑委员会，并聘请了从事引黄灌溉工作多年、经验丰富的专家为顾问，从 1987 年起已转为季刊，定期内部发行，为更好地交流引黄灌溉工作经验、开展学术交流开辟了园地。

为及时反映灌区信息和我站科研动态，自 1985 年以来，我站创办了《引黄灌溉简报》，1987 年由于各方面的通力协助，编印发送简报 26 期，有力地促进了灌区信息交流，也为领导宏观决策提供了情报。

(九) 面向灌区，服务生产

一年来，我们在“科学技术必须面向经济建设”这一方针的指引下，除深入灌区开展科学研究外，还帮助灌区出主意、想办法解决生产问题，在去年引黄灌区评比竞赛活动中，应陈垓引黄灌区之邀，我们先后几次派人到灌区帮助工作，整理材料，绘制图表，还协助拍摄了《前进中的陈垓引黄灌区》录像片，受到省地县的好评，陈垓引黄灌区在这次评比中获得了第一名。我们还帮助菏泽地区拍摄了《菏泽地区引黄淤改》录像片。

二、努力加强自身建设　积极参与科技竞争

一年来，随着科研体制改革，我们努力加强自身建设，积极参与科技竞争，力求在竞争中生存，力求在竞争中发展。

(一) 顺利完成专业技术职务的考核评审和行政职务系列调整

截至 1987 年底，我站共有正式职工 60 人，其中各类专业技术人员 43 人，在黄委会的统一领导和部署下，我们从 5 月 18 日到 8 月 4 日历时 78 天,顺利完成了各类专业技术职务的考核和评审，完成了行政职务系列的确任和调整。经黄委会高、中级职称评审委员会和站初级职称评审委员会考核评审，已确认具备高级职称资格的 1 人，具备中级职称资格的 9 人，具备初级职称资格的 22 人。目前，我站已报请上级主管部门检查验收，待批准后，即将对专业技术人员实行聘任。

(二) 努力提高职工队伍的思想和业务素质

一年来，我们注意了加强职工队伍的继续教育，努力提高思想素质和业务水平。年初，我们在全体职工中进行了坚持四项基本原则，反对资产阶级自由化的教育，接着又开展了理想、纪律教育，号召职工争做四有新人；组织全体干部学习《政治经济学》、《建设具有中国特色的社会主义》，组织全体党员学习《新时期党的建设》，十三大召开后，又及时组织职工认真学习十三大文件，努力提高全体职工思想水平，紧跟中央改革步伐，不断增强对改革的承受能力和紧迫感。

加强智力投资，提高文化素质，掌握现代科技知识，是实现自我完善的一个重要方面。在过去的一年中，我站有 8 位同志参加了职大、函大和刊大的学习，其中有 3 位已经毕业，有 4 位同志参加了科技英语短训班学习，1 位同志参加了图书资料管理短训班学习。另外，我们还派人到电视台学习录像和剪辑，以适应科研工作发展的需要。

(三) 积极参加学术活动，加强科技情报交流

一年来，我们积极参加了国内的一些学术活动，开展了学术交流，先后派人参加了黄委会水利经济研究会学术讨论会，淮河流域节水型灌溉学术讨论会，海河流域节水技术经验交流会，山东省放淤改土学术讨论会和河南省自流灌区工作会议，以及新乡市水利学会组织的学术讨论会,我们向这些会议提供了10多篇论文和报告。

在过去的一年中，我们进一步加强了与国内水利科技情报系统的联系，及时地交换了科技情报资料，推动了我站的科研工作。截至1987年底，我们已与近200个情报单位建立了关系。

根据中国水利学会农田水利专业委员会的安排，我站第一次派员参加了第十三届国际灌溉与排水大会,开始了国际学术交流。

另外，我们还积极支持和参与新乡市水利学会的学术活动，受到了河南省水利学会和黄委会分会的表彰。

(四) 加强技术协作，搞好横向联合

去年，我们除了继续配合黄科所泥沙室进行引黄泥沙处理应用试验研究、继续配合黄科所新技术室进行γ射线正比管输沙量计应用试验外，还继续派人与黄委会设计院配合参加内蒙古河套灌区改建配套的规划设计工作。在水沙监测研究和泥沙处理利用研究中，我们得到了山东、河南两河务局及其下属处、段的大力支持和配合。

我们不仅加强了与黄委会系统的协作和配合，更注意了与山东、河南两省水利系统的合作。在山东省陈垓引黄灌区，我们和菏泽地区水利局、梁山县水利局、陈垓引黄灌区管理处的同志共同进行引黄灌区水资源研究，取得了很好的效果，受到了地、县领导的好评。在惠济河流域，我们和河南省水利厅农水处、豫东水利工程管理局密切合作，开展引黄退水退沙对排水河道淤积影响的分析；在吴堂河流域，我们与民权县水利局协作，开展了流域产水产沙规律观测。目前，我们正与河南省水利厅农水处、新乡市水利局、原阳县水利局合作，筹备在韩董庄灌区开展输沙入田中间试验；与山东省水利厅农水处、菏泽地区水利局、梁山县水利局合作，筹备在陈垓引黄灌区开展节水技术试验研究；计划与惠民地区水利局联系，积极参加韩墩灌区节水技术改造的联合攻关；与聊城地区水利局、位山灌区管理处合作开展地埋塑料软管在引黄灌区应用的研究。

(五) 积极申请基金项目，参与科研竞争机制

我站虽恢复 8 年之久，但仍处在起步阶段，过去我们一直处于消极等待，等上级安排任务，工作被动，随着科研机制的改革，我们一改被动局面，主动积极申请基金项目，申请研究任务，参与科研竞争机制。1987 年，我们除了继续完成水电部水利技术开发基金项目《引黄灌溉水资源研究》和《引黄灌区水沙监测研究》外，又积极向水利部水利技术开发基金委员会申报了《提高引黄灌区灌溉水资源利用率的研究》、《引黄灌区田间节水工程布置及防渗新材料的研究》，并向黄委会治黄技术开发基金委员会申报了《淤背对黄河大堤稳定性影响的研究》，还申请了《引黄灌区泥沙处理与黄河大堤淤背相结合的经济分析及方案研究》等五项青年治黄基金项目。经水利部和黄委会评审已批准三个项目，部基金项目《黄河下游引黄灌区灌排渠系调整及田间工程合理布设的研究》，治黄基金项目《系统工程在引黄灌溉管理中的应用》，治黄青年基金项目《引黄渠首活动拦沙坝防沙效果的试验研究》。

积极参与科研竞争机制，必将进一步推动我站科研事业的发展，必将给我站带来新的生机，改革之花必然会结出丰硕之果。

(六) 发展多种经营，广辟财源，壮大自己

试验站恢复没有开办经费，在设备缺、条件差、资金不足的情况下，我们积极发展多种经营，广辟财源，壮大自己。这两年，我们除了成立劳动服务公司，开办沙发加工厂，开设知青门市部，安排待业青年和无职业闲散家属，解决职工后顾之忧，增加收入，搞好职工福利外，我们还利用现有房屋举办引黄灌溉培训班，并为新乡市办了两个电大班，利用收入添置了电视机、放像机、逆变器、电风扇等，添置了能安排200名学员用的桌椅和能接待50人住宿的床铺被褥。去年劳动服务公司利润又获两万余元，两年积累已近三万元。

三、深化改革开拓前进，喜迎龙年志在腾飞

1988年是我们认真贯彻执行十三大精神，加快和深化改革的关键性一年，我们不仅要在科研体制改革方面全面铺开，而且要在政治体制改革方面加快步伐。

(一) 完善科研体制改革

(1) 继续贯彻科学技术面向经济建设的方针，进一步端正业务指导思想，引黄灌溉科学研究必须面向引黄灌区，服务引黄灌溉事业。在新的一年里，我们不仅要在引黄泥沙处理和利用、水资源合理调配、测水测沙、灌水技术、盐碱地防治和管理诸方面，继续给引黄灌区以技术指导，而且要在新技术开发、电子计算机应用、遥测遥控系统建设等方面，给引黄灌区以大力支持，引黄灌区需要解决的技术问题，就是我们的研究任务。

(2) 实行站长负责制，强化行政首长的职责和权力。黄委会已批准站长有权调配干部、工人的工作，有权任免科级以下干部，有权根据水利部、黄委会的有关规定制定实施细则和规章制度。今年，我们要逐级建立岗位责任制，健全各项规章制度，使管理科学化、制度化。

(3) 实行党政分开，党支部的主要任务是加强党的队伍的思想建设、组织建设和作风建设，不断提高广大党员的政治素质，教育党员在加快和深化改革方面，要起模范带头作用，在科研生产服务方面要当先锋，党支部对机关科研工作要起保证监督作用。

(4) 完善职工代表大会制度，充分调动广大职工的积极性和能动性，推行民主治站，集思广益，发挥广大职工的主人翁精神和对站领导的监督作用。加强工会工作，设专职工会主席。

(5) 成立学术委员会，负责学术方面的咨询、参谋和监督；讨论、研究和评审科研方面的任务、计划、成果及科技人员考核、人才推荐、科技管理等方面的问题。积极开展学术活动和学术交流，计划今年举办两次学术活动。积极参加国内的学术会议，积极开展科技咨询，面向引黄灌区，面向全社会，打入科技市场，逐步变事业管理型为事业经营型。

(6) 调整管理机构，理顺领导关系。根据我站实际情况，为有利于科研工作和行政管理，减少层次，我们已对原有机构进行了初步调整，并准备在改革中不断总结，不断改进，使机构设置适应科研和管理工作的需要。配备中层领导，下放权力，扩大中层的自主权，充分发挥中层骨干的才智，并不断提高他们的组织能力。

(7) 实行课题承包，强化目标管理。今年我站承担着水电部、黄委会下达的 7 项任务，计划全面实行课题承包，并要求层层承包，推行目标管理。目前，我们已经和水沙监测课题组签订了我站第一份承包任务书，为全面承包开创了良好的开端。

(二) 积极完成科研、管理任务

(1) 继续进行惠济河流域引水引沙和退水退沙的监测研究，全面开展吴堂河流域水土流失试区的观测工作，继续进行黄河下游沿黄涵闸引水引沙的巡测和技术指导，开展徒骇河、马颊河流域淤积情况调查研究，举办 1986 ~ 1987 年度水利部基金项目成果鉴定。

(2) 开展黄河下游引黄灌区水盐动态监测研究。根据 1986 年引黄灌区管理工作座谈暨学术讨论会精神和有关领导指示，计划今年在引黄灌区开展水盐动态监测研究。首先在河南省新乡市、开封市和山东省菏泽地区布设网点，开展监测和分析工作，以原阳、梁山二县为点，以点带面，促进监测工作的初步展开。

(3) 开展输沙入田的中间试验研究。根据水利部农水司指示，计划在河南省原阳县韩董庄灌区选择有代表性的试区，开展不同比降、不同材料、不同断面形式的渠道输沙中间试验。

(4) 开展引黄灌区节水技术研究。根据水利部农水司指示，决定在山东省梁山县陈垓引黄灌区开展节水灌溉工程措施和管理模式的研究。

(5) 承担水利部水利技术开发基金项目《黄河下游引黄灌区灌排渠系调整及田间工程合理布设》的研究。

(6) 承担黄委会治黄基金项目《系统工程在引黄灌溉管理中的应用》，计划在柳园口灌区开展引黄水量优化调配的研究。

(7) 承担黄委会青年基金项目《引黄渠首活动拦沙坝防沙效果的试验研究》，初步意见在山东省惠民县白龙湾引黄闸前试用橡胶坝拦沙，目前正与山东省水利厅及惠民地区水利局协商，联合攻关。

(8) 继续搞好引黄灌溉培训。水电部已将我站列为部引黄灌溉培训基地，并已下达了举办第六期引黄灌溉技术培训班的任务，我们决心总结经验，改进教学管理，提高教学质量，出色完成培训任务。

(9) 继续办好《引黄灌溉》期刊和简报。我们要积极动员和鼓励引黄灌区广大科技人员，总结经验，撰写报告和论文，开展学术交流，推动引黄灌溉事业向前发展，让《引黄灌溉》期刊真正成为引黄灌区科技人员发表意见、阐述观点、交流经验的园地。我们还要充分利用《引黄灌溉简报》，及时反馈灌区信息，便于领导掌握灌区动态，制定治黄对策。

在改革的道路上，试验站在成长，虽然取得了一些成绩，但前进的道路仍很漫长，我们决心不畏艰难，开拓前进，走完崎岖的道路之后，必然会出现美好的前景！

深入引黄灌区调查研究，图为1987年王福林与山东梁山县政府、县水利局领导座谈

1987年黄委会引黄灌溉试验站科技人员在陈垓引黄灌区考察田间工程淤积情况

1988年姜丙洲在陈垓引黄灌区U形渠道施工现场进行水准测量

1988年王路平等在陈垓引黄灌区补源区开展地埋塑料软管节水灌溉试验，图为管道铺设完成后充水加压试验

1988年王路平等在陈垓引黄灌区自流区开展田间工程与渠道硬化节水灌溉试验，图为混凝土U形渠道衬砌施工现场

初步衬砌完成的U形渠道

1988 年冬黄委会引黄灌溉试验站团支部在新乡市人民公园组织打雪仗游园活动（前排左起：展明、王瑞霞、杨秀英、林秀芝、许登霞、肖素君，后排左起：李玉岭、郭宇方、黄福贵、程献国、陈魏涛、马胜利、苏运启、姜丙洲、张克峰、李强坤、郑利民、王路平）

在改革中发展　在竞争中前进

——1988年工作总结和1989年改革意见

(1989年1月)

金秋已过，果实已经入仓；瑞冬将至，算账时节已到。回首看看一年来在改革道路上获得的成果，伏案算算一年中从事多种经营的收入，我们不禁笑在眉间，喜在心头。在党的十三大会议精神的鼓舞下，在黄委会领导和农水司领导的亲切关怀下，我们引黄灌溉试验站在改革中又得到了发展，在竞争中又得到了壮大！

一、探索新的道路

科技体制改革，势在必行，怎样改革，模式很多。几年来，我们针对试验站客观实际，探索着走自己的改革道路！

(一) 课题承包结硕果，优化组合获丰收

前几年，我们的科研任务不多，随着引黄灌溉事业的不断发展，也随着引黄试验站知名度的不断提高，科研任务也不断增加。1988年，我们除了继续承担“惠济河流域引黄退水退沙监测研究”、“黄河下游沿黄涵闸引水引沙巡回检测”等任务外，又承担了“吴堂河流域水土观测试区的建设和监测研究”、“陈垓引黄灌区节水技术研究”、“系统工程在引黄灌溉管理中的应用”等五项研究任务。

为了调动广大科技人员的能动性，我们积极推行了经济承包责任制，分别与科室主任、课题组负责人签订了承包合同；为更有利于科研工作的开展，我们又及时调整了科室，并对全体科技人员进行了双向优化劳动组合。

由于进行了课题承包和优化劳动组合，调动了科技人员的积极性和创造性，推动了科研任务的顺利进行，并且获得了不少科研成果：

《黄河下游引黄灌区水沙监测研究》阶段成果鉴定提交了13篇研究报告，其中开封黑岗口、柳园口引黄灌区5篇是今年完成。

《陈垓引黄灌区水资源研究》成果鉴定提交了水资源研究总体报告和7篇专题报告。报告所提“地面水和地下水优化调配，扩大引黄灌溉面积”的方案已为生产单位所采纳。

建立了民权县吴堂河水土流失观测试区，为分析研究人类活动对平原地区水土流失影响和分割研究引黄退水退沙对排水河道淤积影响建立了基地，意义重大，控制面积 105 km^2，是目前黄淮海平原最大的径流试验场，已布设了系统的监测网络，今年首测告捷，获得了6 000多个数据。

继续进行《惠济河流域引黄退水退沙监测研究》，在全面收集、系统整理引水引沙和退水退沙资料的基础上，提交了两份研究报告。

为进一步应用系统工程原理，解决引黄灌溉中的问题，我们继应用系统工程原理编制了《韩董庄引黄灌区地面水、地下水联合运用线性规划模型》和《陈垓引黄灌区水资源合理调配优化方案》之后，又在柳园口引黄灌区开展水沙优化调配研究，提交了《柳园口引黄灌区水沙优化调配研究报告》，在黄委会首届青年科技成果交流会上进行了大会交流，并获得二等奖。

对引黄渠首防沙措施及效果的研究，我们结合生产需要，对下游所有引黄渠首进行了调查分析，最后拟定在白龙湾引黄灌区渠首进行橡胶坝拦沙试验，通过对搜集和实测资料的分析，已提交《白龙湾引黄渠首橡胶坝拦沙可性论证报告》。

遵照部农水司指示，1988年我们在陈垓引黄灌区又开展了节水灌溉技术研究，拟进行引黄灌区监测系统建设及水沙分布研究，节水灌溉工程措施研究和土壤含水量有效控制条件下的节水灌溉研究。目前已确立了配水到村、渠系优化配水的初步方案，确立了有关的计算方法与计算模型，并对工程措施研究的可行性进行了论证。

关于《灌排渠系调整及田间工程合理布设的研究》，目前也正在进行工作，并已完成《黄河下游总干渠的设计问题》一文。

(二) 横向协作显成效，科技竞争形势好

试验站恢复以后，纵向任务不多，为了发挥广大科技人员的聪明才智，我们鼓励科技人员积极开展横向协作。

“六五”期间，我们积极配合水利水电科学研究院、农田灌溉研究所、黄委会科学研究所，在人民胜利渠灌区开展了“渠井结合防止土壤次生盐碱化的观测研究”和“引黄灌区泥沙处理技术研究”；配合中国科学院、水利水电科学研究院，在天然文岩渠流域开展了“水资源合理利用和优化调节”的研究；报告中所提“结合豫北地区旱涝碱综合治理，打通红旗渠引黄入淀”的建议，已为部领导所采纳。还配合河南省环境保护研究所开展了“百泉水资源保护研究”。

这两年，我们在保证各项纵向任务顺利完成的基础上，仍积极开展横向协作，配合黄委会设计院和河南省水利设计院，参加了内蒙古河套引黄灌区部分规划设计工作；配合新乡市水利局开展了“卫河综合治理可行性研究”。

去年，我们又主动和河南河务局联系，共同承担“远距离管道输沙试验研究”。目前已成功地进行了输距分别 为 1 160 m 及 1 900 m 的试验，获得了 200 余组试验数据，已完成第一阶段试验报告。

另外，我们还应原阳县韩董庄灌区之邀，协助开展灌区水沙分配观测研究；应新乡修防处之邀，协助进行原阳柳园引黄闸水文缆道自动控制设计。

通过横向协作，加强了科技联合，既有利于服务生产，也有利于科技开发；既锻练了自己，也宣传了自己。当今，改革是时代的主旋律，竞争机制已经渗透到各个领域，我们引黄灌溉试验站，必须在竞争中求生存，在竞争中求发展。近年来，我们也积极参与科技竞争，积极申请基金项目。

1986 年我们向水电部申请到了两个基金项目；1987 年向水电部、黄委会申请到了三个基金项目；1988 年，我们又向水利部和黄委会申报了“地埋塑料管道在引黄灌区输水以及节水节能的研究”、“黄河下游引黄灌区地下水盐动态监测及预报”、“黄淮平原坡地人类活动对径流的影响”等八个项目，并向治黄技术开发基金委员会申报了“引黄淤灌技术开发研究”项目。

黄淮海平原中低产田的治理与开发，是国家增加农业投入，发展农业生产的重要项目，我们身处黄淮海平原，为本区服务义不容辞。1988 年，我们多次到山东省、河南省黄淮海治理办公室以及有关地市联系工作，表示愿意为黄淮海平原的开发与治理做出贡献！我们主动深入山东韩墩引黄灌区参加节水工程技术改造的规划设计工作，并准备与山东省农水处配合，开展浑水管道灌溉和混凝土 U 形渠道衬砌防渗试验研究；根据黄委会对滩区综合开发治理的意见，我们积极活动，先后深入河南省长垣县滩区、山东省东明县滩区进行调查研究，分析存在问题，并主动申请与生产相结合的研究项目，我们将根据黄委会的部署，为改变长垣滩区、东明滩区的贫困面貌而努力。

(三) 服务引黄做贡献，学术交流促提高

一年来，我们除了面向灌区结合生产，开展了一系列科研活动外，还多方面服务引黄灌溉事业。

(1) 举办第六期引黄灌溉技术培训班。自 1984 年以来，我们已代部举办了五期引黄灌溉技术培训班，有力地提高了灌区管理队伍的业务素质及技术水平，受到了各方面的好评。今年 8 月，我们遵照部农水司的指示，又举办了第六期引黄灌溉技术培训班，讲授了灌区水文测验、水沙资料整编、计划用水、泥沙处理和利用及灌区水费核算等，来自河南、山东两省的43名学员参加了学习。

(2) 继续编辑出版《引黄灌溉》期刊和简报。《引黄灌溉》期刊的编辑出版，开辟了引黄灌区学术交流的新园地，有效地促进了引黄灌溉经验交流，受到了广大科技人员的欢迎；《引黄灌溉简报》的发送，对于反映科研动态，反馈灌区信息，帮助领导及时了解情况，也发挥了积极的作用。1988年我们在人员少，经费紧的情况下，克服困难，出版了四期《引黄灌溉》和24期《引黄灌溉简报》。

(3) 帮助山东省潘庄灌区、簸箕李灌区、陈垓灌区拍摄了灌区录像片，还帮助位山灌区安装了录像设备。

(4) 积极帮助山东省陈垓引黄灌区开展今冬明春农田水利建设。一年来，我们积极参加了各种学术活动，多途径、多渠道地进行学术交流，参加了新乡市水利学会、新乡市环保学会、新乡市外语协会、河南省水利学会、河南省系统工程学会和山东省水利学会的学术活动；参加了“山东省分级供水成果鉴定会”、“山东省湖西平原区大气降水、地表水、地下水三水转化关系研究成果鉴定会”、“山东省韩墩引黄灌区技术改造论证会”；参加了黄委会治黄规划座谈会、青年治黄科学报告会、青年科技成果交流会、“全国渠道防渗、防冻网”以及“全国地下水网”等等学术活动。并派人参加了“灌溉系统评估及水管理国际会议”，受水电部委派陪同苏联专家代表团到陕西、河南、北京等地考察渠道防渗及管道输水技术。

通过各种学术活动和学术交流，开阔了我们的眼界，增长了我们的知识，也提高了我们的业务素质，加强了我们和外界的交往。

(四) 壮大实力迎挑战，强化业务挑重担

试验站虽然已经恢复七八年了，但由于投入的限制，基础条件很差，先进的仪器设备很少，为了在竞争中求生存，在竞争中求发展，我们一直注意加强自身建设，以不断增长我们的竞争活力。

1. 不断壮大科技队伍，适应引黄事业需要

几年来，科研队伍逐步发展壮大。截至目前，全站已有正式职工 66 人，各类专业技术干部 47 人，占职工总人数的 71.7%，其中高级工程师 2 人，工程师 10 人，既有经济验丰富的老同志，也有初露头角的年轻人，全站平均年龄 38 岁，专业技术人员涉及陆地水文、水文地质、农田水利、水利工程、泥沙、水保、测绘、农学等 8 个专业，已成立 4 个业务研究室和一个科技管理室，我们已经广泛从事黄河下游引黄灌溉问题研究，引黄科研队伍已经形成并日益壮大。

2. 不断提高职工思想素质，增强对改革的承受能力

改革是新事物，涉及到思想观念体系的更新，只有改变旧的、传统的观念，才能正确地看待改革，才能积极地投身改革，因此，我们非常注意职工的思想教育，及时传达并认真学习党中央和国务院的各项方针、政策，使广大职工在思想上、政治上，同党中央保持一致，不断增强同志们对改革的承受能力。

3. 不断提高科技人员业务水平，增长参与科技竞争的活力

科技队伍业务素质的好坏是决定我们在竞争中能否取胜的关键。开发智力，掌握现代科技知识，提高广大科技人员的文化素质和业务水平，是科学技术发展的需要，也是科技竞争的需要，我们十分重视职工的继续教育。

几年来，我们先后选送 9 人进成人大学深造，其中 7 人已经毕业，有 1 人考取了研究生，有 10 余人次参加系统工程应用、微机开发利用等专题学习班，派 2 人参加英语强化学习，我们还举

办英语学习班，举行年轻人英语测试，以推动全站的外语学习。

我们组织职工出外参观学习，以不断开阔眼界，增长知识，提高业务水平；我们不仅积极参加外界的学术活动，而且在站内也积极组织学术交流，活跃学术气氛，促进同志们互相学习，共同提高。

4．不断充实仪器设备，改进测试分析手段

随着科学技术的不断发展，科学研究测试分析手段也不断更新，有无先进的仪器设备和良好的工作环境，也是能否在竞争中取胜的重要条件。几年来，我们努力改善工作环境，购置仪器设备，创造试验分析条件。我们成立了化验室，购置了先进的颗分仪，开展了引黄泥沙颗粒级配分析，并准备开展水化学分析；成立了科技情报室，添置了大量科技图书，并广泛开展了科技情报交流，与国内180多个单位建立了情报联系；成立了图像室，除进行描图、晒图、摄影、印相外，又购置了录像设备，为科研和灌区服务；1988年我们又成立了电算室，购置了两台电子计算机，大大推进了我站现代化建设；另外，我们还添置了录放机、彩电、逆变器、幻灯机、投影仪等教学设备和复印机等文印设备。

(五) 多种经营谱新章，机关生活新气象

自1986年以来，我们积极开展综合经营，努力增强机关经济活力，不断提高广大职工的福利待遇。

(1) 成立了劳动服务公司，工商并举，广开财源，进行沙发零件的批发、零售，开设了知青批零商店和木器加工厂，在资金少(不足3万元)又无经商经验的情况下，艰苦创业，精心经营，三年来，经营额已达100多万元，纯利润达7万多元，其中1986年纯利润1.1万元，1987年2.9万元，今年预计近3.2万元，达到了年年有所递增，岁岁有所发展。

(2) 利用机关房屋开办了两个电大班(工民建和给水排水)，学员70人，三年收入7.0万多元，利用部分收入添置了桌凳和彩电、录放机、逆变器等教学设备，1988 年收入近 2.0 万元。

(3) 1988 年我们又举办了“黄河高考补习学校”，招收 120 多名学生，全年收入约 7 000 元，1988 年收入了 3 500 元。

(4) 进行房屋开发，出租大礼堂，每年可获租金 4 000 元。

(5) 开办了招待所，主要用于接待每年来站参加“引黄灌溉技术培训班”学习的引黄灌区职工，我们已举办了六期“引黄灌溉技术培训班”，接待了 220 多名学员，收入房费共计近 3.0 万元，其中 1988 年收入 5 600 元。

(6) 另外，我们还利用机关空闲地种植树木和花卉，美化庭院环境，为国家节约开支 2 000 余元，种植蔬菜瓜果，改善机关食堂伙食，改善职工家庭生活。

据不完全统计，1988 年创收达 65 100 元，平均每人创收 930 元左右。

一年来，我们不仅在科学研究和多种经营方面都取得了显著的成绩，而且在机关工作方面也出现了可喜的景象。

实行了站长负责制，强化了行政领导的职能；实行了党政分开，强化了思想政治工作；加强了工会建设，积极推行民主治站，进行了民主对话；由此促进了机关工作的制度化、科学化。

加大了机关建设步伐，目前大门、围墙、传达室和临街 22 间平房都已竣工，办公楼正在兴建中。由于黄委会领导的亲切关怀，机关面貌即将发生质的飞跃。

加强了计划生育工作，成立了计划生育领导小组，制定了计划生育管理办法，采用多种形式大力宣传计划生育好处。由于抓得好，抓得紧，我站没有发生违反计划生育的事情，受到了有关方面的表扬。

丰富了职工的业余文化生活，我站年轻人很多，站工会及共青团支部，针对我站工作特点，开展了丰富多彩、形式多样的文体活动，举办了职工运动会、联欢晚会、舞会等，还组织广大职工学练气功，组织中老年同志学跳中老年迪斯科舞，还组织球类比赛、棋类比赛、书法比赛等，活跃了职工身心，收到了良好的效果。

由于我们在精神文明建设和物质文明建设方面都取得了优异的成绩，因而被新乡市红旗区授予精神文明先进单位。

二、展望美好前景

未来是美好的，我们走过了坎坷的道路，现在正在改革的大道上阔步向未来前进。

(一) 转变职能图改革，管理科研创新貌

目前，引黄灌溉形势很好，而且越来越好。为了适应引黄事业发展的需要，把引黄灌溉管理和科学研究工作切实地抓起来，我们希望，而且认为有必要将引黄灌溉试验站改为“引黄(管理)局”以便有利于提高引黄灌溉的经济效益和社会效益，充分发挥广大科技人员从事引黄管理和科学研究的能动性和创造性，更好地完成水利部、黄委会交给的各项任务，促使事业型逐步向事业经营型转变。

新组建的引黄局将组织修改《引黄灌溉工作纲要》；制定引黄灌区水资源合理开发利用方案；宏观管理引黄灌溉系统运行、维护和改造；指导引黄灌溉计划用水管理和节水技术；指导引黄灌区组织建设和组织管理；负责黄河流域引黄灌溉现状资料的搜集、汇编和信息数据库建设；引黄灌区引水引沙、退水退沙监测和资料整编分析；引黄灌区地下水位和盐分变化动态监测和生态环境保护监测；负责引黄灌区技术培训、学术交流、信息反馈、检查评比、会议组织；负责编辑、印刷、出版《引黄灌溉》期刊和《引黄信息》(简报)等。

新组建的引黄局拟继续从事引黄灌溉、引黄供水政策研究；引黄灌区水资源合理开发利用，地面水和地下水优化调配研究；

引黄泥沙处理和利用技术研究；引黄灌区节水工程和节水技术研究；引黄水利经济效益分析；系统工程、电子计算机等新技术在引黄灌区开发应用的研究；灌溉系统监测、通讯等新设备、新仪器开发应用的研究。

(二) 科研生产相结合，引黄事业促飞跃

1989 年，密切结合生产，我们有五大任务：

(1) 继续开展黑岗口、柳园口引黄灌区引水引沙规律分析和退水退沙对惠济河、涡河淤积影响的监测研究，提出引黄灌区水沙分布的优化调配方案和减少退沙量的切实可行措施，以便减缓惠济河和涡河的淤积，缓解豫皖两省水利纠纷。

(2) 继续开展吴堂河流域水土流失观测试区的观测和建设，为把吴堂河流域水土流失观测试区建设成为黄淮海平原最大的、最先进的天然径流观测试验场而努力！

(3) 积极参与黄河滩区的开发和治理，针对黄河滩区的特点，拟在长垣县武丘乡和东明县王店乡建立生产和科研试点，示范和推广引黄灌溉、防淤改土、除涝治碱、打井抗旱等应用技术，以推动滩区的治理和发展，尽快改变滩区低产贫困面貌。

(4) 积极参与山东省韩墩引黄灌区节水工程技术改造，密切结合灌区实际，进行混凝土 U 形渠道衬砌防渗技术的推广应用和浑水管道灌溉试验。1986 年我们就提出了在引黄灌区利用管道输水灌溉，以节约用水、节约土地的设想。明年我们准备在韩墩引黄灌区对地埋低压管道输水灌溉的节水节能效果，泥沙淤积和冲刷变化规律，防淤、清淤措施，以及对防治土壤次生盐碱化的影响等，进行系统的观测研究，争取有较大的突破。

(5) 建立陈垓引黄灌溉科研基地。1986 年以来，我们在陈垓引黄灌区做了大量的基础工作，开展了引黄灌溉水资源研究。今年，我们根据农水司的安排，又在陈垓引黄灌区进行了节水灌溉技术研究的前期准备，明年我们将全面开展节水灌溉技术研究，在节水灌溉工程措施研究方面，拟建设三个窗口：①在自流灌区的寿张集开展混凝土U形渠道衬砌防渗试验，示范和推广应用，以及渠系优化配水的研究；②在提水灌区的拳铺乡开展混凝土渠道衬砌防渗技术改造和示范、推广；③在提水灌区的前集乡开展地埋低压混凝土管道和塑料管道浑水灌溉试验、示范和推广。土壤含水量有效控制条件下的节水灌溉研究，拟在寿张集和拳铺乡建立千亩试区，进行研究，指导生产，我们准备进一步加强陈垓引黄灌区的基础建设，健全系统的监测网络，亚洲银行已经把陈垓引黄灌区作为灌溉管理的试点之一，我们应充分利用这一机遇，逐步把陈垓引黄灌区建设成为引黄灌溉科学研究基地。

为庆祝新中国成立四十周年，总结四十年来引黄灌溉的伟大成就，讨论引黄灌溉中的问题，展望引黄灌溉的现代化前程，我们积极倡导，并已向水利部和黄委会要求，举行引黄灌溉学术讨论会或报告会，举办四十年引黄灌溉成就展览，同时成立引黄灌溉研究会，以推动引黄灌溉事业的不断发展。

(三) 技术咨询服务好，科技市场闯新道

几年来，我们对黄河下游引黄灌区的问题，经历了由不认识到认识，由肤浅到深化的过程。开始，我们从水资源利用、泥沙淤渠淤河、盐碱地变化、灌溉工程设施、机构及组织管理、人员和科技力量、节水节能、放淤改土、淤临淤背、渠首引水条件、沉沙池运用、水费征收等方面全面系统地进行调查分析，以便我们认识灌区。接着我们对重点问题，如水资源合理开发利用，地面水和地下水科学调配，泥沙处理技术和利用途径，水利经济效益分析，供水成本和水费价格等进行了深入研究。在此基础上，我们又将系统工程原理和电子计算机技术应用于引黄灌溉管理。

为了适应引黄灌溉发展的需要，逐步变事业型为事业经营型，我们决定设立引黄技术咨询服务机构，以便发挥我们的技术优势，发挥广大科技人员的聪明才智，为引黄灌溉事业服务。

我们拟将系统工程原理和电子计算机在引黄灌溉管理中的应用技术进行软件开发，在系统工程应用方面，我们已经有了在韩董庄、陈垓、柳园口三个灌区进行地面水和地下水优化调配的应用经验；在电子计算机开发应用方面，我们已先后编制了许多程序，可以用于降水、地面水、地下水、灌溉水等资料信息的贮存和分析。

我们已经举办了六期引黄灌溉技术培训班，积累了不少办学经验，我们有宽敞明亮的教室，成套的教学设备，有八个专业的工程技术人员，我们要充分发挥自己的优势，继续办好引黄灌溉技术培训班，大力开展技术咨询和技术服务。

我们已经利用录像设备为陈垓、潘庄、簸箕李灌区摄制了录像片，我们准备进一步利用电子计算机、颗粒分析仪、水化学分析设备、复印机、描图晒图设备等为引黄灌区和社会进行有偿服务，我们还可以承办仪器供应、维修和率定业务，不断开拓科技市场。

(四) 优惠政策促兴利，综合经营掀高潮

开展水利综合经营是水利部门的一项基本任务，是巩固水利建设成果，提高工程效益，稳定职工队伍，深化水利改革，促使水利良性循环的重要措施。

我站有 60 余亩地的庭院，有几十间可以改造利用的房屋，在开展综合经营方面已经迈出了可喜的一步，取得了一些经商、办工业的经验。现在东干道已通，车辆穿梭往来，而且新乡市汽车东站距我站仅 300 余m，得天独厚，我们临街 22 间商业平房已经竣工，发展综合经营的条件和时机均已成熟，我们决心不失时机地、尽快地把水利综合经营抓上去，掀起大搞多种经营的高潮。

我们计划充分利用自己的优势，开展工业、商业、服务业、加工业、养殖业、房屋开发等多种经营业务：

商业方面：除开设沙发零件批发、零售门市部外，新开烟糖酒门市部和五金交电门市部。

工业方面：计划在调查研究和可行性论证的基础上，创办扎染厂或电子散热器厂，希望会里能大力支持。

服务业方面：决定将站招待所对外营业，并准备积极筹建对外营业餐厅；站医务室搬到临街平房，既对内服务也对外服务；站图像室和文印室合并也搬到临街平房，对外经营打字、复印、描图、晒图、摄影、录像、彩扩等业务，对内实行优质、优惠，有偿服务。

加工业方面：继续开设木器加工厂和经营沙发生产业务；利用站上水电修理工具，开设修理加工门市部对外服务。

养殖业方面：计划利用院内坑塘进行水产养殖；拟建花房栽培花卉，并培植平菇、蘑菇、猴头菇等对外出售。

房屋开发方面：继续利用现有房屋，举办各种培训班，增创收入，或者对外租赁房屋。鉴于财力、人力的限制，我们热忱欢迎会有关部门去我站投资开发，充分利用我们的土地、房屋资源。

我们计划 1989 年全站综合经营营业额达 200 万元以上，争取年纯利润 10 万元左右，人均纯收入 1 200 元左右。

为加强综合经营的领导，已成立多种经营办公室，并明确一名副站长分管多种经营工作，对从事多种经营工作的同志，全面推行经营承包责任制，组织上实行双向优化组合，落实承包人的责、权、利，给承包人以充分的自主权，严格履行承包合同，制定优惠的经济政策，积极扶持广大职工从事综合经营业务，允许职工通过合法诚实的劳动，率先致富；对为站创收贡献大，自己盈利多的同志，要给予奖励。

改变旧的观念不是一件容易的事情，开辟新的道路更要付出艰辛的劳动，地平线上已经展现出美好的画卷，我们要继续抡镐、开凿山石，铺筑通往未来的大道，沙漠的尽头就是绿洲，我们坚信试验站一定会有她美好的前景！

加强智力建设　开创引黄灌溉新局面

——在第一期引黄灌溉学习班开学典礼上的讲话

(1985 年 4 月 15 日)

同志们：

首先请允许我代表试验站全体职工，对同志们来我站参加第一期引黄灌溉学习班学习，表示热烈欢迎！同志们远道而来，为了求知，背带沉重的铺盖，一路辛苦了，在此我向同志们致以亲切的慰问！水利部农水司朱处长、黄委会工务处谭处长专程来参加第一期引黄灌溉学习班开学典礼，并将给我们作重要指示，在此我代表试验站全体职工和全体学员表示衷心的感谢！

我站叫引黄灌溉试验站，也就是原来的水电部豫北水利土壤改良试验站，她成立于 1963 年底，但夭折于动乱年代，经过长时期的争取，1980 年 5 月得以恢复，1982 年 9 月交黄委会管辖，改名引黄灌溉试验站，从事黄河下游引黄灌溉问题的研究。同志们工作在山东、河南两省的引黄灌区，从事着开发利用黄河水沙资源的实践。合理利用黄河水沙资源，为国民经济建设服务，特别是为农业生产服务，这样一个共同的目的，把我们联系到一起来了。在座的学员中有些我们已经相识，大多数是初次见面，在发展引黄灌溉事业中，我们将长期相处，携手共进！

今天是第一期引黄灌溉学习班开学典礼，我想就“加强智力建设，开创引黄灌溉新局面”为题讲四个问题。

一、加强智力建设是时代的需要

我们今天所处的这个时代，是一个大变革的时代。

国际上，正面临着一场以电子计算机、遗传工程、光导纤维、激光等新技术和新材料、新能源广泛应用为主要内容的“新的产业革命”，有的称“第三次浪潮”，有的称“第四次工业革命”，有的(苏联)称“科学技术革命”，还有的称“后工业化社会”、“信息社会”、“教育社会”等等。

所谓“第三次浪潮”，是1980年美国记者出身的未来学家阿尔文·托夫勒出版了《第三次浪潮》一书，他从社会生产力发展的角度对人类历史进行回顾，认为人类迄今为止已经经历了两次文明的浪潮，第一次浪潮使人类从渔猎时代进入了农业时代(大约经历了一万年)；第二次浪潮使人类从农业时代进入了工业时代(大约经历了二百年)；而现在，人类又面临着新的浪潮，即第三次浪潮的冲击，这将使人类从现在的工业文明进入一个新的时期，在这个时期中，人类的生产、生活、社会、经济、政治等各个方面与工业化社会将有很大的不同，他认为将是一个更高一级的文明社会。

过去有人把第二次浪潮，即人类从农业时代进入工业时代称为“产业革命”，或“工业革命”，所以就把这一次即将发生的变革称为“新的产业革命”。

所谓“第四次工业革命”，是1983年4月10日美国科学作家科塔莱克在《芝加哥论坛报》上发表了题为“第四次工业革命”的文章。他把前三次工业革命分为：第一次工业革命，始于18世纪70年代，其基础是用煤冶炼铁矿石和纺织工业机械化；第二次工业革命，始于19世纪40年代，其标准是蒸汽机、铁路和酸性转炉炼钢；第三次工业革命，始于本世纪初，以电力、化学制品和汽车的发展为标志；科塔莱克认为：“毫无疑义第三次工业革命的周期行将结束，新周期的曙光正从地平线上出现”。

电子计算机、遗传工程、光导纤维、激光等新技术的蓬勃兴起，必将进一步引起经济、社会的重大变革，一些经济发达的国家，新的产业群迅速成长，更新周期越来越短，在国民生产总值中，比重不断上升。

就拿电子计算机来说，第一台电子计算机 ENIAC 是 1946 年 4 月投入使用的，从 1946 年到现在，经过 40 年时间，如果按所用的器件划分，电子计算机已经经历了四代，即：电子管、晶体管、中小规模集成电路、大规模集成电路。当前计算机正在向第五代微型机、巨型机、计算机网络和智能机等方向发展。电子计算机技术的飞速发展和广泛应用，已给当今世界带来深刻影响，人们已把计算机应用范围的深广和数量的多少，当作衡量一个国家经济、社会、国防和科学技术发展水平的重要标志。

我国计算机技术，50 年代后期才从零起步，1958~1970 年，先后研制成第一、二、三代电子计算机，1983 年“757”千万次向量计算机系统和“银河”亿次巨型计算机相继诞生，使我国成为世界上能够研制巨型机的少数几个国家之一。可以相信，在新的技术革命浪潮的推动下，计算机必将更广泛深入地应用于各行各业和社会的各个领域，促进社会生产力的大发展，相应地带动社会生活的新变化。

产业结构的变化，必然引起劳动就业结构的变化，地区经济结构的变化，以至国际经济贸易关系的变化。智力劳动者的比重将日益增加，社会将逐步变为智力密集型结构的信息社会。

社会变化的源泉是知识和信息，在当前这场“新的产业革命”中，或者说“信息革命”、“知识革命”中，哪一个国家有雄厚的知识基础，那一个国家就可能在这次革命中处于领先的地位。

由于新技术从发明到实际应用的时间日趋接近，由此引起的知识过时的周期也在迅速缩短，由此产生的在职人员的知识陈旧现象也越来越严重。据美国教育协会估计，1965 年毕业的大学生，五年后他们所学的知识的 45%已经陈旧过时。因此，一些经济发达的国家、政府部门、工业企业和科研单位，都把对在职人员的继续教育作为一项重要的不可缺少的工作予以重视。因为，随着科学技术的日新月异，生产的专业化、社会化程度越来越高，愈加需要有一大批既懂得本行业务，又能协调各部门关系的精明能干的领导人员和管理人员。

例如：在日本，从国家人事院、各部局到地方各级人事院，每年都举办许多一般干部、股长、科长培训班。日本生产照相机和复印机的利光公司提出，企业的差距就是干部、职工进修的差距。

西德西门子公司认为，一家企业能否取得成就，在很大程度上取决于干部、职工的专业技术水平和管理水平。没有教育工作，特别是没有对在职干部、职工的培训，任何企业都不能存在下去。因此，西门子公司把培训工作看做是一种重要的投资。

苏联最近十多年来，大力加强了对在职农业干部的轮训，其目的是克服知识“老化”和提高干部的专业水平。所以，苏联规定，各级干部从部长、副部长、司局长到一般干部，根据他们的工作特点和具体要求，组织各种形式的训练班，定期进行轮训。

经济发达的国家如此，对我国来说，加强智力建设，以适应新的产业革命的需要，那就更为必要。我们国内也正处在一个大变革的时代，这是我国历史上一次重大的变革，这次变革是由我们执政的中国共产党亲自领导的，邓小平同志提出的：走自己的道路，建设有中国特色的社会主义就是这场大变革的核心。这场变革的目的是加速我国四个现代化的进程，缩小我们与世界上经济发达国家的差距，逐步把我国建设成为高度文明、高度民主、经济发达的社会主义国家。到本世纪末，力争使全国工农业的年总产值翻两番。要实现这样宏伟的目标，不加强智力建设是不行的。

二、开创引黄灌溉新局面，需要有一支具有现代科学技术知识的管理队伍

新中国成立 35 年来，黄河流域引黄灌溉事业发展很快，到目前为止，全河引黄灌溉面积已由解放初期的 1 200 万亩，发展到

6 800 万亩，5 万亩以上灌区已达 200 多处，许多大型灌区已成为我国重要的商品粮基地。开发利用黄河水沙资源，改善沿黄两岸生产条件，促进农业增产，做出了重要的贡献。

黄河下游地处黄淮海大平原，战略地位极为重要。从 50 年代起，党中央、国务院就非常重视沿黄地区引黄灌溉，发展工农业生产。自 1952 年开辟人民胜利渠灌区以来，虽然走过了曲折的道路，有过沉痛的教训，然而，经过 30 多年的努力探索，已取得了辉煌的成绩。实践证明，开发利用黄河水沙资源，改变黄淮海平原农业生产条件，方向是正确的。

从河南、山东两省的资料来看：沿黄地区已开辟万亩以上灌区 101 处(河南 43 处、山东 58 处)，建成引黄涵闸 72 座(河南 33 座、山东 39 座)，总设计引水能力 4 700 m^3/s，控制灌溉面积 2 790 万亩(河南 1 090 万亩，山东 1 700 万亩)。近 10 年来，每年实灌面积可达 1 200 万 ~ 1 600 万亩，另外，向灌区外送水抗旱，受益面积 300 万 ~ 800 万亩。由于引黄灌溉，促进了农业生产大幅度增长，据 1982 年统计，粮食总产 196 亿 kg，比 1965 年总产 100 亿 kg 增长 96%，棉花总产 10.05 亿 kg，比 1965 年总产 22.5 亿 kg 增长 3 倍，为改变黄淮海平原的面貌发挥了巨大的作用。

随着农业现代化建设的发展和党的农村新政策的执行，黄河下游引黄灌溉面积正在稳步发展。山东为例，70 平均年引水量 47.9 亿 m^3，灌溉面积 1 07 万亩，进入 80 年代，平均年引水量 67 亿 m^3，灌溉面积 1 650 万亩，而近两年，灌溉面积已近 2 000 万亩。

去年 7 月，万里、胡启立、李鹏等中央领导同志视察了黄河，提出了“今后黄河规划、管理、使用的方针，必须以灌溉和防洪为主”。可以相信，引黄灌溉事业必将得到进一步发展，以新的科学技术指导引黄灌溉工作的新局面必将来临。

30 多年来，黄河下游引黄灌区的发展，成绩是巨大的，经验是丰富的，但也存在不少问题，归纳起来有五大问题。

(一) 水资源问题

黄河是我国第二大河，据花园口站 1919～1979 年 61 年资料统计，天然年径流均值为 564 亿 m^3，水资源还是比较丰富的，然而由于黄河径流年内分配极不均匀，汛期(7～10 月)来水量约占全年来水量的 60%左右，丰水年甚至可达 70%。洪峰流量大，来势猛，无法利用，此时也不需灌溉，大量水资源付诸东流。而每年 10 月到次年 6 月，正值小麦生长、棉花现蕾、水稻育秧、玉米下种时期，黄河来水很少，5、6 月份，黄河来水仅 20 亿 m^3 左右，远远不能满足同期引黄灌区农作物需水要求，不少年份还出现上段超引、下段缺水断流的局面。随着“四化”建设的迅速发展，上中游地区对黄河水资源的开发利用水平会不断提高，上游来水量将会越来越少，在小浪底水库建成以前，黄河下游水资源可利用量不足，已为人们所共认。

水资源问题中，一方面可利用资源不足，另一方面又存在着严重浪费水的现象。据黄河下游引黄灌区 1972～1981 年资料分析，平均每年引水 89.9 亿 m^3，浇地面积 1760 万亩(包括抗旱面积)，每亩毛用水量 510 m^3，若不包括抗旱灌溉面积，每亩毛用水量达 700～800 m^3。据 20 个灌区水的利用率调查统计，一般只在 0.25～0.40 之间，较好的灌区也仅为 0.5，差的只有 0.2，不少引水白白浪费。

(二) 泥沙问题

黄河是一条多泥沙河流。据 1956～1979 年实测资料统计，每年平均输沙量为 16.2 亿 t，平均含沙量约 38.1 kg/m^3，泥沙数量之多，居全国河流之首位，在世界河流中也是罕见的。

要引黄河水，必然要引沙，这是引黄灌溉的必然。据对近期下游引水引沙资料统计分析，年平均引水含沙量约 20 kg/m^3，即每引 1 亿 m^3 的水，就引进泥沙 200 万 t，平均每年随水引进泥沙约 2 亿 t。引进的泥沙逐年淤积灌排渠系和下游河道，致使灌区排涝能力逐渐降低，潜伏着引黄灌区及其下游地区渍涝和土地盐碱化的危机。例如，山东阎潭、刘庄等灌区今年向下游送水约 5 亿 m^3，未经沉沙，潘庄灌区沉沙池失效，混水入河，湖西地区排水河道本来淤积就相当严重，这两年更甚，如遇洪涝，后果将不堪设想。故引黄灌区能否妥善处理引入的泥沙问题，决定着引黄事业的兴衰，问题亟待解决。

(三) 盐碱地问题

黄河下游引黄灌区既有老盐碱地的治理问题，也有次生盐碱地的防治事情。由于黄河历次泛滥改道，在黄河下游存在有不少老盐碱地。1958 年，在错误的治水方针的指引下，大引大蓄，又产生了不少次生盐碱地。1965 年以来，一方面由于气候干旱，另一方面打井灌溉，开发利用地下水，地下水位普遍下降，盐碱地显著地得到好转。有些地方引黄淤灌种稻，也使一些老盐碱地得到了改造。但是，也不能不承认，近年来，局部地区盐碱化又有所抬头。有些地方，由于泥沙没有处理好，淤积了排水河道，阻塞了排水出路，地下水有所抬升，盐碱地面积有所增加。有些地区，由于大力倡导种植水稻，在稻区周围次生盐碱地有所发展，这不能不引起重视。如天然文岩渠流域，脱盐面积 54.36 万亩，占 1957 年盐碱地面积的 76.25%，而同时，盐化加重的面积 33.60 万亩，占 1984 年盐土面积的 57.94%。

(四) 工程问题

黄河下游引黄灌区的工程，一是工程标准低，仅 3 ~ 5 年一遇的标准；二是工程质量差；三是灌排工程不配套，四是现有工程还有相当大的潜力可挖。

(五) 管理问题

管理工作是关系到引黄灌溉事业得以巩固和发展的重要环节。加强管理，可以在一定程度上弥补工程上的缺欠，取得较好的效果，相反，配套完好的工程，没有健全的管理，也会影响效益和造成危害。

目前，引黄灌区普通存在着管理机构和管理组织不健全，缺乏科学的管理制度。一般灌区都存在着没有水沙监测设施，技术力量薄弱，管理队伍人员少、素质差，且管理水平低等问题，重视和解决这些问题，是发挥现有工程效益的有效途径。加强管理，向管理要效益，建立完整的监测系统和管理体制，已是摆在我们面前急待解决的问题。

三、引黄灌区智力建设已提到议事日程

水利部对引黄灌区干部培训极为重视，去年在西安举办了引黄灌溉干部培训班，今年，水利部下文，要举办各种业务技术短训班 221 期，培训 10486 人，其中就有引黄灌溉学习班、灌区微机学习班等。水利部农水司指示我们要做好引黄灌区的培训工作，我们打算面向黄河流域引黄灌区的管理人员、科研人员、监测人员举办各种内容的专题学习班，以提高管理人员、科研人员和监测人员的业务素质，促进引黄灌溉事业向前迈进！

四、和衷共济办好学习班

同志们来自生产第一线，有丰富的实践经验，有的同志已经在水利战线工作了几十年，经验相当丰富，希望同志们密切配合。

我们虽有些理论知识，但老化现象也很严重，我们将尽力搞好教学。希望我们同舟共济，互教互学，以智力开发智力，以智力开发生产力！

新乡市水资源条件和环境水利问题

——在新乡市土木工程学会上的发言

(1987年7月15日)

同志们是搞城市规划的，我是搞水利的，而且是研究农田水利问题的，对城市水利问题接触甚少。1980～1982年，搞新乡地区水资源调查和水利化区划时，开始接触工业用水和城市生活用水问题；1983～1984年，应焦作市邀请参加焦作经济区国土规划时，对城市水资源问题有所了解；这两年和市水利学会秘书长李国元同志一道对新乡市城市供水和卫河治理作了一些初步研究，对城市环境水利问题有所认识。

这次应郭科长相邀，来和同志们见面，也可以说，密切城市和水利之间的关系。我想就《新乡市水资源条件和环境水利问题》谈些粗浅的看法，不对之处请同志们批评指正！

水是重要的自然资源。是地球上一切生物赖以生存、人类社会赖以发展不可缺少的基本物质。它不仅是农业的命脉，而且是工业的血液，更是城市生活和建设的重要物质基础。

城市与水有着密切的关系。一个城市的诞生和发展，以及她发展的速度和规模，在很大程度上往往取决于这个城市可供工农业生产发展和城市人口增长所需用的水资源的数量和质量。随着社会主义现代化建设的迅速发展，工农业生产和城市人民生活对水资源的数量和质量的需求标准越来越高，水资源供需矛盾已日益突出。

因此，查明“三水”资源的数量、质量，以及时空分布规律，查明工农业生产用水和城市生活用水现状，做出水资源的综合评价，提出今后合理开发利用水资源的意见，为同志们——现代化城市的设计师们，制定城市发展规划提供素材，是我们水利工作者责无旁贷的任务。

一、新乡市水资源条件

总的来看，新乡市的水资源条件还是比较好的。她曾经有过“水资源丰富”的历史。随着工农业生产的迅速发展，水资源不足已是城市发展规划不得不考虑的问题。

(一) 降水资源

新乡市地处中原，属暖温带大陆性季风型气候，季节分明，降水资源比较丰富。夏季水气充沛，雨量集中；冬季及春秋两季的大部分时间，雨雪稀少，风多干冷，空气干燥，蒸发量大；春末秋初，为冬夏季风环流转换季节，南北不同气候彼此进退交替。据新乡市境内的国家雨量站资料统计：多年平均年降水量为500 ~ 800 mm，新乡站为600 mm左右。

降水量的区域分布，南北略有差异。南部降水量自东南向西北逐渐递减，黄河故道区降水量最少，是豫北地区降水量的低值中心，多年平均年降水量仅有 500 mm 左右；北部受地形抬升影响，降水量自东南向西北逐渐递增，多年平均年降水量为 600 ~ 800 mm，关山站最大达 911.8 mm。

降水量的年际变化较大，丰水年的 1963 年，区域降水量均在 1 000 mm 以上，新乡站为 1 168.4 mm，东部汲县站为 1 224.5 mm，西部关山站 1 828.1 mm，北部南寨站 1 517.6 mm；枯水年的 1965 年和 1978 年，区域降水量较小，在 300 ~ 490 mm 之间，丰枯水年相差 2.5 ~ 3.9 倍。历史上最旱的 1936 年，新乡站年降水量仅有 158.1 mm，汲县站也仅有 195.5 mm。

降水量的年内分配也极不均匀，平均汛期(6 ~ 9 月)降水量占年降水总量的 70%以上，最大可达 88%；多年平均 7 月份降水量最多，均在 150 mm 以上；元月份降水量最少，均不到 5 mm。

在汛期，降水又往往集中在一次特大暴雨或几次较大暴雨，如

1961 年 8 月 12 ~ 14 日三日降水量，合河站为 247.8 mm，占年降水总量的 31.4%，新乡站为 143.0 mm，占 21.4%，汲县站为 213.9 mm，占 36.2%。

由上可见，新乡市境内多年平均降水总量虽不算少，然而，由于降水量年际变化的随机性和年内分配的不均匀性，使得降水资源的可利用量很少。在汛期，雨量集中，加之平原地区无调蓄工程，无法利用，遇上丰水年，还致涝成灾；非汛期降水很少，不能满足农作物生长需要，若遇干旱年份，旱灾威胁严重，农业生产不得不打井抗旱，引水灌溉。

(二) 地表水资源

新乡市地处卫河之滨，卫河是河南省四大水系之一，是豫北地区一条骨干排水河道，历史悠久，历来是漕运的主要通道。

卫河上游称大沙河，发源于山西省境内，途经博爱、焦作、武陟、修武、辉县、获嘉五县一市，于新乡县合河镇入卫河，全长 115.5 km。沿途不仅接纳了太行山南侧的期城石河、阎河、瓮涧河、白马门河、山门河、纸坊河、峪河、石门河、黄水河、刘店干河等十几条山区河流，而且还接纳了平原地区的勒马河、运粮河、蒋沟、大狮涝河，流域面积达 2 688 km^2。

根据合河水文站 1956 ~ 1984 年观察资料的分析，合河以上多年平均天然年径流量 5.69 亿 m^3，受降水影响，河川径流年际变化也较大，1963 年是丰水年，天然年径流量为 16.2 亿 m^3，1979 年是枯水年，天然年径流量仅 2.2 亿 m^3，相差 7.4 倍。河川径流年内分配亦不均匀，汛期(6 ~ 9 月)来水量约占年径流总量的 50%，最大可达 70%以上，汛期来水又往往集中于一两次洪水。丰水期河渠最大流量可达 1 000 多 m^3/s，1970 年 8 月 1 日最大为 1 710 m^3/s，枯水期河渠甚至干枯断流。

由此可见，虽然合河站以上天然来水量有 5.69 亿 m^3，然而，由于径流年际变化和年内分配的不均匀性，可利用的地表水资源同样很少。

(三) 地下水资源

新乡市位于太行山冲洪积平原和黄河冲积平原的交汇地带，加之构造运动的影响，水文地质条件比较复杂，从北向南大致可以分为五个不同的水文地质单元。

(1) 北部丘陵区，地处太行山晋东南山字型构造的东南翼，出露基岩以奥陶纪灰岩为主，受构造运动影响，断裂发育，有利于降雨入渗补给和地下径流汇集，地下水由北向南运动，水量比较丰富，境内有天然露头玫瑰泉，最大涌水量约 0.5 m^3/s。水质良好，矿化度 0.4 g/L，pH 值 7.1，属 HCO_3—Ca · Mg 型水。

近年来，地下水被大量开发利用，为了解决山丘区人畜吃水和农田灌溉用水，1966 ~ 1972 年人工开挖了愚公泉，出水量 1.2 ~ 1.6 m^3/s；为了满足工业用水需要，火电厂等十多个单位，又打了 23 眼机井，日开采能力 20 000 t。由于超量开采，山丘区地下水位已显著下降，现在愚公泉水位较 1966 年下降了 3 m。

(2) 山前倾斜平原，地形由北向南或由西北向东南倾斜，岩性由卵石到中细砂，从北向南由粗变细，在冲洪积扇上部透水性能良好，渗透系数大于 40 m/d，地下水由西北流向东南，水质良好，矿化度小于 1 g/L，pH 值 6.9 ~ 7.2，属 HCO_3—Ca · Mg 型水。卵石层厚 10 ~ 30 m，单井出水量 90 ~ 120 t/h，局部达 400 t/h；中细砂层厚 15 ~ 25 m，单井出水量 60 ~ 120 t/h。

地下水已被大量开发利用，新乡化纤厂、市自来水公司第二水厂、第三水厂，在境内共打机井 104 眼，日开采量为 14 万 t；另外还有不少农田灌溉机井。由于超量开采，冲洪积平原的地下水位也大幅度下降，1963 年耿庄地下水最大埋深为 3.25 m，1973 年 4 月进行地下水普查时，耿庄周围地下水位并无明显变化，而 1984 年枯水期，耿庄周围地下水埋深已达 14 m，下降了 10 m 多，同期，南张门下降了 8 m 多，小朱庄下降了 8.75 m；南鲁堡下降了 16.16 m。目前，山前倾斜平原已形成一个大的降落漏斗，埋深大于 8 m 的范围几乎遍及整个山前。

(3) 交接洼地，共产主义渠以南至卫河两岸，为太行山冲洪积平原和黄河冲积平原的交接洼地，饱气带岩性多为粉细砂、淤泥、亚沙土、亚黏土，透水性能较差。潜水水质较差，矿化度 1 ~ 2 g/L，属 $HCO_3 \cdot SO_4$—$Mg \cdot Ca$ 型或 $SO_4 \cdot Cl$—$Mg \cdot Na$ 型水，很少利用；中深层水水质良好，矿化度小于 1 g/L，属 HCO_3—$Ca \cdot Mg$ 型水，早就被大量利用。

该区为市中心区所在，地下水开发强度较大，据不完全统计，境内 70 多家工厂和数十个行政事业单位，共有自备水井 162 眼，日开采能力为 12 万 t 左右，由于开采强度大，也形成降落漏斗，中心位于 134 厂，755 厂、760 厂一线，最大深埋在 12 m 以上，并且与山前倾斜平原的漏斗连接，形成了一个大的区域性降落漏斗。据新乡市郊区水利局郭明兰工程师分析，1985 年枯水期新乡市北部浅层水漏斗面积已达 76 km^2，中心最大埋深已达 18.1 m。

(4) 古黄河背河洼地，位于卫河以南，古阳堤以北，地面自西南向东北微倾斜，饱气带岩性表现为细颗粒沉积，多中细砂、粉细砂、亚砂土、亚黏土和黏土，上部没有好的含水层，百米以内地下水矿化度较高，一般为 1 ~ 2 g/L，重的为 2 ~ 4 g/L，属 $SO_4 \cdot Cl$—$Na \cdot Mg$ 型水，不适合饮用，也不利于灌溉，90 ~ 120 m 之间有一黏土隔层，是咸淡水分界线，下部水质较好，矿化度在 1 g/L 左右。

该区内的企事业单位多开采 100 m 以下的淡水。据不完全统计，100 ~ 200 m 的深井有 50 多眼，其中工业用井 25 眼，日开采量 3 万 t，生活用井 16 眼，日取水量 4 000 t 左右，另外还有农业用井 10 余眼，由于集中开采，深层地下水位也显著下降，八里营大队 1964 年打一眼 130 多 m 的深井，成井后水位接近地面，甚至可以自流，到 1980 年 2 月水位下降了 7.9 m，16 年中平均每年下降 0.5 m；留庄营大队 1972 年 5 月打了一眼深井，水位埋深 5 m，1979 年，水位埋深为 9.6 m，平均每年下降了 0.61 m；371 医院 1968 年打第一眼井时，深井水位埋深 3.2 m，1979 年底打第二眼井时，水位埋深降至 12.0 m，11 年中下降 8.8 m，平均每年下降了 0.8 m。由于深井越来越多，开采量增大，该区深层地下水也形成了降落漏斗，漏斗中心在孟营、藏营一带。

(5) 最南部为黄河故道，包括古黄河高滩地及古黄河河槽，地面也自西南向东北倾斜，饱气带岩性以砂土为主，中间夹有黏土薄层，含水层较好，埋深较浅，矿化度较低，水质良好，适于灌溉和饮用。目前，主要为农业开采，新乡县小冀镇工业集中，开采量较大，已形成降落漏斗，中心埋深 6～7 m。1984 年又在新乡县墩留店一带建立了第四水厂水源地，投产以来，水位已下降了 2～3 m，并与小冀漏斗连成一片。该区内地下水能否大量开采，还很难说。延津县丰庄乡位于黄河故道，农业集中开采地下水后已形成降落漏斗，应引以为戒。

由上可见，新乡市地下水不仅北部浅层地下水位大幅度下降，而且南部中深层地下水位也大幅度下降。造成新乡市地下水位大幅度下降的主要原因是开采强度太大，另外，近年来区域性气候干旱，不仅当地降雨入渗量减少，而且周边补给量也大大减少，位于新乡市西北部的百泉灌区，过去地下水位较高，不断地自西北向东南补给我市，1979 年以来，由于泉域内大量开发利用地下水，造成地下水位下降，泉池干枯断流，好端端的自流灌区已不得不变为机井灌区，地下水不仅得不到灌溉渗漏补给，而且被大量开采，灌区地下水位也是大幅度下降。据辉县梁村地下水观测资料统计，1972 年最大埋深为 4.55 m，到 1982 年最大埋深已达 14.30 m，下降了 9.75 m。南部虽有引黄灌区，然而只能补给浅层地下水，中深层水也得不到应有的回补。新乡市地下水资源不足已是人所共识。

(四) 黄河水资源

黄河是我国第二大河流，源远流长。据 1919 ~ 1979 年 61 年实测资料统计，花园口站多年平均实测年径流量为 467 亿 m^3，多年平均天然年径流量约 564 亿 m^3，水资源丰富。1964 年最大天然年径流量为 999.7 亿 m^3，1928 年最小天然年径流量还有 283.7 亿 m^3。黄河河川径流年内分配是不均匀的，汛期四个月(7 ~ 10 月)平均来水量占全年来水量的 60%左右，丰水年甚至可达 70%，枯水年为 40% ~ 50%；花园口站年最大流量常发生在 7 月中旬至 10 月，历年最大实测流量 22 300 m^3/s(1958 年 7 月 17 日)，年最小流量常发生在12月至次年2月。历史上出现的最枯年份，1928 ~ 1929 年年径流量还有 230 亿 m^3，该年最枯的 12 月份，平均流量仍有 346 m^3/s。小浪底水库建成后，不仅下游两岸 2 500 多万亩农田灌溉用水有保障，就是沿黄城镇生活用水、工业生产用水也能得到满足。

新中国成立以来，黄河下游的河南、山东两省已兴建涵闸 72 座，虹吸 55 处，开辟了 101 个引黄灌区。黄河水沙资源润育着 2 790 多万亩土地，引黄灌溉、引黄放淤、引黄种稻、引黄抗旱、引黄补源，改变着黄河两岸的落后面貌，农业生态环境发生了显著的变化。

随着“四化”建设的迅速发展，黄河水源不仅为农业生产的发展做出了贡献，而且为黄河两岸、华北平原、胶东半岛的城市生活用水、工业生产用水、油田建设用水也做出了巨大贡献。郑州的引黄济市工程、济南的引黄济泉工程都取得了显著的效果，引黄济津解决了天津市的供水困难，现在引黄济青(岛)、引黄济淄(博)工程已得到批准。黄河水资源必将为祖国的“四化”建设做出更大的贡献。

我们新乡市位于黄河北岸，紧临黄河，距主河槽仅 50 km 左右。黄河自沁河口向下，河床逐渐高出地面，原阳境内黄河河床高出堤北地面 7～8 m，黄河滩高程 90 多 m，比我市地面高出 20 m 左右。我市又位于黄河冲积平原的上部，新中国成立后在黄河下游兴建的第一个引黄灌溉工程——人民胜利渠灌区，就在我市境内，大力开发利用黄河水资源，为新乡市工农业生产及城市人民生活用水服务，有着得天独厚的优越条件。

二、环境水利问题

环境水利是一门新的学科，它是从水利的角度全面系统地综合研究水利与环境之间的关系，既研究环境改造带来的水利问题，也研究水利建设带来的环境问题。其目的主要是使水资源的开发和环境保护相协调，做到水资源的“综合开发，合理利用，积极保护，科学管理”，进一步发挥水利在调节水情、改善水质、改造环境、协调生态等方面的优势。在千方百计提高经济效益的同时，高瞻远瞩地协调社会效益和环境效益，使之辩证统一，促进物质文明和精神文明建设。

城市环境水利一般可概括为：城市防洪、水资源短缺、水质污染，即：水多了、水少了、水脏了三类问题。这三类问题直接或间接地影响生产、生活、人体健康，制约着城市的发展乃至生存。随着城市化进程的加速，城市环境水利问题已日益引起人们的极大注意。城市化促使了水环境的改变，而水环境的改变又反过来对城市化产生影响，甚至能限制城市的发展。因而，研究城市环境水利问题，不仅仅是改造自然环境，创造人为环境，为人们求得优美的生活环境，而且是要为城市的存在与发展提供必要的物质条件。

水利工程与环境关系极为密切，兴建水利工程的目的是为了改善环境，改善工农业生产环境，改善人们生活环境。建成后的水利工程，又自然地成了环境的组成部分。水利工程对环境的影响具有两重性，既有有益的一面，也有不利的一面。

回顾这些年来，水利工程建设对新乡市环境的影响，是有一些值得我们深思和今后引以为戒的地方。从目前新乡市的生产环境和生活环境对水的需求来看，又有一些是值得我们思考和研究对策的。

(1) 水库和塘堰坝建设，拦截了地表径流，改善了山丘区生产生活环境，但也改变了卫河的生态环境。

从 1958 年到 1978 年的 20 年中，在合河以上流域范围内，先后建设了三座中型水库(大沙河的群英水库、石门河上的石门水库、峪河上的宝泉水库)、六座小型 I 类水库、五座小型 II 类水库，总控制面积 1 185 km^2，占大沙河流域面积的 44.1%，总库容 1.65 亿 m^3，兴利库容 0.71 亿 m^3。在焦作、博爱、修武、辉县山丘区还兴建了 1 500 余处塘堰坝，可拦蓄地表径流 1 100 万 m^3。这些水利工程的建设，对改变山丘区农业生产条件和人们的生活，发挥了巨大的作用。但它拦截了一部分地表径流，使汇入卫河的水量减少。加之，1965 年以来，大沙河流域内的五县一市，在山前倾斜平原和交接洼地，又打了近 15 000 眼机电井，大量开发利用地下水，使地下水位也显著下降，地下水和河流的补给关系发生了变化，地下水排泄量减少，在某些河段，地下水不仅不能补给河流，甚至受河流的反补给。卫河本来是一条排泄山水和地下水的河流，现在一部分山水被拦蓄在水库和塘坝里，一部分河水又用来补给地下水，卫河生态失去了原有的平衡。

据史料记载，历史上卫河水量丰富，船舶往来，船只可溯河而上，行至修武县境内，清化的竹器、柿饼、生姜和怀庆府的四大怀药，皆通过卫河运往各地，下行直达天津。新中国成立初期，卫河水量还比较丰富，水质也很好，因此 1950 年在卫河边建设了第一水厂，取卫河地表水为新乡市供水水源，设计供水能力为 3 万 t/日。直至 1964 年，下游船舶还可上行至新乡市解放桥面粉厂。卫河是新乡市的母亲河，对新乡市的诞生和发展产生过巨大的作用。

(2) 共产主义渠的兴建，切断了卫河的水源，恶化了新乡市的水环境。

共产主义渠是1958年开挖的一条大型人工引黄灌溉渠道，原设计灌溉河南、河北、山东三省1 000多万亩土地。后因运用不当，盐碱地发展，1962年停止引黄，此后便成了一条排水河道。过去，卫河承担着山水和地下水的排泄任务，现在，合河以上来水绝大部分通过共产主义渠下泄，经过卫河下泄的水量很少，因而给卫河及新乡市水利环境带来了不良的影响，造成河道淤积，加之城市污水和工业废水的排放，使卫河污染严重，成了一条臭水沟。第一水厂不得不改用引黄水作为供水水源。

(3) 超强度开采地下水，打破了地下水的采补平衡，形成恶性循环，带来环境水利的新问题。

为弥补地表水资源不足，开发利用地下水来满足工业生产用水和城市生活用水的需要，是完全正确的。但由于超强度开采，地下水位不断下降，机井出水量减少，为了生产用水和农田灌溉，机井越打越密，越打越深，机具一换再换，水位一降再降，形成恶性循环，导致新乡市地下水位大幅度下降，不仅北部浅层地下水位大幅度下降，而且南部中深层地下水位也大幅度下降，形成了区域性降落漏斗，漏斗面积不断扩大，给农业生产带来了不良的影响，造成了工农业争水的局面，也改变了“三水”转换的关系，污染了的地表水，渗入地下补给地下水，造成了地下水污染，给城市生态环境带来了新的水利问题。

(4) 工业废水及生活污水的排放，污染了卫河，使城市水环境失去了生机。

焦作市及沿河各县乡镇工业的发展，工业废水大量排入，使大沙河遇到了严重的污染。枯水季节合河以上来水既不能饮用，也不能灌溉。新乡市工业废水和生活污水的排放，严重地污染了卫河，使新乡市的水环境失去了生机。如何使卫河能恢复昔日的风貌，改变城市的水环境，已是我们大家亟待研究的环境水利问题。

历史上遇干旱年份，卫河水量也减少，为了保证漕运，封建帝王常常限制农民灌溉用水，以利卫河正常通航。为了增加卫河水量，也曾引丹济卫、引黄济卫。现在看来，为了建设现代化的文明城市、为了满足工农业生产的需水要求、为了保证足够的排污水量，引黄济卫已是当务之急。

(5) 城市化水文要素的改变，对城市排水提出了新的要求。

随着新乡市的发展壮大，城市化了的地区，建设了大面积不透水的各类建筑,下垫面条件及区域内其他自然条件发生了变化，使区域水平衡要素也发生很大的变化，市区降水入渗量减少了，地下水补给量减少了，土壤吸水量减少了，蒸发量也减少了，而地表径流量加大了，这就为城市防洪排水提出了新的标准。

三、环境水利问题的解决途径

城市既有与环境密切有关的水利问题，又有与水利密切相关的环境问题。随着城市的发展而孕育着城市环境水利问题的产生，随着城市规模的扩大而发展，也将会随着城市的合理规划布局而相应地逐步得到解决。

(一) 建立统管城市环境水利工作的机构

现代化城市的发展，必须全面考虑城区及周围地区的环境水利问题。水资源的开发利用和保护，供水水量和水质的保证，地上水和地下水的合理调配，污水排放和治理，城市防洪和水环境的改善，水资源开发利用对城市环境的影响，旅游对水环境的要求，水资源经济管理和有关立法等，在城市规划设计和管理中必须统筹安排。因此，应该建立水资源委员会，协调各部门行动，才能较好地解决城市环境水利问题。水资源委员会应统管水资源勘测、评价、规划、科研、立法以及水资源保护、水环境管理、节水、水污染防治等方面的工作。

(二) 搞好城市环境水利规划

城市环境水利规划是城市总体规划的一个重要组成部分，城市环境水利应包括供水、节水、调水、排水与处理、水质管理和水源保护、防洪、旅游等项目的研究内容，这是城市给排水规划所不能比拟的。但是，这些规划研究内容是为城市这个有机整体服务的，在确定城市的性质之后，城市总体规划是城市建设的总方针，因此，城市环境水利规划应在城市总体规划指导下进行，并与城市总体规划相适应。这样城市环境水利研究工作，可以从被动局面转向积极配合城市发展的主动局面。

当然，城市环境水利规划要与区域自然环境相适应，要与区域经济发展相适应。城市的布局和发展规模与区域内水资源丰度、水质要相适应，可以使城市的效益更好地发挥，否则将会带来一系列环境水利问题，成为一个城市经济发展的限制性因素。

(三) 改善新乡市环境水利的几点建议

从前面分析，我们已经得知，新乡市境内，地表水和地下水资源不足已是人所共识，唯有黄河水资源比较丰富。大力开发利用黄河水资源，为新乡市工农业生产及城市人民生活用水服务，应该是我们的决策。为此，我提出如下建议。

1. 建立相对稳定的供水体系

城市的发展要求有足够的稳定的供水水源。随着城市规模的扩大，城市需水量越来越多，没有足够的符合供水水质的水源地，城市就不能得以健康的发展。

我建议在原阳县黄河滩区建设第五水厂水源地，打大口径辐射井 15 眼，每井每昼夜提水 2 万 t，共提水 30 万 t。或直接从黄河取水，建 10 个加速沉清池，每池每昼夜产水 3 万 t，共产水 30 万 t。顺着新郑公路或新原公路铺设直径为 1.2 m的输水管道两排，长约 50 km，管道流速按 1.5 ~ 1.6 m/s 计算，每昼夜可输水约 30 万 t，黄河滩地比新乡市高 20 m 左右，为保证管道输水水头，在大堤以北至新乡市区间可建两处加压站，在市南郊建 30 万 t 水厂，总投资约 7 000 万元。此方案的特点是：

(1) 着眼于长远，如果建成，产水量约为现有四个水厂总产水量的 2 倍，虽不能说一劳永逸，至少可以维持一个相当长的时间，避免了一个新水厂刚刚投产，又要去建设另一个新水厂。据初步分析，30 万 t 水厂建成后，到 1995 年，甚至到 2000 年，新乡市城市供水都可得到满足。

(2) 黄河滩区地表水和地下水资源丰富，供水有保证，水质也很好，与古固寨方案、朗公庙方案比较，水资源条件好，不会出现降落漏斗，产生公害，引起工农业争水矛盾。

(3) 在黄河滩区沉沙，不需要为处理泥沙发愁，比田庄方案优越，田庄方案在古黄河背河洼地建沉沙池，蓄水渗漏会引起地下水抬高，背河洼地地下水埋深本来就浅，矿化度本来就高，极易产生次生盐碱化，引起工农纠纷。

(4) 水厂建成后，即可保证共产主义渠以南市区供水，第二水厂便可改向北站区供水，缓解北站区供水紧张状况。

(5) 此方案虽然一次性投资较大，但较分别建五个日产 6 万 t 的水厂总投资要小得多，总经济效益是合算的。在目前财经状况较紧的情况下，可以多渠道汇集资金，包括发动工业企业集资，亦可分期施工。

2. 合理调配水资源

建议利用人民胜利渠引黄河水，扩大农业灌溉面积，在共产主义渠上建渡槽，送黄河水到北站区，发展引黄灌溉，减少农业对地下水的开采，增加地表灌溉对地下水的补给。有利于解决工农业争水矛盾，有利于地下水降落漏斗的回补。

3. 美化城市环境

利用人民胜利渠引黄河水，经西孟姜女河沉沙后入卫河，改善卫河生态，建立卫河滨河公园，美化城市环境。

60年代以前新乡市水资源丰富，促进了城市的发展，随着工农业生产和城市生活用水量增长，目前水资源已经不足，如能进一步开发利用黄河水资源，解决新乡市的环境水利问题，新乡市必将取得更大的飞跃。

水利部农水司丁泽民司长（左三）接见苏联水利专家考察团（图中左一为水利部外事司科技处李承实处长）

关于苏联专家在我国考察渠道防渗和管道输水情况的报告

(1988年6月7日)

根据我部和苏联土壤改良水利部1987年11月28日签订的科技合作协定，苏联全苏水利设计院副院长阿尔杜宁、试验室主任阿利耶夫，格鲁吉亚水利土壤改良科研所试验室主任伊特利耶夫，乌克兰水利土壤改良科研所试验室主任赫缅柯一行四人，于5月19日至6月5日对我国河南、陕西及北京市进行了考察和观光，现将情况报告如下。

一、考察和观光

5月20～25日在河南省，专家们考察了人民胜利渠引黄灌溉工程，参观了渠首闸、毛主席视察休息室、一号跌水、二号跌水、总干渠衬砌段、东二干不同材料衬砌段、翟坡乡田间U形衬砌渠道及田间量水设备；考察了郑州市花园口引黄灌区东大坝干渠输沙入田技术改造工程，参观了提水站和混凝土衬砌渠道；考察了豫东惠北试验站，参观了低压管道输水灌溉试验区和潜水蒸发观测场；考察了新郑县地埋塑料软管灌溉试区。还考察了邙山提水站，参观了黄河展览馆，观看了《地埋塑料软管灌溉工程系统》、《陆浑水库》、《屋顶积水工程》录像片，并与有关专家进行了座谈。

在豫期间，专家们游览了开封古城，观看了铁塔、龙亭、相国寺；游览了黄河邙山游览区。

5月26～31日在陕西省，专家们考察了宝鸡峡引渭灌溉工程，参观了林家村渠首枢纽、总干渠衬砌、王家崖渠库结合枢纽、涞水倒虹、西二支田间梯形及 U 形衬砌渠道和量水建筑等；考察了泾惠渠灌溉系统，参观了泾惠渠渠首枢纽和灌溉渠系不同材料、不同形式、不同规格的衬砌渠段；还考察了宝鸡峡管理局咸阳总站 D80、D60、D40 三种小型 U 形渠道衬砌机械和交口提渭灌溉管理局 JKU-180 大型 U 形渠道衬砌机械，并且参观了宝鸡峡塬下北干渠混凝土喷射 U 形渠段。专家们在陕期间，参观了西北水利科学研究所，与陕西省水利水电勘测设计院的领导和专家进行了座谈，广泛交换了意见；在陕期间，专家们还参观了西安市未央区六村堡乡水管站，听取了该站以副养水的介绍，看了他们创办的混凝土构件制造场；应贵宾要求，参观了礼泉县袁家大队社员家庭。

在陕期间，专家们还游览了西安古城，参观了大雁塔，临潼兵马俑，华清池，茂陵和乾陵。

6 月 1 ~ 4 日在北京期间，参观了密云水库，顺义县麦田喷灌；游览了故宫、长城；瞻仰了毛主席遗容。

二、评价和建议

(1) 在惠北试验站参观潜水蒸发场时，客人们认为这项观测很有意义，也很先进。并建议增设地下水位与地面相平(即地下水埋深为零)时的观测项目。

(2) 对地埋塑料软管灌溉系统开始不太相信，参观了梨河乡并观看了录相后，很感兴趣；对地面输水软管，建议采用黑色，以防太阳光紫外线照射。

(3) 对宝鸡峡灌区，泾惠渠灌区，人民胜利渠灌区利用水头发展自流灌溉认为很好，这样节约能源；渠道进行了衬砌防渗，又可节水。

(4) 对陕西省 U 形渠道衬砌，认为水平很高，虽然机械化程度不高，但搞得很好，对 U 形渠道衬砌机械很感兴趣，特别对交口提渭灌区大型 U 形渠道衬砌机，认为很先进，有创造性。

(5) 对花园口灌区输沙入田很感兴趣，认为苏联也有多沙河流可以借鉴，但对宝鸡峡灌区、泾惠灌区高浓度输沙不理解，认为这是一个值得研究的问题，是很有前途的。

(6) 对地表水和地下水联合灌溉制度还不甚了解，认为在灌溉中应该考虑地温和水温，适时灌溉可以增产，应该做这方面的研究。

(7) 对我们介绍灌水定额每亩 50 m^3，认为没有考虑天气和地温，从节水来讲 50 m^3 可能多，建议设立气象站，指导灌溉。

(8) 对混凝土制品，认为应该进一步研究最佳配比，这样可以更好更省。

(9) 在参观杨陵西北水科所后，认为我们的大型模型试验在世界上也很先进。

(10) 对邙山提水站解决郑州市供水和建设西安市黑河供水工程很感兴趣，并想了解我国南水北调情况。

(11) 想了解我国机井成井工艺，无砂混凝土井管配比，机井淤阻和使用寿命，以及洗井方法，我们仅作了介绍，因时机不对，未找到参观现场。

(12) 对我国水利工程投资、土壤改良资金来源进行了询问，并详细询问了我国水费征收情况，当我们介绍了我国水费价格很低，没有计入工程折旧费用时，客人们说苏联也是这样。

(13) 对我国水利系统组织机构管理体制，也进行了了解。

(14) 在土壤改良方面，建议我们种植耐碱吸盐植物，进行生物排碱，说苏联有这种植物，并愿意提供给我们种子。

三、感受和愿望

苏联专家在我国期间受到了热情友好的接待，他们到达我国的当天，外事司赵传绍司长就设宴欢迎，在离开我国的前夕，农水司丁泽民司长又会见了他们，并赠送了画册。在河南和陕西考察期间，河南省水利厅马德全副厅长、何家濂总工程师，陕西省水电厅毛光启副厅长兼总工程师、水利水电设计院马德骥院长分别会见了苏联客人，并赠送了礼品。苏联客人所到之处均受到了热情款待，他们很感动，也出乎他们意料，在陕西省毛副厅长主持的欢送宴会上，阿尔杜宁说："你们这样热情招待我们，吃得这么好，回去告诉他们，他们是不会相信的。"

河南和陕西两省为接待苏联客人，都发了文件并召开了有关会议，作了周密的安排，使考察和观光进行得很顺利，不仅让苏联客人考察了现场，赠送了资料、画册、录像带，而且对他们想了解的问题有问即答，对他们提出的要求尽量满足，使他们很满意，他们感激地说：我们是兄弟，过去说老大哥、小弟弟是错误的，我们是平等的兄弟，我们应该合作。阿尔杜宁对河南马厅长表示："我愿意为你们培养研究生"。并说："我们有许多方面可以合作"。还引用了苏联一句谚语："良好的开端，终会取得丰硕的果实"。在陕西省水利水电设计院马院长举行的宴会上，阿尔杜宁提出和陕西省设计院结为兄弟院,加强科技合作的建议。

在观光了河南、陕西的名胜古迹，考察了水利工程和接触了工程技术人员后，他们感慨的说："你们有着古老的文化，有很好的工程技术人员，他们有着美好的心灵，美好的愿望"。他们赞扬我国取得了很大的成就，当我们说："我们正在改革，你们也在改革"时，阿尔杜宁说："我们改革的步子没有你们迈得大"。

在参观郑州邙山黄河游览区时，阿尔杜宁激动地题词留念，他写道："黄河是中国人民的母亲，伏尔加河是俄罗斯人民的母亲，中苏人民永久是兄弟"。

在离开我国的前夕，苏联专家起草了愿在九个方面与我们进行合作的意向书，这九个方面是：①渠首引水工程；②渠道衬砌防渗；③机械化施工；④U 形渠道研究；⑤浑水灌溉水力学研究；

⑥航空遥感在土壤改良中的应用；⑦地面水和地下水联合运用；⑧生物排碱改造盐碱地；⑨污水灌溉。并在丁泽民司长会见时正式向我方提出，表达了他们良好的愿望。

四、其他和补遗

(1) 据阿尔杜宁说，他父亲曾是毛主席的顾问，1953 年来中国，1956 年第二次来中国，他家中还保存有毛主席和他父亲的照片；他到中国的当天就提出要瞻仰毛主席遗容，在 6 月 4 日上午陪同他瞻仰毛主席遗容后，他很满足，在人民胜利渠渠首毛主席休息室里，他在毛主席像前摄影留念。

(2) 格鲁吉亚是斯大林的故乡，来自格鲁吉亚的伊特利耶夫对我们说："斯大林和毛泽东一样，有功劳也有错误，但不能象现在这样对待他。"

(3) 苏联专家赠送我们两本资料:《土壤改良和农田水利手册》和《灌溉渠道衬砌》。

(4) 我方赠送给苏联专家的资料和礼品详见附件一(略)。

(5) 苏联外宾在我国期间陪同、接待、会见人员名单详见附件二(略)。

(6) 苏联专家到达和离开我国时，外事司科技合作处李承实处长、孙国禄副处长、田素媛工程师、农水司代表王福林站长，翻译陆德福同志曾到机场迎送。

引黄灌溉试验站的经历和工作成果

《黄河史志资料》1989 年第 4 期刊载

黄委会引黄灌溉试验站，位于河南省新乡市，它的前身是水利电力部豫北水利土壤改良试验站。20 多年来，全站职工在坎坷曲折的历程中，为黄河下游引黄灌溉事业做出了积极的贡献。

一、机构沿革与基本任务

1963 年春，水利电力部根据全国农业科学技术工作会议上制定的《土壤盐碱化防治工作方案》中提出的建立国家土壤改良综合试验站的建议，经国务院农林办公室和国家科委 123 号文批准，决定在河南省新乡市建立水利电力部豫北水利土壤改良试验站(即国家土壤改良试验站)。试验站由水利水电科学研究院领导。同年 11 月，水利水电科学研究院张子林院长亲自带领水利所、水文所、河渠所的有关人员，来河南新乡进行筹建。1964 年元旦，正式成立，站址设在新乡市黄河口东。马诚谦同志任站长，李鹏飞同志任副站长，黄荣瀚同志任总工程师，薛松同志任副总工程师。

试验站为一长期性、综合性试验研究机构，基本任务是进行以水利土壤改良为主的综合性研究工作，并在农、林、地质、土壤等科研部门协作下，研究解决华北平原旱涝碱淤有关科学技术问题，提出综合治理旱涝碱灾害、促进农业增产的系统研究成果与科学样板，示范推广。以豫北平原为重点，选择不同类型地区，进行长期的、系统的试验研究，修建实验工程，建立实验试点及近代化除害兴利的科学样板。同时，积极开展黄淮海平原的调查研究和资料搜集整理工作，并逐步在黄淮海平原典型地区建立研究基点，扩大研究领域，提高研究水平。

从 1964 ~ 1966 年三年中，配备了行政管理人员 21 人，工人 12 人，观测员、化验员 20 人，从武汉水院、华东水院、北京地院、南京大学等 16 所大专院校分配来泥沙、土壤微生物、地球物理、农田水利、水文地质、陆地水文、土壤农化、农学、水工、测绘等专业研究生及大中专学生 62 人。另外，水利水电科学研究院派 15 名科技人员驻站工作。成立了办公室、人事保卫科、行政管理科、财务器财科和除涝水文组、水文地质组、盐碱地改良组、次生盐碱化防治组、灌溉工程技术组、河渠泥沙组、技术科、化验室等部门。

1964 年，根据国家科学技术发展规划的要求和新乡地区自然特点、农业生产、水利建设等情况，一边建站，一边开展科研工作，集中力量在人民胜利渠西灌区、东一灌区、原阳文定渠流域靳堂地区和共产主义渠以西郇封岭地区，开展了盐碱地改良的水利技术与综合措施；平原地区农田除涝排水计算方法；盐碱化水文地质条件；提高渠系有效利用系数的工程技术措施；土壤次生盐碱化预防措施；棉花、小麦丰产灌溉制度、灌溉技术和田间灌排工程规划布置；雁门地区地下水形成、控制与利用研究；引黄灌溉渠系泥沙处理等八个专题的试验研究。

1965 年，根据河南省委对新乡平原除灾增产、改变低产面貌、进一步发展农业生产的指示精神和国家科学技术规划对黄淮海平原综合治理旱、涝、盐碱灾害的要求，坚持科研为当地当前生产服务，面向生产、面向实际、而向群众，组织科技人员，深入农村长期蹲点，不带专题，打破框框，以搞好样板田为中心，开展科学研究。全站共抽调 67 人，深入原延封地区和人民胜利渠东一灌区、西灌区三个片，选择 10 个不同类型的大队建立工作基点，建立了不同类型的农作物样板田近 6 000 亩，对推动当时当地农业生产起了积极作用。

1966 年，继续贯彻科学研究为生产服务与生产实践相结合的基本精神，集中力量，以原阳县为主要对象，兼顾人民胜利渠东一灌区和西灌区，仍以改造低洼涝碱，争取及早变低产为高产与高产再高产为主要目标，采取点面结合，以点带面，远近结合，以近为主的方法，在认真总结群众经验的基础上，试验研究下列农业增产的水利科学技术问题：①排水工程配套标准、形式及其效益的研究；②井灌井排工程技术及综合治理旱涝碱的作用研究；③沟洫台田、条田的经验总结及进一步提高的科学技术问题；④丰产灌溉的农水结合技术措施的研究；⑤引黄放淤及改良背河洼地的综合措施；⑥原阳县改良利用盐碱地的综合措施的研究；⑦原阳县植树造林防风固沙的调查研究；⑧原阳县旱涝碱综合治理除灾增产规划；⑨提高渠系有效利用系数的工程技术措施及下深渠道的试验研究；⑩棉花、小麦、玉米的丰产灌溉制度、灌水技术和田间灌排工程规划布置的试验研究；⑪引黄人民胜利渠东一灌区土壤次生盐碱化预防措施的研究；⑫获嘉县丁村地区盐碱地改良的水利技术与综合性措施的研究；⑬新乡县大召营地区井灌综合效果、旧井改造与高矿化度地下水利用的试验研究；⑭西孟姜女河流域排水工程配套标准与排水计算方法的研究。

1966 年 8 月，文化大革命开始后，科研工作基本中断。

1968 年底，水电部将试验站下放给河南省，河南省随即下放给新乡地区。新乡地区革委会则决定将该站撤销，全体职工扫地出门，技术人员和管理干部进“五七”干校劳动锻炼，机关大院被新乡军分区教导队占用，财产被瓜分一空，一个好端端的试验研究机构就这样夭折了。

从 1970 年到 1977 年全国科学大会召开前，原试验站的科技人员刘少斌、王福林、李宝琛、关兆涌等同志，先后给水利水电科学研究院党组、水电部钱正英部长、方毅副总理、邓小平主席去信，认为黄淮海平原旱涝碱灾害仍然存在；华北平原严重缺水，东线南水北调对改变黄淮海地区生态环境影响很大；引黄灌区在逐年扩大，泥沙问题不解决，势必制约引黄灌溉事业的发展等许多问题需要研究，迫切希望尽早恢复试验站。

1980年初，水利部决定恢复豫北试验站，5月，函请新乡行政专署协助解决归还豫北试验站站址问题，随后又向国家农委、国家科委报请批准恢复豫北试验站。

1981年元月，水电部函请河南省政府、省军区解决归还试验站站址问题，钱正英部长亲自写信给河南省委书记刘杰同志，请帮助解决站址归还一事。经多次协商，终于3月19日达成协议，归还试验站旧址60余亩，在原试验站院内北端划18亩给军分区使用。

同年5月7日，国家科委以[81]国科发计字第257号文同意恢复水利部豫北水利土壤改良试验站，主要任务是：根据黄河下游灌溉事业发展的需要，重点加强对渠系泥沙、工程配套、灌溉管理和防治次生盐碱化等方面的研究工作以及有关科研成果的推广工作。试验站为水利部新乡农田灌溉研究所的附属单位；归水利部管辖，经费由水利部拨给，编制暂定20人。

1982年9月21日，水电部以[82]水电农水字第32号文经国家科委[82]国科发测字37号文批准，将豫北水利土壤改良试验站移交黄河水利委员会，改名为“水电部黄委会引黄灌溉试验站”，从事黄河下游引黄灌区水资源合理利用、泥沙处理和利用、次生盐碱化防治和灌溉管理的研究。1983年5月，黄委会明确杨贵臣同志、柴力同志为试验站副站长；1984年5月，又任命王福林同志为副站长。

试验站恢复后，由于方向任务一直未定，经费渠道不通，无正式课题，科研人员分散参加灌溉研究所、黄科所、河南省水科所、人民胜利渠管理局、新乡地区水科所等单位承担的项目研究。到1984年，黄委会首次下达黄河下游引黄灌区黄水利用情况、淤渠淤河情况、盐碱地变化情况的调查任务。

1985年6月11日，黄委会重新组建试验站领导班子，王福林同志任站长兼党支部书记，刘炳辰同志任副站长，孙可振同志任主任工程师。

二、积极开展引黄灌溉科研与管理工作

引黄灌溉试验站恢复后，试验站的工作进入了一个新的阶段。在这几年中，完成了一系列的科研任务，工作得到了全面发展，可以说成绩是显著的。

黄河下游引黄灌溉事业，经过 30 多年的发展，成绩是巨大的，经验是丰富的，但也存在不少问题，需要进一步研究解决，突出的有五大问题：

(1) 水资源——一方面在需水季节黄河来水不足，另一方面又存在着严重浪费水的现象。

(2) 泥沙——既淤渠又淤河，是引黄灌区的要害问题。

(3) 盐碱——总的看盐碱地面积是缩小了，特别是老盐碱地由于淤灌得到了改造，然而次生盐碱地有所发生和发展。

(4) 工程——标准低，不配套，老化严重，现有工程效益差，尚有潜力可挖。

(5) 管理——表现在管理组织和制度不健全，管理人员少且素质差。

引黄灌溉试验站是为引黄灌溉事业发展服务的，引黄灌溉中存在的问题，就是我们要研究的课题。1984 年 9 月，我们制定了《“七五”期间科研工作设想及 1985 年工作安排意见》，明确提出了以“黄河下游引黄灌区水沙资源合理开发利用研究”和“系统工程在引黄灌溉管理中的应用研究”为我们今后的主攻方向。

为了让广大科技人员认识引黄灌区，了解引黄灌溉中的问题，科技人员带着任务，深入灌区进行专项调查研究，除进行黄河水利用情况、淤渠淤河情况、盐碱地变化情况的调查外，又进行了灌排工程、组织管理、技术队伍、技术培训、节水节能和利用泥

沙淤临淤背、放淤改土、做建筑材料，以及沉沙池运用、引黄渠首引水防沙条件、水费征收等10多个方面的调查研究，并分别提交了调查报告。通过调查研究，开阔了科技人员的眼界，加深了他们对引黄灌区的认识，使他们明白了生产实践中存在的问题，从而坚定了结合生产开展引黄科学技术研究的信心和决心。

1986年7月24日，钱正英部长在审阅了我们的部分调查报告后，亲笔给试验站来信，肯定了我们的工作。信中说："看了你们的报告，很受教益"。并且指出："希望在此基础进一步综合提出'七五'期间如何巩固与发展下游引黄灌溉的工作纲要，以便黄委与豫鲁两省组织讨论后有步骤地开展工作"。

在调查研究的基础上，针对黄河下游引黄灌溉实践中的问题，密切结合生产实际，开展了下列一些引黄科学技术研究工作。

(1) 黄河下游引黄灌区水沙监测研究。1984年对黄河下游引黄灌区淤渠淤河情况进行了调查研究，1985年开始对沿黄涵闸引水引沙情况进行监测分析，通过巡测来检验各涵闸水沙测验精度。接着，我们从生产实际需要、从流域综合治理出发，把引水引沙监测——灌区水沙分配分析——退水退沙对骨干排水河道淤积影响的研究，组合成系统的监测研究，并与流域综合治理研究紧密结合。1985～1986年，在天然文岩渠流域，对韩董庄、红旗引黄闸引水引沙进行了监测分析，并进行了引黄退水退沙对天然文岩渠淤积影响的研究。1986年以来，又在惠济河流域，对黑岗口、柳园口引黄闸引水引沙情况、柳园口引黄灌区水沙分配情况、引黄退水退沙对惠济河淤积影响，进行了系统的监测分析。

针对排水河道淤积影响因素较多，1987年又在民权县吴堂河流域建立了水土流失观测试区，为分析研究人类活动对平原地区水土流失的影响和分割研究引黄退水退沙对排水河道淤积影响建立了基地。付店站以上控制面积为105 km^2，是目前黄淮海平原最大的径流试验场，面上已布设13处降水、土壤水、地下水观测点和一处气象场、一处径流泥沙观测站，并且已开展了观测研究工作。

(2) 黄河下游引黄灌区水资源研究。1985～1986 年，我们首先在天然文岩渠流域开展了水资源合理利用和调配的研究，进行了地表水资源和地下水动态现状的分析，并以韩董庄引黄灌区为点，进行了水资源评价，应用系统工程原理分析编制了地面水地下水联合运用线性规划灌溉模型。

1986～1988 年，我们在山东省梁山县陈垓引黄灌区继续从事引黄灌区水资源研究，通过对降水、地表水、地下水、引黄水资源的分析，及其“四水”相互转化关系的研究，提出了“地面水、地下水、引黄水联合运用的方案”，应用系统工程原理，分析计算，优化调配，在引水能力 30 m^3/s 不变，年限额引水量 1.5 亿 m^3 不增的前提下，地面水和地下水合理调配，可使原有的自流灌区由 25 万亩扩大到 29 万亩,使下游的提水灌区由 20 万亩扩大到 27 万亩，并提高下游的灌溉保证率。这一研究成果已为生产单位所接受，对黄河下游引黄灌区水资源合理开发利用有重大的指导作用。进而，我们又在陈垓引黄灌区开展节水灌溉技术研究：在自流灌区开展混凝土 U 形渠道衬砌防渗试验，示范和推广应用，以及渠系优化配水研究；在提水灌区开展混凝土渠道衬砌防渗技术改造和示范推广；并开展地埋低压混凝土管道和塑料管道浑水灌溉试验、示范和推广；同时开展土壤含水量有效控制条件下的节水灌溉研究。

(3) 黄河下游引黄灌区泥沙处理和利用技术研究。黄河是一条含沙量很大的河流，引黄灌溉，引黄补源，都存在引水必引沙的问题，因此，引黄泥沙处理的好坏，直接关系着引黄灌溉事业的兴衰。“六五”期间，我们积极配合黄科所在人民胜利渠灌区开展了引黄灌区泥沙处理技术研究。在对引黄渠首防沙措施及效果的研究中，除配合黄科所开展网帘拦沙试验外，我们结合生产需要，对黄河下游所有渠首引水防沙条件进行了调查分析，并就白龙湾引黄渠首橡胶坝拦沙进行了可行性论证。对黄河下游引黄灌区沉沙池运用情况也进行了剖析。泥沙亦属资源，黄河泥沙有机质含量较高，更有其长。对黄河泥沙不能为处理而处理，而应该是处理和利用相结合。利用黄河泥沙淤临或淤背，加宽堤防，已取得了很好的经验，我们对淤临淤背情况进行了调查研究和经验总结。利用黄河泥沙抬高地面、改造地形、压盐改土、盖沙造田，是处理泥沙的重要途径。几千年来，黄河的自然泛滥冲积成黄河下游平原，现在，我们可以引泥沙入田，抬高沿黄低洼易涝地段的地面，达到淤灌改土，淤灌压沙，既改造了盐碱渍涝沙荒地，又改善了农业生产条件。我们对下游引黄灌区放淤改土情况进行了总结推广。利用黄河泥沙制造建材产品，是处理泥沙的又一途径，我们调查总结了利用泥沙制作“灰沙砖”、“水泥土”的技术和经验。这样，我们为黄河下游引黄灌区总结了系统的泥沙利用技术。

(4) 系统工程在引黄灌溉管理中的应用研究。科学管理引黄灌溉，是进一步发展引黄灌溉事业的关键，应用现代科学技术从事引黄灌溉管理，可以大大提高引黄灌溉的经济效益和社会效益。灌溉管理是一门科学，灌溉管理系统是个大系统，如何运用系统工程原理，指导引黄灌溉管理，是亟待研究的任务。1985 ~ 1986 年，我们首先在河南省原阳县韩董庄引黄灌区，应用系统工程原理，建立了地面水和地下水联合运用线性规划灌溉模型，在黄河下游第一次把系统工程用于灌溉管理。接着，于 1987 年，在山东省梁山县陈垓引黄灌区，应用系统工程原理，编制了水资源合理调配优化方案。1988 年. 又在河南省开封市柳园口引黄灌区，把系统工程原理应用于水沙优化调配的研究。另外，还应用电子计算机进行水文资料整编。电子计算机、系统工程原理等新技术、新设施在引黄灌溉管理中的应用，有着广阔的前景。

引黄灌溉试验站不仅从事引黄灌溉科学技术研究，而且承担部分管理任务：

(1) 开展引黄灌溉技术培训。针对黄河下游引黄灌区管理队伍业务素质差、技术人员少的状况，1985 年春至 1988 年秋，先后共举办了 6 期引黄灌溉技术培训班，河南、山东沿黄地区 220 多名学员参加了学习。讲授了灌区水文测验、水沙资料整编、计划用水和节约用水、泥沙处理和利用、盐碱地防治和改良、农田供水、水文地质基本知识、普通水准测量、小型农田水利工程设计和施工、水利经济和灌溉效益分析、水费核算和征收、系统工程和微机应用等方面的知识。此外，还邀请了一些专家和学者举办专题讲座，收到了很好的效果。现在已有容纳 250 人学习的教室，并且拥有了幻灯机、投影仪、逆变器、录放机和三台彩色电视机等电化教学设备，一个引黄灌溉技术培训基地已初步建成。

(2) 创办《引黄灌溉》期刊。为了加强引黄灌区的情报交流，于 1985 年创办了《引黄灌溉》期刊，开辟了引黄灌区学术交流的新园地，受到广大科技人员的欢迎。

(3) 组织引黄灌溉工作会议。1986 年 10 月，受部委托承办了“黄河下游引黄灌区管理工作座谈暨学术讨论会”的组织工作。这次会议对推动黄河下游引黄灌溉事业的发展有着重要的作用。会议期间讨论了我站起草的《黄河下游引黄灌溉工作纲要》(第一稿)。在此稿中，我们大胆地提出了建设黄河下游现代化引黄灌区的设想。现在山东、河南两省已有五六个灌区，开始应用系统工程原理、电子计算机、无线电通讯设施等现代技术和设备，进行引黄灌溉管理。

(4) 组织引黄灌区评比。1987 年 11 月，根据部农水司的部署，我们进行了黄河下游引黄灌区评比的组织工作，这次评比对引黄灌区灌溉管理起了积极的推动作用。在评比中，我站的科研基地——梁山县陈垓引黄灌区，被评为第一名。

(5) 热情为灌区服务。几年来，积极帮助陈垓引黄灌区开展农田水利建设，热情指导韩董庄灌区开展灌区水沙分配观测，大力协助新乡修防处进行柳园引黄闸水文缆道自动控制设计；此外，还协助菏泽地区拍摄了“引黄淤改”录像片，帮助陈垓灌区、潘庄灌区、簸箕李灌区拍摄了灌区录像片。

试验站恢复以后，在纵向任务不多的情况下，我们鼓励科技人员积极开展横向协作。“六五”期间，配合水利水电科学研究院、农田灌溉研究所、黄委会科学研究所，在人民胜利渠灌区开展了“渠井结合防止土壤次生盐碱化的观测研究”和“引黄灌区泥沙处理技术研究”；配合中国科学院、水利水电科学研究院，在天然文岩渠开展了“水资源合理利用和优化调节”的研究；配合河南省环境保护研究所开展了“百泉水资源保护研究”。这两年，我们在保证完成各项纵向任务的基础上，还配合黄委会勘测设计院和河南省水利勘测设计院，承担了内蒙古河套引黄灌区部分规划设计任务；配合新乡市水利局开展了“卫河综合治理可行性研究”；主动与河南黄河河务局联系，共同承担了“远距离管道输沙试验研究”。

除了广泛开展横向协作，还积极参与科技竞争，积极申请基金项目。1986年向水电部申请到了“黄河下游引黄灌区水资源研究”和“黄河下游引黄灌区水沙监测研究”两个基金项目；1987年水电部基金委员会又安排我们开展“灌排渠系调整及田间工程合理布设的研究”。与此同时，向黄委会申请到了“系统工程在引黄灌溉管理中的应用”和“引黄渠首活动拦沙坝拦沙效果的试验研究”两个基金项目。1988年又积极参加黄淮海平原中低产田的治理与开发，深入山东韩墩引黄灌区，争取参加节水工程技术改造的试验研究。根据黄委会对滩区综合开发治理的意见，我们先后深入河南省长垣县滩区、山东省东明县滩区进行调查研究，分析存在问题，并主动申请与生产相结合的研究项目，争取为改变黄河滩区的贫困面貌贡献力量。

三、各项工作成效显著

引黄灌溉试验站在黄委会的直接领导和水利部农水司的关怀下，通过广大职工的辛勤劳动，站上的面貌发生了变化，各方面都有收获。

(一) 科研取得丰硕成果

1984年，完成了黄河下游引黄灌区用水情况、淤渠淤河情况、盐碱地变化情况的调查，提交了3篇调查报告。其中的《黄河下游盐碱地面积调查报告》(黄宝全、柴力)刊登于《灌溉与排水》。《黄河下游引黄灌区淤渠淤河情况的调查》(郭俊)刊登在《人民黄河》上。

1985年，完成各项科研成果报告18篇，其中《天然文岩渠流域水资源开发利用和合理调节》(王重九、王福林等)被编科学出版社《黄淮海平原综合开发和治理论文汇编》、水利水电科学研究院论文汇编和黄委会科技成果汇编，并于1989年10月在日本召开的国际灌排会议上进行交流;《韩董庄灌区水资源评价》(周振民)获黄委会青年科技成果二等奖；《河南辉县百泉水资源保护研究》(王福林、杨秋荣等)，获河南省建设厅科技成果二等奖；《新乡市水资源浅析》(王福林)获新乡市科技论文三等奖。《天然文岩渠流域地下水动态现状分析报告》(孙可振、李会安)刊登在《人民黄河》上。

1986年，完成各项科研成果报告8篇，其中《试论黄河下游引黄灌区水费制度的改革》(路振广)刊登在《人民黄河》上；《人民胜利渠灌区农业水费与农业生产成本的关系及按供水成本收水费的可行性分析》(陈家汉、路振广)分别刊登在《农田水利与小水电》和《黄河水利经济》上。《陈垓引黄灌区合理引黄量的确定》(周振民)刊登在《人民黄河》上。

1987年，完成各项科研成果报告15篇，其中《黑岗口、柳园口灌区引黄退水退沙分析》(黄福贵等)刊登在《人民黄河》上。

1988 年，完成各项科研成果报告 8 篇，其中《柳园口引黄灌区水资源优化调配研究报告》(阮本清、李清杰)获黄委会科技成果二等奖，并刊登在《人民黄河》上。

在1984～1988年的成果中，有6篇汇入《治黄科研成果选编》，有 6 篇汇入《黄委会青年科技成果汇编》。

(二) 科研队伍壮大了

1982 年 9 月，试验站交黄委会领导时仅有 10 人，1984 年 9 月已发展到 40 人，到 1988 年底，全站已有正式职工 66 人，各类专业技术干部 47 人，占职工总人数的 71.7%，其中高级工程师 2 人，工程师 10 人。全站职工平均年龄 38 岁。已具有陆地水文、水文地质、农田水利、水利工程、泥沙、水保、测绘、农学等 8 个专业。

科技队伍业务素质的高低，是决定我们在竞争中能否取胜的关键。为了不断地提高职工的业务素质，几年来，先后选送 9 人进成人大学学习，1 人去攻读硕士研究生，有 10 余人次参加系统工程应用等专题学习班，还派 2 人参加了英语强化学习。

(三) 机构设备初具规模

到 1988 年底，除组建了水资源研究室、泥沙研究室、水沙监测室外，又成立了科技管理办公室，建立了引黄灌区档案；成立了科技情报室，将图书、资料、情报三位一体进行管理，与国内 180 多个单位广泛进行科技情报交流，开创了试验站情报工作的新局面；成立了化验室，购进了先进的颗分仪，开展了引黄泥沙颗粒级配分析，并积极筹备开展水化学分析；成立了图像室，购置了晒图机、摄像机、印像机等，开展描图、晒图、摄影、印像、录像等，为科研和灌区服务；成立了电算室，购置了两台电子计算机，大大推进了试验站现代化建设；另外，还添置了录放机、彩电、逆变器、幻灯机、投影仪等电化教学设备和复印机等现代办公设备。

(四)综合经营效益显著

自 1986 年以来，我们积极开展综合经营，努力增强机关经济活力，不断提高广大职工的福利待遇。1986 年，成立的劳动服务公司，工商并举，艰苦创业，精心经营，三年经营额达 100 多万元，纯收入达 7.34 万元。1986 年秋，利用机关房屋开办两个 3 年制电大班，3 年收入近 9 万元；1988 年又举办了黄河高考补习学校，年收入约 7 000 元；开办招待所接待引黄灌溉技术培训班学员，出租礼堂等，几年来，共创收 20 多万元。

引黄灌溉试验站有 60 余亩地的庭院，几十间可以改造利用的房屋，地处交通要道，临街 22 间商业平房已竣工，条件很好，综合经营将会取得更大的效益。

王福林、马胜利（左一）、周振民（右一）等在山东引黄灌区调研（图中右二为山东梁山县水利局赵广来副局长）

第五里程

协调水事纠纷　振兴流域经济

——向濮阳市全国人大、河南省人大和市人大代表作关于金堤河问题的汇报

(1990 年 2 月 17 日)

各位代表、各位领导：

应濮阳市人大的要求，我现在以“协调水事纠纷，振兴流域经济”为题，向各位作关于金堤河问题的汇报。

一、金堤河流域特征及干流现状

金堤河是黄河下游的一条支流，系平原河道。流域东南两侧濒临黄河干流和天然文岩渠流域，北部与卫河、马颊河和徒骇河流域毗邻，西部与人民胜利渠灌区接壤。流域呈狭长三角形，上宽下窄，东西长 198 km，南北宽 26 km，集水面积 5 047 km^2，人口 288 万人，耕地 528 万亩，地跨豫、鲁两省。范围包括河南省的延津、封丘、长垣、新乡、汲县、滑县、濮阳、范县、台前 10 县和山东省的莘县、阳谷 2 县。其中以延津、长垣、滑县、濮阳、范县、台前 6 县为主，占流域总面积的 91.57%。

(一) 流域农业气候的特征

金堤河流域农业气候的特征是先旱后涝、涝后又旱、旱涝交错。

金堤河流域地处中原，属暖温带季风型气候，冬季及春秋两季的大部分时间，受西伯利亚冷高压控制，雨雪稀少，风多干冷，空气干燥，蒸发量大；夏季受太平洋副热带高压控制，水汽充沛，

冷热气团交绥，雨量集中，多锋面雨和气旋雨。

据流域内 9 个常年雨量站观测资料统计，多年平均年降水量为 514.9 ~ 577.9 mm；区域降水量变化不大，自东北向西南呈递增趋势；但降水量年际变化较大，最大年降水量在 800 ~ 1 000 mm 之间，丰水年 1964 年，王辛庄站最大达 968.5 mm，最小年降水量在 200 ~ 300 mm 之间，枯水年 1978 年，白道口站仅有 199.3 mm，丰枯年相差 5 倍；降水量年内分配也极不均匀，每年 10 月至翌年 6 月，正值小麦生长、棉花现蕾、水稻育秧、玉米下种时期，降水量很少，仅占年降水量的 30%左右，而 6 月至 9 月，受夏季东南季风影响，雨水较多，多年平均汛期降水量为 370.1 ~ 412.0 mm，占年降水量的 69.5% ~ 71.7%，有的年份竟高达 93.5%(龙王庄站 1981 年)；汛期降水又往往集中在一次特大暴雨或几次较大暴雨，如濮阳站 1963 年 8 月 3 日降水量就达 376.6 mm，占年降水量 949.9 mm 的 39.5%，为汛期降水量 751.7 mm 的 50.1%。如此集中的降水，不但很难加以利用，而且常常积涝成灾。

流域多年平均蒸发量(直径 20 cm 陆上水面蒸发皿观测值)在 1 804 ~ 1 972 mm 之间，年际变化不大，年内变化较大，最大月蒸发量多出现在五六月份。

流域多年平均干旱指数为 2.14，秋季为 1.34，麦季为 3.89，麦季干旱尤为严重。

(二) 流域下垫面的特征

金堤河流域下垫面的特征是：比降平缓、起伏不平、地下水位高、易涝易碱。

金堤河流域位于黄河冲积平原上部，受黄河频繁改道、决口、泛滥的影响，流域内古河道、坡洼、沙岗很多，微地形起伏不平，排水沟河多为黄泛遗留冲沟；流域内地势由西南向东北倾斜，比降平缓，一般为 1/6 000 ~ 1/15 000，地表径流迟缓，加之面上排水工程不配套，极易形成涝灾。

流域内堆积了巨大厚度的第四纪松散沉积物，形成了地下水良好的储水条件。降雨入渗、黄河侧渗和引黄灌溉渗漏补给，使流域地下水资源比较丰富，地下水位较高，濮阳、范县和台前三县的北部以及长垣县，年平均地下水埋深为 2 ~ 4 m，而濮阳、范县和台前的背河洼地，年平均地下水埋深仅为 1 ~ 2 m。加之流域蒸发量较大，土壤极易盐碱。

(三) 金堤河干流的特征

金堤河干流的特征是淤积严重，排水不畅，受黄河河床淤高影响，自流入黄日益困难。

金堤河上游的大沙河发源于新乡县境内。金堤河干流自滑县耿庄起，流经濮阳、范县、莘县、阳谷，于台前县张庄流入黄河，干流全长 158.6 km，大致可分为四段：

(1) 耿庄—五爷庙，河长 27.7 km，河槽浅小。1979 年结合卫河导流，按 80 m^3/s 流量进行了开挖。目前淤积严重，淤厚 1.5 m 以上，排水不畅。

(2) 五爷庙—高堤口，河长 51.1 km，支流较多，原河槽窄小，1965 年按河槽底宽 88 ~ 96 m 开挖，设计过水能力 240 ~ 260 m^3/s。1972 年进行清淤，清淤量约为 280 万 m^3。由于引黄灌溉、筑坝壅水等原因，现河床淤积严重，排水不畅。

(3) 高堤口—古城，河长 30.8 km，河道宽阔，滩地宽达 500 ~ 1 000 m，枯水时水面宽仍达 20 m。1965 年以来，从未进行清淤和开挖。范县至古城段，河滩上种有芦苇，排水不畅。

(4) 古城—张庄，河长 49 km，河道宽浅，河槽呈浅沟状或不显河槽，宽阔滩地上种有芦苇和红柳。1965 年曾开挖，有子槽，宽约 10 m。此段河道常受黄河顶托影响，淤积严重。

造成金堤河淤积的原因很多，除黄河顶托影响、面上水土流失、河道边坡坍塌、人为筑坝壅水等因素外，引黄灌溉管理不善，大量退水退沙泄入金堤河，是造成金堤河严重淤积的重要原因。

由于河道普遍淤积，河槽过水能力减少，排涝、泄洪能力显著降低，稍有降雨即泛滥成灾，尚未完全改变大雨大灾、小雨小灾的局面。据近 9 年统计，涝灾面积有增有减，年平均涝灾面积 34.77 万亩。

近些年来，流域内广大人民在各级政府的领导下，在与旱涝碱灾害作斗争中，做了不少工作。截至目前，流域内已开辟引黄灌区 12 处，设计引水能力 310 m^3/s，设计灌溉面积 500 万亩，实灌面积已达 200 多万亩，已建成农用机电井 4.8 万余眼，为抗旱夺丰收打下了良好的基础。但金堤河流域洪、旱、涝、碱灾害依然存在，合理开发利用水资源，科学调配地面水和地下水，是我们根治旱涝碱灾害，夺取农业稳产高产的长期任务，而疏浚金堤河，打通骨干排水河道，是我们当务之急。

二、金堤河流域规划和近期干流治理意见

(一) 规划和治理工作回顾

新中国成立以来，金堤河曾经多次规划、治理，已初见成效，流域内洪旱涝碱灾害有所减轻。

早在 1955 年，水利部就决定对金堤河排水进行规划，1961 年提出了金堤河排水规划初步意见。

1963 年初，黄委会提出了《金堤河排水出路方案报告》，同时成立了金堤河工程局，重建了张秋闸。

1964 年建成张庄入黄闸，既可排水入黄，又可控制黄河倒灌。

1965 年，河南省水利厅进行了《金堤河流域除涝治碱规划》，并经水电部批准，干、支流进行了不同程度的扩挖和疏浚，废弃了平原水库，破除了阻水建筑物，排水系统初步形成。

1979 年又建成了张庄 64 m^3/s 电排站，为解决古城孟楼河以下三角地带排涝和干流排水问题创造了条件。

1979 年 12 月，水利部钱正英部长召集黄委会和豫、鲁两省

水利厅负责同志研究，决定进行金堤河流域综合治理规划，规划的指导思想是“以排为主，兼顾其他”，规划内容共分三部分：一是干流治理规划，二是灌溉排水与支流治理规划，三是滞洪区规划。分别由黄委会及豫、鲁两省有关业务部门分工负责，由黄委会汇总完成。

1980 年 9 月完成了《金堤河流域综合治理规划》，水利部以[80]水规字第 101 号文批复，对《规划》原则同意，并提出“干流开挖分期分段进行，逐步达到标准，近期先按 1965 年开挖标准进行清淤”，要求工程分项做出设计，按轻重缓急提出分期分批实施方案。

1984 年元月，黄委会设计院完成了《金堤河干流治理工程设计报告》。

1987 年 7 月，水电部钱正英部长视察北金堤滞洪区时提出：适当调整金堤河治理近期工程项目，减少工程和投资，并要求研究比较南小堤南移，根据现状适当调整河线及省区界限，水从边界走，减少纠纷，方便管理，以促其实现的方案。金堤河治理投资由水电部、石油部和河南省三方分摊。

1987 年，黄委会向水利部报请成立金堤河管理局；黄委会设计院在 1984 年元月“设计报告”的基础上，调整项目，补充方案，框算投资，提出了《金堤河干流近期治理工程安排意见》。

1988 年，在黄淮海开发会议上，确定金堤河治理列入黄淮海开发和治理项目，国家从土地占用税中拿出 1.0 亿元用于金堤河治理，不足部分，由河南省和中原油田解决。会议期间，黄委会又征求了山东、河南两省领导同志意见，均同意在河南省濮阳市设立金堤河管理机构。

1988 年 12 月，水利部以水计字 128 号文请黄委会出面协调河南、山东两省意见，待达成协议后，立即批准金堤河治理项目。

1989 年 3 月，黄委会为加快实现金堤河治理，根据水利部领导指示，成立了金堤河管理局筹备组，积极开展协调工作。

(二) 近期干流治理意见

钱正英部长提出的水从边界走，调整河线和堤线南移的方案，主要优点是把河线和南小堤局部或全部调到河南境内，有利于统一管理、守护和修建，但需要重新挖河修堤，不仅工程量大，还要增建交叉建筑，多占耕地，拆迁民房和村庄，投资较大，且把南小堤以南山东耕地调成河滩地，又不能完全解决两省灌排矛盾，经征询两省有关部门意见，难以实施。

近期干流治理意见是：①干流河道维持现状，工程安排主要包括干流河道清淤开挖，长 131.27 km，土方 3 024.8 万 m^3；②南北小堤加培，长 103 km，土方 193.5 万 m^3；③干流增建桥梁 8 座，混凝土 7 683 m^3，砌石 3 032m^3；④排水闸两座，土方 1.4 万 m^3，混凝土 1 732 m^3，砌石 1 890 m^3。框算总投资 1.52 亿元。

全部工程完成后，干流河道防洪标准由 3 年一遇提高到 20 年一遇，除涝标准由 1 年一遇提高到 3 年一遇。预计每年可减免洪灾面积 4 万亩，减少涝灾面积 13.5 万亩，治碱面积 10 万亩，年经济效益 1 560 万元。

金堤河干流治理工程的实施，不仅经济效益显著，而且社会效益和环境效益也很显著。土地资源得到充分利用，劳动生活环境得到改善，生态平衡向良好方向发展。

(三) 金堤河的症结是排水出路问题

随着黄河河床逐年淤积抬高，张庄闸排洪能力日趋减小，金堤河自流入黄日益困难。

金堤河流域与海河流域大部分地段以金堤为分水岭，仅一堤之隔，从地形来看，西南高、东北低，有北排条件。据统计，沿金堤目前有涵闸 18 处，总泄水能力 201.5 m^3/s，其中下游山东阳谷县有张秋等 5 座涵闸，可排水 77.5 m^3/s。50 年代初期，根据两省协议，张秋闸汛期不排涝水，白露后可排金堤河下游积水，河南省要求相机北排，但因牵涉外流域的跨省区排水问题，关系复杂，有待研究协商，不能作为正常运用条件，目前暂不考虑。

为了解决金堤河排水问题，1980 年规划中提出了建 200 m^3/s 流量的抽排站和输电系统，从目前国家经济情况来看，这一方案难以实施，不但工程量大，投资大，而且抽排站装机容量大，耗电量大，机组利用率低，运转费用高。

因此，在排水出路问题上，采取“高水高排、低水低排、底水抽排”的方针，充分发挥现有的张庄入黄闸和 64 m^3/s 抽排站的作用。黄河汛期常见流量 2 000 m^3/s，相应 1987 年张庄闸水位 42.35 m，已高出金堤河 1965 年治理标准设计水位 41.7 m，出流淹没，形成顶托，规划拟定金堤河下游南小堤设防标准为 20 年一遇洪水位，相应张庄闸前允许水位 45.3 m。同时，规划拟定当超过 45.3 m 水位时，可破北小堤运用。近期(2000 年以前)汛期可以允许金堤河水位壅高到 45.3 m，使张庄闸具备自流入黄条件。

三、金堤河水事纠纷和协调工作情况

金堤河是一条流经河南、山东两省的跨省河流，由于历史的原因，河南濮阳和山东聊城两地市间存在不少水事纠纷，多年来一直没有得到解决。

金堤河水事纠纷错综复杂，既有排涝的争议，又有防洪的矛盾，既有灌溉用水之求，又有领土区划之争，难怪钱正英部长说：金堤河水事纠纷是华北地区水事纠纷的缩影。

1964 年，对流域行政建制进行了调整，把金堤以南地区划归河南省，使上下游矛盾得以缓和，但划分不彻底，下游金堤以南，山东省仍有 13.5 万亩耕地，而且现行河道与南小堤有一大部分位于山东地界，所以干流的防洪、排涝，南小堤的维修、守护，群众的生产、交通等方面仍存在着不少问题和矛盾，影响着金堤河的管理。同时，其余河段金堤以南归属河南省后，使金堤以北山东原彭楼、王集引黄灌区用水困难，又形成新的灌溉用水矛盾。

1984 年彭楼引黄闸改建，开始计划按 30 m^3/s 流量建新闸，后来山东省莘县人民政府致函黄委会，提出恢复彭楼引黄闸原设计引水规模向莘县供水的要求，并编制了“山东省莘县全面恢复彭楼引黄灌区的规划(提要)”，8 月 9 日范县人民政府致函黄委会，表示范、莘两县曾进行协商，请求考虑莘县要求。于是黄委会决定新闸仍按 50 m^3/s 流量引水规模改建引黄闸，考虑到向山东送水 20 m^3/s。

1988 年 9 月，山东省聊城地区行署向水利部报告，要求恢复原彭楼引黄灌区解决西部贫水区缺水问题；11 月，水利部通知黄委会，“本着统一规划，统筹兼顾，团结治水，互谅互让和更好地发挥已成工程效益的原则”，请豫、鲁两省进行协商，尽快达成协议。

1988 年 12 月，在河南省农村工作会议期间，黄委会副主任杨庆安邀请河南省水利厅亢崇仁厅长、濮阳市周沛市长以及濮阳县、范县和台前县的领导同志，就“金堤河治理及彭楼闸引黄向山东送水”二事交换意见，并说明水利部已初步研究了金堤河的“设计任务书”，表示基本同意，要求黄委会就金堤河治理及彭楼闸送水问题一并和河南、山东两省协商，待两省达成协议后再批“设计任务”。

1989 年元月，黄委会宋健洲副总经济师等会同河南、山东两省的有关同志，协商研究由彭楼闸向山东莘县送水方案，初步提出 9 条意见。

1989 年 6 月，金堤河管理局筹备组又分别与濮阳、聊城两地市领导座谈，并且深入范县、莘县进行协调，一方面听取他们的意见和要求，进一步了解金堤河水事纠纷的症结；另一方面向他们宣传《水法》，宣传《河道管理条例》，以《水法》为准绳，耐心细致地进行调解工作，说服劝导，希望以大局为重，互谅互让，团结治水。筹备组的活动得到了两地市领导的大力支持，双方都作了明显的让步，取得了显著的成效。濮阳市的同志表示：聊城西部确实干旱缺水，愿意从彭楼闸向山东省送水，解决聊城西部水资源不足的问题。聊城地区的同志也表示：为顾全大局，为中原油田的生产，愿做出牺牲，同意按水利部和黄委会的意见治理金堤河。

在协调地市水事纠纷的基础上，遵照水利部和黄委会的指示，我们于 1989 年 7、8 月份，又先后深入河南、山东两省，进一步协调两省意见，最后经黄委会领导出面协调，山东、河南两省分别于 8 月中旬和下旬拿出了金堤河治理的书面意见，使金堤河水事纠纷的协调工作向前推进了一大步。河南省认为：金堤河由于淤积严重且受黄河河床淤积影响，其排水条件日益恶化，下游地区受洪涝、盐碱灾害的威胁日趋严重，迫切需要加快治理。山东省认为：按照 1980 年《金堤河流域综合治理规划》近期进行金堤河干流治理是必要的，表示赞同。山东省要求从彭楼闸向聊城西部送水，以解决水资源不足和发展引黄灌溉、引黄补源的需要；河南省表示同意向金堤北送水，支持山东省发展引黄灌溉。豫、鲁两省遵循《水法》，互谅互让，团结治水，在治河和送水两大问题上基本形成了一致意见，是值得庆幸的。

为了使豫、鲁两省就金堤河治理和彭楼闸送水两大工程在互谅互让、团结治水的原则下，尽快达成协议，水利部于 1989 年 11 月上旬在京召开了协调会议，但因南、北小堤设防标准等问题存在分歧意见，没有达成协议。正当我们搜集资料，深入调查研究，准备进一步协调劝说时，山东省又于 12 月 1 日向水利部发了传真电报，提出了七条具体要求，对此，我们曾再次赴山东，进行协调劝说，也取得了一定的成效。

金堤河水事纠纷由来已久，协调解决任务坚巨，传统的观念，以往的教训，局部的利益，认识的分歧，制约了问题的解决，以往处理不彻底留下的后遗症，也增加了协调工作的难度。有的问题下面基层愿意解决，而上面决策部门不同意；有的问题上面领导愿意让步，而下面基层又通不过。我们分析了水事纠纷的历史，也研究了分歧的症结，认为改变传统的观念，面对现实，以《水法》为准绳，互谅互让，团结治水，苦乐分担，有利于水事纠纷的解决。

金堤河流域地处黄淮海平原的腹部，水资源丰富，农业生产潜力很大。抗日战争时期，这里是冀鲁豫根据地，广大人民为革命战争做出过重大贡献。新中国成立以后，这儿又辟为黄河北金堤滞洪区，流域人民为顾全大局，愿意做出牺牲。随着中原油田的开发，流域战略地位也日益重要。回首往昔，金堤河经历了40年坎坎坷坷、几起几落的艰难历程，展望未来，油田要发展，老区要脱贫，农业要振兴，流域必开发，这是为人民所渴求、为国家所重视的大事情。我们坚信，在党中央领导下，大力发展农业，水利战线已开始走出低谷，金堤河也必将有她美好的前景！

我们呼请诸位代表、诸位领导，发挥你们的影响和作用，为金堤河治理和彭楼闸送水两大工程的早日实施，为金堤河地区水事纠纷的逐步解决，为金堤河流域的经济振兴做出贡献！

金堤河管理局筹备组成立的前前后后

《黄河史志资料》1992 年第 1 期刊载

一、背　景

1987 年 7 月 22 日，水电部钱正英部长遵照李鹏副总理的指示，会同河南省政府和石油部领导，对黄河北金堤滞洪区的防汛问题进行现场调查研究。当濮阳市王日新副市长提到金堤河防汛问题时，钱部长当场提出：要适当调整金堤河治理的近期工程项目，减少工程量和投资，以促其实现。并要求南小堤南移，根据现状适当调整河线及省区界线，水从边界走，减少纠纷，方便管理。同时指示金堤河归属黄委会管理，成立金堤河管理局。

遵照钱正英部长的这一指示，黄委会认真地研究了成立金堤河管理局的任务、机构设置、人员编制和筹建计划等问题。确定管理局的管理范围为：金堤河五爷庙到张庄闸干流河段，其主要任务是，负责制定金堤河干流的防洪、除涝、灌溉、排水治理规划，主持干流工程设计、安排实施计划及竣工验收工作；通过河南、山东两省落实金堤河干流河道及工程的管理、运用和防汛工作；协调金堤河流域有关两省的洪涝与灌排矛盾。北金堤滞洪区及北金堤仍由原单位管理。管理局为司局级，总编制 60 人，下设职能处、室，所需人员均在黄委所属单位现有人员中调配。并于 1987 年 8 月 24 日向水电部报送了“关于成立金堤河管理局的报告”。

水电部收到报告后，进行了研究，要求黄委会对金堤河管理机构的组建进行多方案比较。为此，黄委会按部领导指示设想了四种方案：

(1) 成立金堤河管理局，主要任务是：负责金堤河干流(五爷庙至张庄闸)的防洪、除涝、灌溉、排水治理规划，主持干流工程设计，安排施工计划，负责竣工验收工作；通过豫、鲁两省落实干流河道和工程的管理、运用和防洪工作；协调金堤河流域有关两省的洪涝与灌排矛盾。北金堤滞洪区及北金堤仍由原单位管理。

(2) 成立北金堤滞洪区管理局，撤销现有的濮阳市黄河修防处，把现在分属新乡、安阳、濮阳、聊城地、市的黄河修防段、滞洪办、渠村分洪闸管理段和张庄闸管理所划归北金堤滞洪区管理局直接领导，统一管理临黄堤、滞洪区、北金堤和金堤河。

(3) 成立金堤河管理局，负责北金堤滞洪区和金堤河的管理。

(4) 由黄委牵头，豫、鲁两省水利厅参加，组成金堤河治理领导小组，下设精干工作班子。

经过论证比较后，倾向于第一方案。1987 年 11 月 12 日，在给水电部“关于组建金堤河管理机构方案比较的报告”中，认为第一方案是针对金堤河的矛盾设立机构，全面负责规划、设计、施工、管理和协调水利纠纷，对搞好金堤河的治理是可行的。

1988 年 3 月，在水电部召开黄淮海平原旱涝碱综合治理座谈会期间，黄委会杨庆安副主任又征求了山东、河南两省领导同志的意见，均同意在河南省濮阳市设金堤河管理机构。为了加强金堤河的统一规划治理和管理工作，使近期工程规划尽早实施，黄委会又于 1988 年 8 月 3 日向水利部再次提出“关于金堤河管理机构意见的报告”，要求水利部尽快批复，以便着手组建。

与此同时，黄委会设计院遵照钱部长指示，在 1984 年 1 月完成的“设计报告”的基础上，调整项目，补充方案，框算投资，提出《金堤河干流近期治理工程初步安排意见》，并于 1987 年 11 月 17 日报部审批。1988 年 8 月水利部责成黄委会设计院编制《金堤河干流近期治理工程设计任务书》。黄委会设计院遵照水利部指示，抽调技术人员进行现场勘查，征求豫、鲁两省有关地、市、县对治理金堤河的意见，根据水文、地形等资料认真地开展了设计工作，经过积极努力，于10月编制完成了《金堤河干流近期治理工程设计任务书》，任务书共分五个部分：①流域概况；②治理规划；③近期干流治理目标要求；④近期干流治理工程设计任务及主要内容；⑤工程投资。同时，还提交了《金堤河流域洪涝水补充分析报告(初步成果)》。12月，水利部在北京召开会议，对《金堤河干流近期治理工程设计任务书》进行初审，会议要求对金堤河流域水沙基本情况和一些与规划有关的问题进一步作出补充。黄委会设计院于1989年5月提交了《金堤河干流近期治理工程设计任务补充说明》。

与此同时，濮阳市政府于1987年11月3日，向河南省政府报送了“关于要求解决范县区划问题的再次请示”。报告说：我市范县原属山东省管辖，1964年因水利问题，以金堤为界将原范县划为两半，金堤以南六个区划为河南省范县，金堤以北五个区划归山东省莘县。范县县城仍设在金堤以北山东省境内，面积1.3 km^2，周围都是山东省莘县樱桃园乡的村庄，莘县驻樱桃园办事处和樱桃园乡政府以及乡直部门大都设在范县城内。这种犬牙交错的区划状况给两省两县的行政管理带来很多不便，给范县的县城建设和经济发展造成了很大困难。不利于中原油田的开发建设，不利于金堤河治理，也不利于滞洪迁安。为此请求尽快解决范县区划问题，或恢复原范县区划体制，或将位于范县县城周围的樱桃园乡划归范县管辖。

接着，河南省政府于12月3日向国务院报送了“关于调整我省范县行政区划的请示”，提出了四个方案：一是恢复原范县行政区划，全部划归河南省管辖；二是将山东省莘县沿金堤河以北的古云、大张、樱桃园、古城四个乡划归河南范县；三是将沿金堤以及在金堤以南有耕地的山东村划归我省范县管辖；四是最低限度也应将范县县城周围的山东省莘县樱桃园乡(约 6.4 万亩耕地、4.6 万人)划归河南范县管辖。同时，河南省将继续保证山东省用水和排水，进一步密切边界关系。以上四个方案国务院批准哪个都可以，但是如果取三、四方案，水电部黄委会必须建立金堤河管理局，统一指导、协调、处理有关问题。

1987 年 12 月 14～16 日，水电部钱正英部长受国务院委托，在北京主持召开金堤河行政区划和金堤河管理座谈会，参加会议的有山东、河南两省及民政部、石油部、黄委会等有关单位领导。会议就行政区划调整和金堤河治理提出了原则意见，待豫、鲁两省代表向省政府汇报后进一步商定。

与此同时,山东省聊城地区行政公署于 1988 年 9 月向水利部提出“关于要求恢复原彭楼引黄灌区解决西部贫水区缺水问题”的报告。要求尽快恢复原彭楼引黄灌区，充分利用彭楼闸引水规模，扩大灌溉效益。水利部研究后认为：彭楼灌区原由山东省兴建，并发挥过灌溉效益，1962 年停灌，1985 年彭楼引水闸按设计流量 50 m^3/s 每秒改建，具有更好的引水灌溉条件。但是，由于行政区划的调整，彭楼灌区成为跨省输水工程。当前河南省范县发挥了灌溉效益，而山东省莘县、冠县原彭楼灌区因缺乏水源，至今尚未恢复引黄灌溉。鉴于恢复原彭楼引黄灌区涉及两省的引水流量分配、输水渠线的整修和改建、沉沙池安排以及干渠管理等问题，水利部于 11 月 2 日以“关于恢复原彭楼引黄灌区进行协商工作的通知”请黄委会邀请豫、鲁两省，本着统一规划、统筹兼顾、团结治水、互利互让和更好地发挥已成工程效益地原则进行协商，尽快达成协议。

黄委会遵照水利部指示，于 12 月 28 日在河南省农村工作会议期间，由杨庆安副主任邀请河南省水利厅亢崇仁厅长、濮阳市周沛市长，以及濮阳、范县、台前三县的领导同志，就“金堤河治理及彭楼引黄向山东送水”二事交换意见，并说明水利部已初步研究了金堤河的“设计任务书”，表示基本同意，要求黄委会就金堤河治理及彭楼引水问题一并和河南、山东两省协商，待两省达成协议后再批“设计任务书”。

1989 年 1 月 16 ~ 23 日，黄委会副总经济师宋建洲和工务处副处长宋玉山、工程师宋玉杰，先后赴河南省濮阳市、山东省聊城地区，与有关同志协商，研究由彭楼闸向山东莘县送水方案，初步商定了九条意见：

(1) 输水路线，以范县现有濮西干渠为基本路线进行扩建。

(2) 输水规模，由彭楼总干分水，按设计条件下分水 30 m^3/s(三孔供水)，其中包括范县现濮西、濮东干渠引水 10 m^3/s，在设计条件下向山东送水 20 m^3/s，在河南不用水时，加大送水 25 ~ 30 m^3/s。

(3) 沉沙方式，输水干渠全部衬砌(干渠比降不低于 1/5 000)，将浑水送达北金堤以北，在莘县境内沉沙。

(4) 输水干渠立交跨越金堤河，拟采用活动式渡槽，以满足金堤河过洪排涝要求。

(5) 输水工程投资原则，输水干渠扩建(包括立交、涵桥)由山东投资，沿输水干渠向范县灌区分水建筑物由河南投资兴建。

(6) 占地赔偿，输水干渠占压土地，由山东出资一次性赔偿(赔偿标准与金堤河征地相同，占用地由山东长期使用)，土地产权仍归河南。

(7) 规划设计工作，在基本原则协商一致基础上，由黄委会设计院承担规划设计工作，征求两省意见后，由黄委会报水利部审查批准后实施。

(8) 彭楼闸及输水干渠管理，建立范、莘两县联合管理机构，协调用水计划，制定分水方案，负责闸前引水和共用输水渠清淤维护工作。清淤费用(出工或出钱)按当年各自用水量按比例分摊。必要时黄委(金堤河管理单位)可参加联合管理的协调工作。

(9) 水费交纳，原则上按水利部有关规定，两县按各自引水量向黄委所属彭楼闸管理所和北金堤过堤闸管理所交纳水费。

二、筹备组及其协调任务

在上述背景条件下，黄委会遵照水利部领导的指示，于 1989 年 1 月上旬在开封召开委务会议期间，研究决定成立金堤河管理局筹备组。3 月 2 日，庄景林副主任主持召开会议，宣布金堤河管理局筹备组正式成立，筹备组由王福林、张凌汉、乔新智、王永山四同志组成，王福林任组长，并委派宋建洲副总经济师协助筹备组开展工作。

筹备组成立后，按照委领导“一边筹备、一边工作”的指示，一方面抓机关建设、抓选址征地、抓规划设计、抓搜集资料、抓基础工作和前期工作；另一方面则以较大的精力投入豫、鲁两省水事纠纷协调工作。

(一) 协调地市意见

6 月 12 日，筹备组首先和濮阳市有关领导座谈金堤河治理等问题，濮阳市认为：金堤河自 1965 年开挖、疏浚以来，多年没有得到治理，河道淤积严重、堤防破坏严重，亟待治理；鉴于黄河河床逐年抬高，自流入黄日益困难，解决金堤河排水出路已是当务之急，建议利用北金堤上的七座涵闸，向北排水；同意从彭楼闸向山东送水，解决聊城西部水资源不足的困难。同时又提出，向聊城西部送水，要做出很大牺牲，濮西干渠要扩大，占压许多良田，原有的工程几乎全部需要重建，长时间送水，势必要抬高两侧地下水位，滋生盐碱，远距离输沙不现实，渠首沉沙又要占压土地，希望按照《水法》的有关规定，互惠互利，解决范县县城的区划问题，只少将樱桃园乡划归范县管辖。

6 月 14 日，筹备组又和聊城地区有关领导就金堤河治理问题进行座谈，聊城地区认为：金堤河流域 98%的面积在河南，金堤河干流治理后，河南收益最大，山东地处下游，河道疏浚后，涝水下泄加快，增加了山东13.5万亩土地的遭灾机遇。黄河河床逐年抬高，自流入黄困难，河槽蓄水危及北金堤安全，对山东非常不利，为顾全大局，同意按水利部和黄委会的意见治理金堤河。同时提出：聊城地区西部水资源不足，旱情严重，急需引水灌溉，引水补源，该地区1964年以前是彭楼灌区范围，由于区划的变更，切断了黄河水源，迫切希望水利部和黄委会能在治理金堤河的同时安排从彭楼向聊西调水，最好统一规划设计，统一安排投资，统一工程标准，统一治理施工，统一工程管理。

(二) 协调两省意见

在听取并协调两地市的意见后，遵照水利部指示，筹备组又深入两省，听取意见。8月12日，黄委会黄自强副主任和筹备组成员首先与山东省王乐泉副省长、水利厅马麟厅长、郝效文主任工程师、山东黄河河务局齐兆庆局长、陈效国副局长、张明德副总工程师等进行座谈协调；8月19日，山东省政府正式向水利部提出《对金堤河干流近期治理工程意见》，认为按照1980年水利部批复的《金堤河流域综合治理规划》进行治理是必要的，表示赞同，对任务书中近期治理工程的安排提了四点意见：

(1) 任务书中未彻底解决金堤河的排水出路问题，要求干流近期工程应首先安排好排水出路，并应自下而上实施。

(2) 金堤河治理必须确保北金堤防洪安全。北金堤在山东境内长83.4 km，现有险工22处，长达22.7 km，尚未改建，大堤没有加固，有四座闸未改建，张秋以下临河石护坡未做，远不能适应滞洪、行洪要求，如遇金堤河滞洪或超标准洪水，将严重威胁我省安全。要求将上述工程的加固列入金堤河治理工程，优先安排。

(3) 实施金堤河近期干流治理工程，我省将付出很大代价，要求将恢复彭楼引黄灌区向金堤以北我省送水，作为金堤河近期治理的组成部分予以同步实施，并要求金堤以南部分国家投资，金堤以北部分由国家和地方共同负担。

(4) 任务书还有一些需要商榷的具体问题，如：南小堤的标准必须以确保北金堤安全为前提等，建议由有关部门具体研究，协商解决。

8 月下旬，黄委会庄景林副主任和筹备组成员又分别与河南省宋照肃副省长，水利厅马德全厅长、吴天庸总工程师等进行座谈。鉴于行政区划调整是个复杂的问题，不是我们水利部门所能解决的。利用北金堤上的涵闸向北排水是个跨流域排水问题，也必须经过充分的论证才能确定。因此，我们劝说河南省不要提区划问题、北排问题。水利厅经过反复认真研究提出了初步意见，并向省主要领导作了汇报。8 月 31 日，签发了河南省政府《关于金堤河治理意见》，报送水利部。意见两条：

(1) 金堤河由于淤积严重且受黄河河床淤积影响，其排水条件日益恶化，下游地区受洪涝、盐碱灾害的威胁日趋严重，迫切需要加快金堤河的治理。黄委会设计院编制的《金堤河干流近期治理工程设计任务书》所推荐的近期工程方案，我省基本同意，请水利部尽快审批，促使近期治理计划早日实施。其他问题如请中原油田筹措部分资金、调整工程项目实施顺序、增建部分小型提排站等，可请有关部门进一步协商。

(2) 关于山东省要求从我省范县彭楼闸引黄灌溉问题，本着互利互让、团结治水的精神，我们同意送水，支持山东发展引黄灌溉。但应将此作为一个独立的问题来考虑，不能作为金堤河治理的一个部分来研究。由彭楼给山东送水，需做好工程设计，送水渠道不应成为新的阻水工程。关于沉沙等问题，可请黄委会与两省协调解决。

(三) 黄委会意见

两省提出书面意见后，黄委会也于 1989 年 9 月 2 日向水利部报告，提出关于金堤河治理意见与近期工作设想：

(1) 金堤河干流治理与彭楼引黄灌溉两工程同时考虑，统筹安排，实施步骤视准备工作情况，可分先后。

(2) 地方配套资金务必落实。

(3) 金堤河干流治理及彭楼引黄干渠有关规划、设计、管理等问题，由我委统筹安排考虑，要求两省积极配合，两省工程有关具体问题，由我委进一步协调。

(4) 请水利部牵头，近期请河南、山东两省领导共同协调治理有关问题，并签订书面协议。

(5) 请水利部尽快审批《金堤河干流近期治理工程设计任务书》及《关于金堤河管理机构意见的报告》，以促进工程早日付诸实施。

(四) 水利部组织查勘

与此同时，水利部派计划司徐世钧副处长、贺尚德高级工程师，组织黄委会计划处、工务处、设计院、金堤河管理局筹备组以及豫、鲁两省有关同志，于 1989 年 4 月 12 ~ 15 日，对金堤河干流河道淤积、南北小堤毁坏情况及张庄入黄闸、电排站进行了实地查勘，并在莘县、濮阳两地分别召开了豫、鲁两省的省、地(市)、县三级领导同志参加的金堤河治理座谈会，广泛听取了各方面对金堤河治理的意见。

(五) 研究彭楼送水方案

黄委会设计院在积极研究彭楼送水方案的同时，于 1989 年 6 月 27 日 ~ 7 月 3 日，组织规划、设计人员在金堤河管理局筹备组配合下，现场查勘彭楼闸、濮西干渠、金堤河交叉建筑物及沉沙池等项目工程，并与范县、莘县的有关同志座谈讨论，听取意见。9 月中旬，筹备组又和设计院有关同志共同研究彭楼引黄入鲁输水工程方案。10 月 7 日，设计院和筹备组共同向黄委会庄景林副主任和王长路、吴致尧、温存德、胡一三等总工、副总工汇报了彭楼引黄入鲁输水工程方案。10 月下旬，设计院完成了《彭楼引黄入鲁输水工程规划提纲》并报水利部，提纲包括：输水线路、输水规模、补水灌溉面积及补水要求、泥沙处理、输水渠与金堤河交叉建筑物的比选、工程量与投资标准六个部分。

(六) 召开第一次协调会议

鉴于两省已提出书面意见，《金堤河干流近期治理工程设计任务书》和《彭楼引黄入鲁输水工程规划提纲》亦已编制，水利部于 1989 年 11 月 6～10 日，在北京召开了金堤河干流近期治理工程和彭楼引黄入鲁输水工程协调会议。河南省水利厅及濮阳市水利局、山东省水利厅及聊城地区水利局、黄委会及金堤河管理局筹备组的负责同志参加了会议，水利部计划司赵广和副司长主持会议，何景总工程师作了重要讲话。会议为协调两省水事纠纷做了大量工作，但因南、北小堤标准等问题存在分歧，没有达成协议。

(七) 山东提出七条意见

第一次协调会议后，山东省政府又于 1989 年 12 月 1 日向水利部发了加急电报,就金堤河治理和彭楼闸送水提出了七条要求:

(1) 要求两项工程同时进行，同时发挥效益。输水渠道从彭楼引黄闸开始分流(分三孔闸给山东)。为确保输水，输水渠的权属和管理归山东聊城地区，由山东负责施工。

(2) 金堤以南输水工程及金堤以北沉沙池工程投资由国家负担。

(3) 金堤河南、北小堤标准，均应按 20 年一遇设计，近期工程，也可酌情降低标准，两堤标准要统一，绝不能破北小堤运用，以免危及北金堤安全，造成重大损失。

(4) 金堤河治理后，五爷庙以上的坡洼已不再起滞蓄洪水作用，而下游的排水出路又未解决，这一地区将处于常年积水状态，因此，南、北小堤以内的耕地要给予应有的补偿。

(5) 为解决南小堤以南阳谷县 4 万亩耕地的排水问题，应在梁庙以下至张庄闸沿两省边界开挖排水沟，以便对这一地区的积水实行高水高排。同时，沿金堤河两岸修建小型排灌站 17 处，以解决两县沿河土地的排灌问题。

(6) 阳谷县在北金堤以南的耕地和以北的15万亩耕地，原属刘楼、王集灌区范围，解决这一地区的灌溉，应由刘楼、王集两干渠送水，或在金堤河上的明堤、葛堤口两处建橡胶坝，以利用金堤河水灌溉。

(7) 要求根据沿河群众的生产、交通和防汛需要，增设10座桥梁，改建13座桥梁，维修6座生产桥，并要求参加金堤河治理和彭楼引黄输水工程的初步设计。

(八) 进一步协调

为了进一步协调两省意见，促使金堤河治理和彭楼闸送水两项工程能早日实施，协调会议后，筹备组和濮阳市水利局商谈南、北小堤标准和上游四个滞洪坡洼问题。1989年12月6日，黄委会黄自强副主任召集工务处、水政处、计划处、设计院、金堤河管理局筹备组等单位有关同志，研究山东省的七条意见，并于7日带领筹备组成员赴济南同山东省王乐泉副省长交换意见。

1990年3月，筹备组根据豫、鲁两省意见和水利部领导指示，对金堤河治理和彭楼闸送水两项工程的有关问题，拟定了九条原则意见，并于4月上旬分别向河南省水利厅、山东省水利厅征求意见，在基本取得统一认识后，筹备组向黄委会和水利部汇报了协调情况，并建议部召开两省协调会议。

(九) 第二次协调会议

1990年4月17日，水利部在北京召开金堤河干流治理和彭楼引黄入鲁工程第二次协调会议，会议由水利部计划司陆孝平司长和黄委会庄景林副主任主持，金堤河管理局筹备组组长王福林汇报了关于两项工程协调工作情况，黄委会设计院设计处李世同总工程师介绍了彭楼引黄入鲁工程设计。河南省水利厅舒嘉明副厅长、山东省水利厅鲁北局楚焕章书记分别代表两省阐明了对两项工程的意见。经过广泛的协商，对有关问题，本着上下游兼顾、互谅互让、团结治水的精神，终于达成了一致意见，通过了“会议纪要”：

(1) 金堤河干流治理和彭楼引黄入鲁输水工程是河南濮阳市和山东聊城地区人民迫切要求实现的工程，也是黄淮海平原农业开发的一项重要的水利工程。有关方面应齐心协力创造条件，不失时机地促使两项工程早日同期实施。

(2) 穿越河南境内的彭楼引黄输水工程，同意设计单位推荐的“三堤两渠”布置方案，沿濮西干渠西侧修一条新渠，以利于管理和减少淤积。设计单位进一步研究减少渠道占地，减少渠道淤积和减少输水水头损失问题。

(3) 彭楼引黄闸，保持原状不变，仍由原单位管理，在闸下游增建分水枢纽，由金堤河管理局统一管理。同意引黄入鲁输水干渠按设计流量 20 m^3/s，加大流量 30 m^3/s 考虑。

(4) 彭楼引黄入鲁输水渠穿越金堤河建筑物形式，建议在初步设计中进一步比较选定。

(5) 金堤河干流治理基建工程和彭楼干渠永久性占用可耕地和临时性占用可耕土地，按国家有关法规和文件规定给予赔偿。考虑到南北小堤之间滩地淹没机会较多的因素，对于 3 年一遇回水范围内的滩地，可在发展农业生产上给予扶持，予以一次性补助。

(6) 金堤河干流台前河段南北两侧布设有顺河小堤，南小堤保护河南、山东农田约 30 万亩，北小堤保护河南、山东农田约 2. 6 万亩。山东省代表提出南北小堤设防标准一致，河南省代表提出南北小堤设防标准要尊重 1980 年总体规划方案。水利部与黄委会代表认为：考虑到流域规划已定的标准和洪、涝治理整体利益，并照顾北小堤保护区的利益，建议将北小堤的设防标准由 5 年一遇提高到 10 年一遇，南小堤维持 20 年一遇。

(7) 关于工程投资。金堤河干流治理工程和彭楼引黄入鲁输水工程为地方项目。金堤河干流治理工程的主要受益单位是河南省，该工程投资由国家和河南省负担。国家拟从农业发展基金中补助，其余部分按 1987 年钱正英部长视察北金堤时提出的办法，由河南省协商中原油田共同负担。引黄入鲁输水工程，受益单位是山东省，山东省代表要求北金堤以南全部由国家投资，北金堤以北沉沙池工程请国家扶持。水利部和黄委会代表认为：北金堤以南输水工程投资，中央和地方共同分摊一半；北金堤以北工程投资由山东省负担。

(8) 为有利于金堤河的治理及彭楼引黄入鲁工程输水，拟将金堤河干流河道及彭楼引黄入鲁工程在河南省境内的渠道交由黄委会金堤河管理局管理。

5 月 7 日，水利部向河南、山东两省发送“纪要”，并强调指出：金堤河干流近期治理和彭楼引黄入鲁输水工程，是黄淮海地区农业开发的重要工程，实现该两项工程是河南省濮阳市和山东省聊城地区人民多年的夙愿，希望两省共同努力，团结协作，做好地方群众工作，不失时机地促使其早日实现。

(十) 山东省态度

“纪要”发出后，山东省聊城地区行政公署，1990 年 5 月 10 日向省政府提出了四点要求：

(1) 金堤河干流治理和彭楼引黄入鲁工程均系历史遗留的相互关联的跨省工程，应统一由中央安排解决，同时发挥效益。

(2) 金堤河北小堤与南小堤必须按同一标准治理。

(3) 必须综合考虑下游的防洪、排涝和灌溉工程措施，以及群众的生产、生活补偿问题。

(4) 对北金堤的薄弱堤段要与干流治理同时安排、同时治理。

为了听取山东省对第二次北京协调会议纪要的意见，6 月 1 日，筹备组成员再次赴济南，会见王乐泉副省长。王副省长指示水利厅召开有关人员会议，起草反馈意见。6 月 7 日，山东省政府复函水利部，原则同意协调会议上取得的一致意见，并将以积极的态度促使两项工程早日实施。复函提了三条意见：

(1) 我们一直坚持南、北小堤同一标准设防，若一定要坚持南小堤 20 年一遇标准，而将北小堤设防标准降为 10 年一遇，我们将顾全大局，尽量做好工作。但要考虑北金堤与北小堤之间山东省的 8 个自然村 12 450 人的生命财产安全。在治河的同时，对群众避水设施应作出安排，同时对这一地区未来的洪涝损失亦应有个交待。

(2) 彭楼引黄入鲁输水工程，是历史遗留的跨省工程，应与金堤河近期治理工程统一由国家安排，同时发挥效益。

(3) 金堤河治理必须确保北金堤防洪安全。北金堤在山东境内长 83.4 km，现有险工 22 处，长达 22.7 km。金堤河治理后，常年行洪滞洪，贾海以下 20 km 水偎金堤，将严重威胁山东安全。要求将北金堤除险加固及背河防渗工程，列入国家计划与金堤河干流治理工程同期进行。

(十一) 濮阳市的意见

与此同时，河南省范县政府于 1990 年 6 月 7 日对“纪要”提出了四点建议：

(1) 金堤河的根本问题是给可能出现的大涝水找出路，现在仅有张庄抽排站，且完好情况不佳，当水位达 42 m 时就被黄河顶托。采取疏导方法，利用马颊河、徒骇河和大运河分段排泄金堤河涝水，既有利于有关地区的补源和提灌，也减少了金堤河大涝灾的机遇。如果采取简单治理方案，应该同时解决区划问题，不然，金堤河淤积严重，河道和南小堤的四分之三以上都在山东，整修管理不易进行，水利矛盾越来越突出，不长时间仍会恢复目前的局面。我们建议把山东省莘县沿金堤河的古云、大张、樱桃园、古城四乡划归范县。

(2) 金堤河治理中央早已决定，设计早已做出，投资也已落实。治理金堤河是国家的大型排水工程，仅占山东河槽中的一部分土地，且山东可更加便利地使用引黄尾水。而彭楼引黄入鲁工程是地方中型工程，应服从于国家的大型工程，二者没有必然的联系，应分别考虑和进行。

(3) 彭楼闸设计引水 50 m^3/s，但由于黄河水很不稳定，引水量从未达到设计标准，且中原油田还要引水。引水量小，“三堤两渠”也不易给山东送水，且工程重复，占地较多，打乱我县排灌系统和中原油田的地下管道建设，尤其濮城、王楼等乡，耕地较少，人员安置和群众生活都有困难，不易实施。

(4) 为给山东送水，我们意见是拓宽濮西干渠，在入金堤河处建节制闸，由于濮西干渠过水量增大，要解决：①濮西干渠硬化，防止长期引水造成两岸耕地次生盐碱；②改建和配套濮西干渠上的建筑物；③妥善解决挖压占地和有碍建筑物的搬迁赔偿，永久性占地按当时、当地实际产值分年度赔偿。④泥沙尽量向山东输送，每年清挖濮西干渠的劳务投资、堆沙占地等要妥善解决。濮西干渠现引水量，已满足范县可灌面积的需要，拓宽工作主要是山东受益，其全部投资不应由河南负担。

同日，濮阳市政府也向河南省政府反映了对“纪要”的意见：

(1) 金堤河干流治理工程是原有河道的恢复整修工程，彭楼引黄入鲁工程是一项新建工程，是两省各自独立的工程项目，不应互为实施的前提条件。应根据基建程序分别实施，不宜扭在一起讨论解决，更不能强调两个工程同时或同期进行。

(2) 鉴于金堤河汛期涝水不能自然排入黄河，解决其排水出路是治理金堤河的根本问题，建议在颜营修排水闸向北顺老金堤下泄到蛤蟆山处入黄河，或利用张庄闸下界的位山引黄闸干渠下泄，或充分利用北金堤现有的引水闸门向北排泄，这样既解决了金堤河洪涝水的出路问题，也解决了金堤以北地区的补源灌溉问题，使山东、河南利弊均摊。为了有利于加强金堤河工程的治理和管理，解决两省水利纠葛，使金堤河流域的人民和睦相处，实现长治久安，应同时考虑解决与金堤河有关的行政区划问题。

(3) 不同意“三堤两渠”方案，一是多占耕地，沿线群众人多地少，思想工作难做；二是破坏了原有的灌溉系统，影响原灌区效益；三是增加不必要的投资；四是设计不合理，建议扩建濮西干渠，鲁、豫同用一渠引水。彭楼灌区是个老灌区，应在保证彭楼灌区用水的前提下，相机向山东引黄补源。

(十二) 再度劝说

为协调河南省意见，筹备组于 1990 年 6 月 25 日赴郑州同河南省水利厅舒嘉明副厅长等交换对北京协调会议纪要的反馈意见。7 月 20 日，筹备组再度赴郑州，听取水利厅马德全厅长、吴天庸总工程师对第二次协调会议纪要的意见和对彭楼引黄入鲁输水工程的具体想法，并交换对濮阳市及范县所提意见和建议的看法。为深入细致做好对濮阳市及范县的协调工作，筹备组于 8 月 1 日与濮阳市孔德钦副市长等进行座谈，详细听取了濮阳市领导对两项工程同时施工、涝水北排、“三堤两渠”输水、范县区划等四个方面的意见，王福林阐述了水利部和黄委会对金堤河治理和彭楼送水两项工程的意见，介绍了第二次协调会议情况和纪要产生的背景。8 月 2 日，筹备组又深入范县进行协调，范县领导认为：豫、鲁两省金堤河水事纠纷因区划而造成，区划问题解决不了，工程难以实施。

为进一步劝说濮阳市及范县，河南省水利厅马德全厅长、胡逵吉副总工程师等又于 8 月 15 日抵濮，和濮阳市周沛市长、孔德钦副市长等座谈对协调会议纪要的反馈意见。16 日，马厅长一行又去范县进行劝说。17 日，水利厅和濮阳市共同起草了向省政府的汇报提纲。

(十三) 河南省的态度

为了促使河南省早日拿出对协调会议纪要的反馈意见，筹备组又于 1990 年 8 月 21 日、23 日两次赴水利厅座谈敦促。经过三个半月的协调工作，河南省政府终于8月25日向水利部报送《关于金堤河治理意见的复函》，认为：治理金堤河的条件已经成熟，望尽快审批实施。彭楼送水问题不应同治理金堤河一起处理。为照顾北小堤保护区局部利益，对北小堤设防标准可由5年一遇调整到10年一遇，但南小堤的设防标准相应不能低于20年一遇，南、北小堤应统一由黄委会监督施工，严格按标准验收。

在复函中，河南省仅对金堤河治理发表了意见，而对彭楼送水工程没有表态。

(十四) 为区划调整奔走

与此同时，筹备组为促使两项工程早日实施，还试图从行政区划调整方面进一步做些协调工作。1990年7月28日和8月9日，先后两次赴莘县，与县委书记白志刚、副县长刘怀德等座谈莘县和范县的区划调整问题，莘县表示：支持范县城镇建设用地，建议搞个规划，以便分期解决；支持范县加强城镇管理，建议制定个条例，好教育莘县群众认真遵守；区划村庄不好解决，县里当不了家。10月26日，筹备组又向民政部区划司反映了金堤河地区水事纠纷和区划争议，并提交了关于行政区划调整的建议。

三、金堤河管理局诞生

金堤河管理局筹备组自1989年3月成立至1990年底，除进行了大量的水事纠纷协调工作，还完成了机关组建、选址、规划设计、资料搜集等前期工作。

1990年8月2日，水利部向黄河水利委员会、长江水利委员会转发人事部《关于黄河水利委员会和长江水利委员会机关机构设置和人员编制问题的批复》。该文关于黄河水利委员会所属二级机构的设置及级别，水利部批准成立金堤河管理局(正局级)。11月3日，黄委会在《关于对金堤河管理局机关建设设计任务书的批复》中指示：为加快金堤河干流的治理，实施金堤河流域治理规划，经部同意，我会决定成立金堤河管理局，局机关设在濮阳市，根据办公和生活需要，准予征地 40 亩。12 月 6 日，黄委会又下达水利基建拨款投资 130 万元，用于金堤河管理局机关组建征地 40 亩及围墙建设等。

1991 年 1 月 3 日，黄委会正式通知：为加强金堤河治理，协调河南、山东两省有关金堤河的管理事宜，经水利部人劳[1990]100 号文批准，同意我会成立金堤河管理局(正局级)。为满足工作需要，局机关设：办公室、工务处、财务器材处。张庄闸管理所成建制归属于金堤河管理局领导，请抓紧时间组建，开展工作。同时，任命王福林同志为黄委会金堤河管理局副局长。接着，黄委会又于 4 月 2 日批复同意金堤河管理局增设水政水资源处。至此，金堤河管理局筹备组胜利完成了她的历史使命。

水利部黄委会金堤河管理局办公区

金堤河在呼唤

——《黄河报》金堤河系列报道之一

金林　志坤　世广　赵阳　献宏

(1993年3月19日)

金堤河位于河南和山东两省交界处。其上游称大沙河，发源于河南省新乡县境内，自滑县耿庄以下为金堤河干流，经濮阳、范县、莘县、阳谷，于台前县张庄流入黄河，干流长158.6 km。流域呈狭长三角形，上宽下窄，集水面积5 047 km^2，人口288万人，耕地528万亩。

金堤河是黄河下游的一条平原排水河道，也是一条多灾多难的省际河流。由于省际间的水事纠纷，自1965年以来，没有进行过认真的治理，致使河道隐患丛生，防洪问题越来越突出，流域内洪、涝、旱、碱灾害严重。

为了全面了解金堤河的现状，掌握第一手资料，金堤河管理局于1992年4月组织专业技术干部对金堤河干流，从台前县张庄闸至滑县八一闸，自下而上进行了徒步拉网式查勘。

一、河道淤积严重　排涝能力下降

据测算，1966～1991年，干流河道总淤积量为4 218万m^3，平均淤深1.2 m，个别河段淤深达2 m以上，形成多处卡口，有些河段已无明显河槽，河道排涝泄洪能力显著下降。濮阳县岳辛庄3.2 km的河段内，就淤积泥沙47万m^3，过水能力只有设计流量的40%，稍有降雨，即泛滥成灾，尚未改变大雨大灾、小雨小灾的局面。1991年7月中旬，流域下游三次降雨累计最大降雨量 288 mm，金堤河满槽大水，几万亩滩地全部被淹。1992 年 8 月中旬，流域中部暴雨成灾，最大降雨量 264 mm，支流黄庄河、回木沟涝水满槽，全线漫溢，致使金堤河河水暴涨、漫溢、泛滥，淹没了长垣、滑县、濮阳部分村庄及中原油田钻井一公司 32906 钻井队。据不完全统计，受灾面积达 185.97 万亩；受灾村庄 679 个，水围村庄 38 个，倒塌房屋 11 998 间，冲毁桥梁 104 座，冲毁鱼塘面积 954 亩，冲倒电线杆 108 根。中原油田报废电机设备 20 台(套)，泡毁各种泥浆、药品 7.5 t。造成直接经济损失 8 375 万元。一旦遭遇大雨，势必造成大灾。

二、行洪障碍众多　影响洪水下泄

据实地调查，金堤河河槽及行洪滩内，生长着大量芦苇、片林等阻水植物。其中，生长芦苇的河道长 53.3 km，占干流河道长度的 33.6%，面积 6 800 亩，片林 40 亩，鱼塘 580 亩，藕池 104 亩，土坝 6 道，生产堰 2 道，总长 2 950 m；横滩渠道 101 条，阻水桥 54 座；滚水坝 1 道，长 68 m、顶宽 1 m，高出河底 1.2 m。严重影响洪水下泄。

三、堤防破坏严重　丧失防洪能力

金堤河筑有南北小堤 103 km。多年来，由于地处两省边界，犬牙交错，工程失修失管，加之沿岸群众破堤种植，扒口引水、过路、建房、建窑，致使堤防遭到严重破坏。据实地统计，现南北小堤有各种口门 125 处，长 12 250 m，破堤种植长达 70 km，2 854 亩，放堤建窑 16 处，偎堤建房 25 处，178 间。有些堤段已荡然无存，夷为平地。堤防的防洪能力已经丧失，如遇大水，将造成多处溢流。

四、桥梁毁坏严重　危及群众生产生活

金堤河干流上现有各种桥梁 104 座，其中公路桥 18 座，由于无人管理，桥梁毁坏严重，影响了沿河两岸群众的生产和生活。有的桥桩桩基腐蚀严重，混凝土剥落，有的桥预制板混凝土剥落露筋，62 座生产桥的栏杆几乎全部毁坏，有的河段桥梁很少，群众过河生产要绕道而行。

五、水质污染严重　危害农业生产

随着流域内地方工业和乡镇企业的发展，大量工业废水没有经过处理就直接排入金堤河，砷、汞、氟、氰、铬等有害元素不断在河槽中积累，致使水质污染严重，危害农业生产，影响人民的身体健康。

六、涵闸工程设备老化　防洪排涝能力下降

张庄闸位于金堤河的最末端，是金堤河涝水入黄的唯一出路，担负着排涝、泄洪、防黄河水倒灌等多项任务，已经历了 28 个春秋。目前，工程老化，边墩、岸箱不均匀沉陷达 40 cm 多，伸缩缝增宽到 12 cm 多，机房漏雨，测压管堵塞，柴油发电机组已投入运行 31 年，机器损坏严重，已经无法运行。

北金堤上的明堤、八里庙、仲子庙等引金涵闸，闸底板高程低、防洪水位低、工作桥面低、洞身短、防洪能力差。

南小堤上的梁庙、刘子渔等提排站，承担着南小堤以南 100 多 km^2 范围的排涝任务，多年失修，房屋残破，设备老化，目前已无法开机，4 台 135 马力的柴油机均系 60 年代的产品。

七、黄河河床逐年淤高　金堤河自流入黄日益困难

目前，张庄闸下游黄河滩面高程已达 43 m，比张庄闸底板高 6 m，比闸上沿高 1.3 m，比上游张秋段河底高 5 m 多。已形成倒坡。1965 年黄河陶城埠站流量 8 000 m^3/s，相应水位 42.48 m，1976 年黄河流量 8 030 m^3/s，水位已达 44.73 m，比 1965 年升高 1.89 m。1991 年 8 月，孙口、艾山站流量 1 250 m^3/s 和 1 480 m^3/s，张庄闸下游的黄河水位 41.23 m，比张庄闸上游的金堤河水位仍高 0.02 m。金堤河一旦发生大洪水，定受黄河顶托，造成金堤河洪水不能入黄，滞蓄于下游河槽，对沿岸人民群众生命财产安全将造成极大威胁。

金堤河流域是革命老区，解放战争时期，是晋、冀、鲁、豫根据地，在抗日战争和解放战争时期，广大人民群众对祖国的解放事业做出了重大贡献。新中国成立以后，中央决定将流域中下游地区辟为黄河北金堤滞洪区，人民群众为保卫临黄大堤和北金堤安全做出了很大努力。但是，由于金堤河洪、涝、旱、碱灾害频繁，农业生产条件很差，老区人民至今仍未摆脱贫困，沿河的滑县、濮阳、范县、台前、莘县、阳谷 6 县领导对此非常重视，迫切希望金堤河能早日治理。广大群众也通过人大代表、政协委员书写提案，要求尽快治理，以确保安全生产与生活。彻底治理金堤河已是沿岸广大干部群众的迫切要求。

金堤河流域地处黄淮海平原，水资源丰富，农业生产潜力很大，治理金堤河，改善流域生产条件，振兴流域经济，保护油田生产，已是众望所归。

回首往事，金堤河经历了 40 年坎坎坷坷、几起几落的艰难历程，展望未来，油田要发展，老区要脱贫、农业要振兴、流域要开发，这是人们所渴求，为国家所重视的大事情。请有关方面，

从大局出发，互让互利，团结治水，为金堤河干流治理和彭楼引黄入鲁输水工程早日实施，为金堤河流域及其周围地区的经济振兴，做出自己的贡献！

1995年10月20日，在金堤河治理现场向水利部规划计划司张国良副司长（左二）和刘斌副处长（左一）汇报工作（图中左三为濮阳市孔德钦副市长、右一为濮阳市农委王廷化主任、右二为濮阳市水利局孔德明局长）

团结治水　众望所归

——《黄河报》金堤河系列报道之二

金林　宪宏

(1993 年 3 月 26 日)

许久了，金堤河默默无闻地流淌在豫、鲁两省交界的广袤平原上，由于它隐患丛生，以及由此而引发的水事纠纷，越来越引起了中央、地方各级领导和群众的关注。因此，它已经不再沉默了……

金堤河地区水事纠纷由来已久，错综复杂，既有防洪的矛盾，又有除涝的纠纷，既有灌溉用水之求，又有行政区划之争。1964 年以前主要表现为上下游排水矛盾。为解决这一矛盾，1964 年国务院曾批准以北金堤为界，将原山东省范县、寿张县金堤以南的土地划归河南省管辖，金堤河由河南省负责治理。由于区划不彻底，北金堤以南仍有山东省 13.5 万亩土地，两省边界犬牙交错；而且范县县城设在山东莘县境内，莘县樱桃园乡政府又设在范县城内，樱桃园乡范围内又有范县的街，范县街上又住有莘县的居民。真可谓是“你中有我，我中有你。”不仅如此，金堤以北原属于王集、刘楼、彭楼三引黄灌区的山东省阳谷、莘县大片农田，切断了灌溉水源，这样原来单一的排水矛盾，演变成了排水、灌溉、行政区划三大矛盾，使水事纠纷越来越复杂化。

水事纠纷制约了金堤河的治理，加之黄河河床不断抬高，金堤河水自流入黄日益困难，致使金堤河河道逐年淤积，堤防、涵闸工程失修，稍有降雨即泛滥成灾，形成大雨大灾、小雨小灾的局面。

为改变冀鲁豫老区农业生产条件，保障油田生产，振兴流域经济，原水电部钱正英部长遵照李鹏副总理的指示，于 1987 年 7 月视察北金堤滞洪区时指出：调整金堤河治理工程项目，争取早日实施。金堤河归黄委会归辖，成立金堤河管理局。次年，国家将金堤河治理列入黄淮海平原综合治理和开发规划。遵照水利部指示，1989 年 3 月，黄委会成立了金堤河管理局筹备组。

筹备组成立后，立即深入流域各地(市)县，收集资料，广泛听取意见，做深入细致的调查研究，进行摸底。山东省聊城地区认为：金堤河流域 98%的面积在河南，干流治理后，河南收益最大，山东处下游，河道疏浚涝水下泄加快，增加了山东 13.5 万亩土地的遭灾机遇，并危及北金堤安全，对山东十分不利。为顾全大局，同意水利部治理金堤河的意见。同时提出：聊城地区西部水资源不足，旱情严重，急需引水灌溉，引水补源。迫切希望在治理金堤河的同时安排从彭楼向聊西调水，最好统一规划设计，统一安排投资，统一工程标准，统一施工，统一管理。

河南省濮阳市认为：金堤河堤防毁坏、河道淤积严重，亟待治理，鉴于黄河河床抬高，涝水受大河顶托不能自流入黄，解决金堤河涝水出路是当务之急，建议涝水北排。同时认为，治河和送水是两回事，不应捆在一起考虑。同意从彭楼向山东送水，但河南要做出很大牺牲，扩大濮西干渠要占压许多良田，原有工程几乎全部需要重建；长时间送水，势必抬高两侧地下水位，滋生盐碱；远距离输沙不现实，渠道沉沙又要占压土地，希望能够互惠互利，解决范县县城的区划问题，至少将樱桃园乡划归范县管辖。

鉴于行政区划是个复杂的问题，不是水利部门所能解决的。利用北金堤上的涵闸向北排水是个跨流域问题，也必须经过论证才能确定。因此，金堤河管理局筹备组劝说河南不要提区划和北排问题。

经过多次协调，豫鲁两省都提出了书面意见。在这种情况下，水利部于 1989 年 11 月，在京召开金堤河干流近期治理工程和彭楼引黄入鲁输水工程第一次协调会议。会议为协调豫鲁两省水事纠纷做了大量工作，但因南北小堤标准等问题存在分歧，会议没有达成协议。会后，山东又提出了 7 条具体要求。

为了进一步协调两省水事，金堤河管理局筹备组反复做两省的工作，经过调查研究，拟定了 9 条原则意见，征得河南、山东两省水利厅基本共识后，水利部于 1990 年 4 月在京召开第二次协调会议。经过广泛的协商，对有关问题，本着“上下游兼顾，互谅互让，团结治水”的精神，终于达成了一致意见，形成了《会议纪要》。5 月 7 日，水利部向河南、山东两省发送《纪要》时强调指出：金堤河干流近期治理和彭楼引黄入鲁输水工程，是黄淮海地区农业开发的重要工程，实现该两项工程是河南省濮阳市和山东省聊城地区人民的多年夙愿，希望两省共同努力，团结协作，做好群众工作，不失时机地促其早日实施。6 月 7 日，山东省政府复函水利部，原则同意协调会议上取得的一致意见，并将以积极的态度促使两项工程早日实施。而河南省濮阳市和范县对《纪要》有不同意见。他们同意扩大濮西干渠向山东送水，不同意三堤两渠送水方案，他们认为：三堤两渠占地多、投资多，群众工作难做，打乱了原来灌溉渠系，既不科学，又不合理，也没有必要。为了维护《纪要》的严肃性，河南省水利厅和金堤河管理局筹备组对濮阳市和范县做了大量说服工作，由于实施三堤两渠方案需进一步论证，河南省政府在向水利部复函中，仅对金堤河治理发表了意见，而对彭楼送水工程没有表态。致使《会议纪要》不能实施，协调工作又一次搁浅。

为加强协调工作，经水利部批准，黄委会于 1991 年元月，正式成立金堤河管理局，管理局成立后，集中精力加快协调，王福林副局长带领有关人员四处奔波，反复做两省的工作，对送水方案进行了实地查勘，通过调查研究，实施三堤两渠送水方案确有困难。对此，管理局先后做了莘县、范县、聊城地区和濮阳市的工作。1991 年 3 月，河南省对彭楼引黄入鲁输水工程设计任务书提出了 7 条意见。4 月 6 日，山东省也就输水路线、输水干渠与金堤河交叉建筑物提出了意见和建议。两省表态后，水利部于 5 月底在京召开第三次协调会议。会议对彭楼送水方案进行了审查，提出了 7 条审查意见,会议通过了扩大濮西干渠向山东送水方案。会后，山东省又坚持“三堤两渠”专线送水，而且重新提出北小堤标准问题，致使协调工作陷入僵局，再一次落入低谷。

为了全面解决金堤河水事，早日实施金堤河治理规划，1992 年，金堤河管理局八下山东，五下河南，进一步作耐心细致的说服、协调工作，通过艰苦的努力和广泛的协调，终于打破僵局，走出低谷，使豫鲁两省在主要问题上取得了较为一致的意见，至此，立项的时机基本成熟，金堤河管理局抓住有利时机，协同水利部计划司起草了《关于金堤河干流近期治理工程和彭楼引黄入鲁输水工程项目建议书》，由一部两省会签，协调工作取得了突破性进展。全面解决金堤河水事，综合治理金堤河，使中原老区人民尽快脱贫，实现流域内人民多年的夙愿，已为期不远！

创业进行曲

——《黄河报》金堤河系列报道之三

唯实　肖强　李欣

(1993 年 4 月 2 日)

两年前，这里还是一片荒地，如今却呈现出一派热火朝天的施工场面。

两年前，这里还没水、没电、没人烟，如今这里却是一个充满生机的水行政管理机关，这就是新成立的金堤河管理局。

为了协调豫鲁两省金堤河地区水事纠纷，黄委会于 1989 年 3 月决定成立金堤河管理局筹备组，1991 年元月 3 日，黄委会正式宣布成立金堤河管理局。

俗话说："万事开头难！"是啊，创业确实难！金堤河管理局筹备组成立后，一直借住在濮阳黄河河务局，不仅影响了濮阳局的正常工作，也不利于筹备工作的进行，而且每年要开支房屋租赁、水电气等费用达 5 万元。怎么办？一个响亮的回答是"克服一切困难，加快机关建设！"

在濮阳市政府的大力支持下，虽几经周折，终于在濮阳市京开大道与中原路交叉口的东北角征购了 40 亩地，地理位置的优越，进一步激发了同志们加快机关建设的热情。他们克服了征地工作中的重重困难，进驻了空旷的土地，拉开了机关建设的序幕。

金堤河管理局在改革中诞生，改革自然也就成为机关建设工作中的主动力。局领导和指挥部全体同志不失良机，千方百计加快基建工程的速度。施工中没有电，他们接上农用电，农电供应不正常，他们便想到了发电机，是买一台，还是租用一台，他们一合计，租用一台要比买一台省70%的钱。于是他们便租用一台发电机，保证了施工用电。施工没有水，又没钱打井，他们只好买了一个5 m^3的压力罐，利用原有的一口废井，以解燃眉之急。为了解决资金问题，他们采取了施工单位垫支、发动职工集资和向濮阳市建行、黄委会资金调度中心借贷等措施，共筹资近200万元，保证了施工费用。

尽管这里还赶不上深圳速度，但是仅用9个月的时间，就完成了近1万 m^2的建筑面积，这在中原腹地却不多见。今日再看金堤河管理局大院，车库、仓库、家属楼已竣工使用，西四层商业楼主体工程建设已完工，东商业楼也铺工开基，临街30多间商业平房建成后已全部出租。有人计算过，在整个施工中，仅筹集资金这一项改革措施，就比按照常规程序办事节约经费30万元。

创业的道路是曲折的，创业的生活则更是艰苦的。到现在，全局41名职工守着河却不能保证他们的日常生活用水，守着油田，他们都只能用煤烧饭。没有专车，他们就骑自行车，挤公共汽车，没有办公楼，他们就在刚盖好的车库、仓库里办公，与身边新型的油城人的工作和生活环境相比，这是多么强烈的反差呀！正因如此，他们在局机关的建设中，要付出比别人更多的心血，才能解决一个矛盾、一场纠纷、一个问题。

就在这样的环境下，他们既抓了水事纠纷协调工作，又抓了机关建设；既抓了金堤河治理的前期准备工作，又抓了机构改革和综合经营；既抓了物质文明建设，也抓了精神文明建设。金堤河管理局职工来自四面八方，为了提高职工队伍的业务素质和思想政治觉悟，他们充分发挥党团组织的战斗堡垒和先锋模范作用，加强了精神文明建设；充分发挥工程技术人员的积极性和创造性，加强了河务水政工作。为了让大家对金堤河、金堤河水事纠纷有一个全面的认识和了解，他们搜集了金堤河流域所有降水、地表水、地下水和引黄水资料，搜集了历史文件，整编了《金堤河治理文件汇编》，编写了《金堤·金堤河·北金堤滞洪区大事记》、《金堤河水事纠纷》以及《金堤河流域旱、涝、碱灾害防治对策研究》等。去年，他们又组织了金堤河有史以来第一次徒步拉网式查勘，搜集了金堤河河道淤积、行洪障碍、堤防残缺、桥梁毁坏、水质污染等大量第一手资料，编写了查勘报告和专题报告，为金堤河治理提供了科学依据。还制定了张庄闸有史以来第一个《洪水防守方案》。最令人欣慰的是经过四年细致的协调工作，终于使两省多年来的水事纠纷得以化解，对主要问题取得了一致意见。

金堤河管理局的人们在创业中认识到了改革的动力，认识到要治理好金堤河就必须拥有一个新型的管理体制。

他们遵照邓小平同志南巡讲话精神，根据部委提出的“小河政、大实体”的改革目标，结合这个局人员编制尚未固定，两省尚未达成协议的实际情况，本着因事设岗，一人多岗，一岗多事的原则，提出了调整机构设置，精减人员，开办经济实体的改革方案，并付诸实施。工务处，水政水资源处合署办公，办公室、财务处合署办公，撤销了行政科、器材科，精减机关人员，充实到劳动服务公司，落实了 5 个经济小实体和承包经营方式。他们将原财务科改为内部银行，不仅承担事业、基建、物资等原有业务，而且增加了储蓄、借贷等金融业务，合理调配有限资金，以便为这个局综合经营创造良好的金融环境，扩大经济效益。他们成立的劳动服务公司，利用地理位置的优势，开设了金水饭庄，让打字复印既对内服务，又对外营业，开设了小卖部，协办了古建筑装饰门市部。建材物资供应公司既对内服务，又对外经营。在公司内部实行经理负责制，经理有权招用临工，聘请能人，任免公司里干部，奖惩职工，辞退雇员，机关从业人员可以双向选择。经过一年的艰苦奋斗，这个局综合经营已初具规模，并且取得了可喜的效益，1992 年净收入 4 万元，人均收入 1 150 元，大大超过了与黄委会签订的目标任务。

今年初，他们又进一步调整机构，设置一室一处一公司，即办公室、河务处、黄河金龙经济发展总公司，实现了分流人员50%。

鲁迅先生说过：“世上本来没有路，走的人多了，便成了路。”本文不是要重复先生的原意，而是想说：走路是一件很平常的事情，但开创道路却是一件困难的事。金堤河管理局在改革中开创了自己的道路，他们将会坚定不移地走下去，因为等待着他们的将是一个更辉煌的明天！

1996年12月12日，在金堤河治理河道疏浚工地接受黄河电视台记者采访

在金堤河治理领导小组第一次工作会议上的汇报

(1995 年 4 月 11 日)

组长、副组长、各位成员及与会的各位同志：

现在我向金堤河治理领导小组报告下列工作。

一、关于金堤河干流近期治理工程和彭楼闸引黄入鲁灌溉工程立项审批工作

1993 年 5 月 10 日，两省一部会签了两项工程的项目建议书，5 月 17 日，上报国家农业综合开发办公室审批，9 月 20 日，农开办以[93]国农综字第 146 号文批复了两省一部的项目建议书，要求尽快报送可行性研究报告和年度计划。10 月上旬，水利部计划司规划处安排黄委会勘测规划设计研究院编制两项工程的可行性研究报告。1994 年 1 月，黄委会设计院完成了两项工程的可研报告。2 月 18 日，黄委会对可研报告进行审查后，以黄河务[1994]7 号文向水利部、国家农业综合开发办公室报送了可研报告。3 月 12～17 日，国家农业综合开发办公室、水利部规划计划司和水利水电规划设计总院，在濮阳市召开会议，对黄委会设计院编制的《金堤河干流近期治理工程可行性研究报告》和《彭楼引黄入鲁灌溉工程可行性研究报告》及山东省聊城地区水利勘测设计院编制的附件《彭楼引黄金堤北灌溉工程可行性研究报告》进行了初步审查，会议认为：“几个月来，黄委会勘测设计院和聊城地区水利勘测设计院做了大量工作，提出的两项工程的可行性研究报

告，有些问题需进一步研究协调，希望根据会议的意见，在现有报告的基础上，进行适当补充修改，尽快提出修订可研报告。”黄委会设计院经过半年时间，完成了修改任务。10月，黄委会以黄规计[1994]40号文，向水利部、国家农业综合开发办公室报送了根据初审意见补充修改的《金堤河干流近期治理工程可行性研究报告》和《彭楼引黄入鲁灌溉工程可行性研究报告》；与此同时，山东省水利厅以[94]鲁水计字第116号文，转报山东省聊城地区水利勘测设计院于1994年9月提出的《彭楼引黄入鲁灌溉工程可行性研究报告》附件：《彭楼引黄金堤北灌溉工程可行性研究报告》。11月1～3日，水利部规划计划司和水利水电规划设计总院共同在北京召开会议，对上述两项工程可行性研究报告和附件进行了审查。会议认为：黄委会勘测规划设计研究院和聊城地区水利勘测设计院提出的两可行性研究报告，符合“统筹兼顾、团结治水”的精神，反映了多年来分析研究和反复协调的成果，内容较全面，基本达到可行性研究阶段的深度，会议基本同意该两项可行性研究报告。12月15日，水利部以水规计[1994]543号文，向国家农业综合开发办公室报送了两项工程可行性研究报告及审查意见。12月31日，国家农业综合开发办公室以国农综字[1995]4号文，批复了两项工程可行性研究报告及审查意见。1995年1月26日，水利部以农发办[1995]l号文，向黄委会转发了国家农业综合开发办公室的批复。到此为止，可以说两项工程立项审批阶段的工作已基本结束。

说基本结束，是因为彭楼引黄入鲁灌溉工程取水许可手续尚未办理。根据水利部1994年6月9日发布的《取水许可申请审批程序规定》，“新建、改建、扩建的建设项目，需要申请或者重新申请取水许可的，建设单位应当在报送建设项目设计任务书(即国家现行基本建设管理程序中的可行性研究报告)前，向受理机关提出取水许可预申请”。“建设项目经批准后，建设单位应当持设计任务书等有关批准文件向受理机关提出取水许可申请”。因此，彭楼引黄金堤北灌溉工程的取水许可，尚需作为建设单位的山东省水利厅向黄委会办理取水许可手续。

二、关于金堤河治理领导小组及其职能

两省一部会签的两工程项目建议书中提出：为了协调施工过程中的矛盾，由黄委和豫、鲁两省水利厅联合成立金堤河治理领导小组。国家农业综合开发办公室批复了两工程项目建议书后，我们根据水利部计划司的指示，分别征求豫、鲁两省，濮阳、聊城两市地，中原油田等部门的意见，拟定了金堤河治理领导小组成员名单，由黄委会庄景林副主任任组长、山东省水利厅邱沛副厅长和河南省水利厅舒嘉明副厅长任副组长、濮阳市孔德钦副市长、聊城地区张敬涛(副书记)副专员、中原油田勘探局涂仁祥副局长、水利部计划司刘斌处长、国家农业综合开发办公室赵广发处长、黄委会河务局宋玉山副局长、黄委会计财局杨明云副处长和金堤河管理局王福林副局长任领导小组成员。领导小组下设办公室，王福林兼任办公室主任。黄委会于 1993 年 12 月 11 日，向水利部报送了领导小组成员名单，1994 年 1 月 17 日，水利部正式批复了领导小组成员组成。去年 11 月，两工程可行性研究报告在北京审查通过后，考虑到两工程即将进入实施阶段，为加强领导，有利于工程实施，黄委会研究并经水利部批准，任命黄委会副总经济师兼规划计划局局长宋建洲同志为金堤河治理领导小组副组长，主持处理日常工作。另外，因人事变动，原领导小组成员濮阳市孔德钦副市长更换为濮阳市曹濮生副市长。原领导小组成员黄委会规计局杨明云更换为张华民。

水利部在批复领导小组成员组成时，要求尽快研究制定领导小组及其办公室的主要职责，以及落实责任制的具体措施，以利于金堤河治理及彭楼引黄入鲁输水工程的顺利实施。我们遵照这

一要求，草拟了领导小组职能和办公室工作范围，分别送两省征求意见，两省水利厅都很重视，提了一些建设性意见。国家农业综合开发办公室批复两项工程可行性研究报告及审查意见时提出："对两项工程的组织管理，同意黄河水利委员会为金堤河干流近期治理工程和彭楼引黄入鲁灌溉工程的主管单位，金堤河管理局为整个工程的建设单位，山东省水利厅为北金堤以北工程的建设单位，整个工程在金堤河治理领导小组统一部署和领导下，各有关单位分别负责实施。"因此，我们对领导小组职能作了修改，请领导小组讨论。我们认为领导小组职能主要有下列几项：

(1) 听取并审议建设单位关于设计工作和概算调整情况的报告，并听取两省意见；

(2) 听取并审议建设单位关于工程安排意见的报告，部署并领导工程建设；

(3) 听取建设单位关于施工进展情况的报告，并检查施工质量，协调两省意见；

(4) 听取并审议建设单位关于投资经费使用情况的报告，负责向水利部、国家农开办报告投资经费使用和缺口情况；

(5) 领导竣工验收，负责向水利部、国家农开办报告工程完成情况。

关于领导小组办公室，我们意见是：不组建办公室这个机构，有关领导小组的事务性工作，由金堤河管理局代理。当否，请领导小组研究决定。

三、关于设计工作

《金堤河干流近期治理工程可行性研究报告》和《彭楼引黄入鲁灌溉工程可行性研究报告》，去年 11 月上旬，在北京审查通过后，我们立即部署设计工作，为加快进度，我们委托黄委会设计院承担了彭楼引黄入鲁灌溉工程金堤以南部分的设计任务，委托山东黄河设计院承担了彭楼引黄灌溉工程穿金堤涵闸的设计任务，委托河南黄河设计院承担了金堤河干流近期治理工程八座桥梁和两座涵闸的设计任务，委托河南省濮阳市水利勘测设计院承担了张庄电排站检修设计任务。鉴于 1993 年 11 月国家农开办和水利部就批复了 1993 年度投资计划,水利部计划司要求我们抓紧施工。为适应这一需要，1994 年春，我们委托黄河水利学校对金堤河干流进行了纵横断面测量,原计划在 1994 年 3 月可行性研究报告审查通过后即组织施工。去年可研报告修改期间，我们又组织力量对金堤河干流进行了地质调查。所以，金堤河干流施工详图设计任务，在兄弟单位的大力支持下，由我局设计室承担。目前，各单位都已开展工作。

《金堤河干流近期治理工程可行性研究报告》审查意见中，关于设计水位，认为“这次推算的 3 年一遇治涝设计水面线，普遍低于 1965 年和 1980 年确定的排涝控制水位，下阶段希研究按当时确定的排涝水位控制，适当缩小设计疏挖的河槽的底宽，减少疏挖土方的可行性。”我们根据这一审查意见，首先进行了水面线调整，这次水面线分析计算，采用了黄委会设计院 1988 年 12 月对金堤河干流张庄至耿庄 159.7 km 河道的纵横断面测量成果，本次计算采用了张庄闸至五爷庙长 131.6 km 河段，680 个断面作为推算金堤河干流水位的资料依据，采用了已经批准的黄委会设计院《可研报告》中的起始水位；采用了河南省水利勘测设计院的“平原河道计算机辅助设计程序”(本程序经水利部规划设计总院审定批准，河南省在淮河、海河等平原河道设计中均正式应用)；《可研报告》中糙率选取，主槽和滩地均为 0.022 5，我们认为不甚合理，本次计算中，我们遵照黄委会吴致尧总工的指示：主槽糙率取 0.025，边滩糙率取 0.035。从目前计算结果来看，这次推算的水面线比黄委会设计院《可研报告》推荐的水面线要高，比 1965 年河南省水利厅的水面线要低，但接近 1980 年综合治理规划报告中确定的各支沟排涝控制水位水面线。古城以下为壅水曲线，河底开挖宽度的变化对水位几乎没有影响，古城至五星沟口河段，这次推算的水面线略低于1980年的控制水位，我们意见是这段河槽按1980年确定的排涝控制水位,来缩小河槽疏挖底宽。

《可研报告》编制时，受总投资的制约，工程量没有减少，单价偏低，例如，穿北金堤30 m^3/s的涵闸仅87万元，给设计工作带来了一定的难度，我们已要求设计部门优化设计，进而调整概算。另外，《可研报告》中漏缺项很多，如拆迁赔偿、临时道路、高压电架设、挖塘机施工围堰、防洪措施、导流工程、施工用水、管理房建设等均未考虑，南小堤加高培厚也没有考虑10多条涵管的改建，因此，也需要进行适当的调整。设计工作任务很大，我们正在抓紧进行。

四、关于施工承包

《金堤河干流近期治理工程可行性研究报告》中提到："金堤河干流河道开挖疏浚、南北小堤加培和彭楼输水工程的土方施工，采用投资费用包干办法，按照省辖分别由山东、河南两省向业主签订承包协议，由两省成立相应的施工管理机构，自行招标确定施工队伍。两省边界插花河段的土方工程，由金堤河管理局招标施工。""金堤河及彭楼输水工程上的建筑物施工，由业主统一招标，原则上按工程所在省确定施工队伍。对矛盾纠纷较大的边界地段，由黄河系统内的施工队伍承担施工。"

水利部在两项工程可行性研究报告审查意见中也表示：原则同意在金堤河治理领导小组的统一领导下，按照省、县界进行分段，以机械化为主、人工为辅组织施工。原则同意提出的施工方法，下阶段结合施工队伍情况进一步研究解决。要加强施工监督管理，切实保证施工质量。

目前，豫、鲁两省和濮阳、聊城两市地，对两项工程建设都很重视，为有利于两省对两项工程实施有效领导，我们主张由两省水利厅对金堤河管理局签订承包协议，此意见当否，请领导小组研究。我们已经草拟了投资包干协议，请领导小组一并审议。

五、关于彭楼引黄入鲁供水协议

山东省聊城地区西部莘、冠两县水资源紧缺，制约经济发展，人民生活贫困。由于大量超采地下水，形成面积很广的地下水下降漏斗，最深已达 20 多 m，生态与环境日趋恶化。现有的彭楼引黄闸是按引水 50 m^3/s，加大 75 m^3/s 设计的，引水条件尚好，由该闸引黄入鲁，补充莘、冠两县水资源的不足，是缓解该地区水资源紧缺的可行措施，对发展该地区经济，尽快脱贫具有十分重要的作用。河南省积极支持山东省发展引黄灌溉、引黄补源，愿为缓解聊城地区西部水资源不足做贡献！

彭楼引黄入鲁北金堤以南输水工程设计规模为：彭楼闸至辛杨干渠段，按输水流量 50 m^3/s，加大 75 m^3/s 设计；辛杨干渠至濮东干渠段，按输水 38 m^3/s 设计；濮东干渠至沉沙池，按输水 30 m^3/s 设计。北金堤以北发展灌溉面积 63 万亩，补源改善灌溉面积 137 万亩。灌溉保证率 50%年份，4～6 月份主要灌溉期引黄入鲁水量 1.28 亿 m^3，年引黄入鲁水量 3 亿～4 亿 m^3。在不影响黄河下游需水和河南省现有彭楼灌区灌溉要求的前提下，相机增引黄河水补源。引黄入鲁输水干渠的比降采用 1/5 000，穿金堤河建筑物采用倒虹吸方案。

彭楼引黄入鲁灌溉工程为跨省工程，其中北金堤以南的骨干工程为豫、鲁两省共用工程。根据审查意见，这段工程宜在金堤河管理局领导和对水量统一调度下，由金堤河管理局和范县共同管理。水利部在转发国家农业综合开发办公室关于两项工程可行性研究报告及审查意见的批复时，请黄委会按核定后的水价、年引黄水量与两省签订供水协议，并督促金堤河管理局和有关省、地水利部门加强工程管理，按计划送水和收取水费，以保证工程正常运行和经济上的良性循环。我们草拟了彭楼引黄入鲁灌溉工程供求协议，请领导小组审议。

关于引黄入鲁供水水价，应由两部分组成，一是北金堤以南新修输水工程(含北金堤涵闸)的供水成本水价，二是上游渠首来水的水源费。水利部要求黄委会设计院和金堤河管理局按投资筹措方案的资金使用条件，进一步确定引黄入鲁灌溉工程北金堤以南的水价。我们已经对彭楼引黄入鲁供水水价进行了分析，请领导小组一并审议。

六、关于工程安排

1993年11月，国家农业综合开发办公室和水利部下达了1993年度两工程投资计划，安排工程有：①金堤河张庄—张秋段南小堤加高培厚；②濮阳县岳辛庄卡口段开挖；③濮阳县南关桥卡口段开挖；④彭楼引黄入鲁穿金堤涵闸。1994年12月，水利部又下达了1994年度两工程投资计划，安排工程有：①金堤河张庄—台前段河道开挖；②张秋—台前段南北小堤加培；③濮阳县南关桥—岳辛庄段河道疏浚；④彭楼引黄入鲁金堤南输水干渠清淤和开挖；⑤彭楼引黄入鲁输水干渠分水闸和油田管线改建工程。

由于《可行性研究报告》去年11月才审查通过，12月底国家农开办批复了可研报告及审查意见，今年1月下旬水利部才转发了国家农开办的批复。原定金堤河干流近期治理工程建设期限为1993～1997年，彭楼引黄入鲁灌溉工程(金堤以南部分)建设期限为1993～1995年，现在两年过去了，为了实现1997年两工程全部完成，我们建议：①今年9月对金堤河131.6 km河段全线开工，争取到明年6月底完成河道清淤疏浚任务；②1997年6月底以前完成涵闸及桥梁建设；③今冬明春完成彭楼引黄入鲁输水干渠的土方任务和分水闸工程；④明冬后春完成彭楼引黄入鲁输水干渠混凝土衬砌任务；⑤今年完成穿北金堤涵闸建设任务，明年完成穿金堤河倒虹吸工程。以上工程安排意见是否可行，请领导小组审议。我们认为，目前要求承担两项工程建设任务的施工单位不少，有的单位还愿意垫资，全线开工有可能；金堤河工程投资中有 7 100 万元是以工代赈，今年是水利工程使用以工代赈投资的最后一年，全线开工也有必要。

关于金堤北彭楼引黄灌溉工程的建设，请山东省水利厅和聊城地区提出进度安排意见。

七、关于项目管理

金堤河干流近期治理工程和彭楼引黄入鲁灌溉工程,是经国家农业综合开发办公室批准的黄淮海平原综合治理农业开发项目工程,金堤河干流近期治理工程是平原地区跨省排水、投资为 21 345 万元的大(2)型工程，彭楼引黄入鲁灌溉工程也是跨省、跨流域，年引水量 3 亿～4 亿 m^3，发展灌溉面积 63 万亩，补源改善灌溉面积 137 万亩的大型调水工程。两工程都应属重点水利工程项目。

为加强管理，保证金堤河干流近期治理工程和彭楼引黄入鲁灌溉工程按合理工期优质高效地完成建设任务，尽快发挥效益，黄委会研究决定，对金堤河管理局在两项工程建设管理工作中实行“项目法人责任制”试点。实行项目法人责任制是适应发展社会主义市场经济，转换项目建设与经营体制，提高投资效益，实现我国建设管理模式与国际模式接轨，在项目建设与经营全过程中运用现代企业制度进行管理的一项具有战略意义的重大改革措施。目前，金堤河管理局正在学习有关项目法人责任制的政策法规知识，以便有效地开展试点工作。

金堤河管理局是为协调豫、鲁两省金堤河水事纠纷，促使金堤河干流近期治理工程和彭楼引黄入鲁灌溉工程早日上马而成立的新单位，目前人员不多，技术力量还比较薄弱，初次担负起大型工程施工任务，工作经验不足，作为工程建设单位负责两项工程的实施，还有一定的困难。为较好完成国家农开办和水利部交给的任务，金堤河管理局要求并经黄委会研究同意，由黄委会水电工程公司工程监理部抽调少量人员，帮助金堤河管理局搞好建设项目的监理，用好有限资金，充分发挥投资效益，保证建设任务和工程合同的实施。

八、关于投资问题

金堤河干流近期治理工程投资规模：动态总投资 21 345 万元。其中，中央财政资金 7 100 万元，以工代赈资金 7 100 万元，河南省自筹 7 145 万元。1993 年河南省配套资金 500 万元，省已经落实，因工程没有开展，后被调走。1994 年度河南省配套资金 1 500 万元，目前尚未落实，请河南省尽早落实 1993 年、1994 年两年配套资金，以利工程建设。

彭楼引黄入鲁灌溉工程投资规模：动态总投资 18 446 万元，其中，北金堤以南工程 5 800 万元，中央财政资金 4 900 万元，水利部投资 900 万元，部决定由水利基建贷款安排，山东省对此有异议，因为投资或贷款直接影响了引黄入鲁灌溉工程北金堤以南的水价；北金堤以北工程 12 646 万元，由山东省自筹。根据水利部水农发[1994]567 号文，1994 年度山东省配套资金 1 500 万元，目前尚未落实，亦请山东省尽早落实，以保证金堤北工程的实施。

国家农业综合开发办公室在批复可研报告及审查意见时，要求切实落实地方配套资金，及时到位，保证项目建设的顺利进行和工程整体效益的发挥。山东、河南两省对两项工程建设都很积极，我们相信两省是会尽快落实配套资金的。

金堤河干流近期治理工程和彭楼引黄入鲁灌溉工程经过七八年的艰苦努力，即将开工了，这是豫、鲁两省，濮阳、聊城两地市水利建设史上的一件大事，金堤河地区人民无不欢欣鼓舞！为便于领导小组对两项工程进行统一部署和有效领导，我们汇报了上述八个方面工作，请领导小组审议并研究制定一些重大决策。我们相信在领导小组的正确领导下，在国家农业综合开发办公室和水利部的大力支持下，豫、鲁两省一定能把两项工程建设好，向中央交一份合格的答卷。

1996 年 12 月，在金堤河施工现场指导工作

在金堤河治理和彭楼引黄入鲁工程领导小组第二次工作会议上的汇报

(1995 年 12 月)

各位领导:

现在我向领导小组汇报第一次工作会议以来的工作情况。

一、关于设计工作

(1) 为加快设计进度，使两项工程早日开工，我们在领导小组第一次会议后，立即于 1995 年 4 月 19 ~ 20 日，在郑州召开了“金堤河干流近期治理和彭楼引黄入鲁灌溉工程设计工作会议”。会议由领导小组副组长宋健洲同志主持，领导小组办公室主任宋玉山、副主任王福林及各设计单位的主要负责人参加了会议。会议对前段设计工作进行了总结，对下一步设计任务进行了讨论、研究和安排。会议要求各设计部门遵照《可研报告》审查批复意见，和领导小组第一次工作会议要求，抓紧进行优化设计，编制施工详图和概算调整，适当调整土方单价。各项设计任务保证在 7 月底全部完成，为两项工程开工创造条件。

(2) 根据设计工作进程的需要，为了统一金堤河干流治理及彭楼引黄入鲁两项工程概(预)算的编制标准，金堤河管理局于 6 月下旬，及时在濮阳组织召开了“金堤河干流近期治理工程和彭楼引黄入鲁灌溉工程概(预)算编制说明讨论会”。会议对两项工程的概(预)算编制工作进行了认真的讨论。对编制依据、基础资料、工程单价、概(预)算计算方法及附表、附件包括内容都一一作了详细的研究。最后形成了“金堤河干流近期治理和彭楼引黄入鲁灌溉工程概(预)算编制意见”。统一了认识，统一了标准，设计中采用的各种系数协调一致，有利于概(预)算编制和各项设计工作能高效率的进行。

(3) 水面线调整是设计工作中的重要一环，金堤河管理局和山东黄河勘测设计研究院曾于4月3日、5月25日、6月3日三次向黄委会总工程师吴致尧、总经济师宋建洲、副总工程师胡一三等领导和专家请示汇报，领导和专家认为：①水面线计算采用河南省水利勘测设计院的计算机程序，比较可靠，因为这个程序在淮河流域、海河流域的河道设计中广泛应用过；②河道糙率选择，《可研报告》中河槽与滩地糙率值均选用 0.022 5 是不合适的，根据金堤河的现状，河槽糙率值选用0.025，滩地糙率值选用0.035是适宜的，比较安全；③河道水面线调整计算应以1980年规划各支流排涝限制水位及1965年规划水面线为基础，在不影响各支沟口排涝的情况下，适当抬高水面线。根据委领导的指示，我们进行了大量的调算工作。7月9日，金堤河管理局向黄委会报送了“金堤河干流近期治理工程河道水面线修改计算成果”(包括河槽开挖断面、纵坡)。7月24日，黄委会批复同意金堤河干流近期治理工程河槽开挖断面、纵坡及水面线修改计算成果，望据此组织施工，在实施过程中如与实际情况有不符之处，请及时调整并报委备核。

(4) 关于张庄电排站检修、维护设计。鉴于张庄电排站隶属于河南省台前县，原为河南水利勘测设计院安阳分院设计，因此，我们将张庄电排站检修、维护施工设计任务，于1994年12月6日，委托濮阳市水利勘测设计院(安阳分院部分人员)承担，该院对此项设计工作非常重视，抽调精干人员，在濮阳市水利局和濮阳市金堤河治理工程指挥部的大力支持下，今年4月底完成了设计任务。经金堤河管理局初步审查后，立即报黄委会审批。6月

28～30 日，黄委会派出以副总工程师胡一三为组长、水电局局长赵晓飞、河务局副局长宋玉山为副组长的 8 人专家组，在濮阳召开了《金堤河干流近期治理工程张庄电排站检修、维护施工设计》审查会，对濮阳市水利勘测设计院完成的张庄电排站检修、维护施工设计进行了认真的审查。除听取汇报外，还深入张庄电排站进行现场查勘。经审查组认真研究，基本同意本施工设计，与会专家针对施工设计方案提出了很多宝贵意见，并且要求，对本工程的检修、维护施工应及早高质量、高标准的进行，使其在排除金堤河洪涝积水、减轻流域灾害中发挥更大的工程效益。7 月 17 日，黄委会批复了《金堤河干流治理工程张庄电排站检修、维护施工设计审查意见》。8 月 28 日，金堤河管理局致函河南省水利厅，通报张庄电排站检修、维护施工设计已由濮阳市水利勘测设计院完成，并经黄委会审查通过。应濮阳市金堤河治理指挥部和张庄电排站管理处多次要求尽快实施，根据金堤河治理领导小组第一次会议纪要，“按照省辖工程分别由山东、河南两省向建设单位签订承包协议”的精神，希尽快协商签订张庄电排站维修承包协议。

(5) 关于工程地质。《可研报告》工程地质部分，主要根据现有综合性工程地质测绘和少量钻探资料编制，审查意见要求下阶段应进行补充勘探和试验，结合调查，进一步摸清各项工程的工程地质条件，对可能产生较大沉陷、变形、液化等问题的，应进行研究，并提出相应的处理建议。干流河道设计的边坡系数，希根据各河段的地质条件进一步研究确定。南、北小堤加培土料，采用近处的弱透水壤土、黏土或利用河道开挖土料，下阶段应进行调查和勘探试验，通过技术经济比较选定。根据上述要求，我们委托山东黄河勘测设计研究院承担金堤河干流近期治理工程河道疏浚、南北小堤加培工程地质勘察任务。7 月，山东黄河勘测设计研究院完成了金堤河干流近期治理工程施工图阶段河道、南北小堤钻探及土工试验报告。南小堤加培 49.5 km，布设 5 个勘察断面，北小堤加培 21.8 km，布设 2 个勘察断面，每一断面均在堤顶和临、背河堤脚外各布置一个钻孔，计 3 个钻孔。河道地质普查每 2 km 布设一个钻孔，孔深 3 m，开挖 131 km 河段，布设了 66 个钻孔，进尺 198 m；南、北小堤土场普查每 1 km 设一个钻孔，孔深 1.5 m，共布设 70 个钻孔，进尺 105 m。并对 140 组土样进行了七个项目的土工试验。同时，我们委托河南黄河河务局勘测设计院承担了金堤河干流近期治理工程闸基、桥基工程地质勘察任务。6 月底，河南黄河河务局勘测设计院完成了金堤河干流近期治理工程 8 座桥梁和 2 座涵闸的工程地质勘察任务，共布设钻孔 56 个，完成总进尺 1 125.40 m，做不扰动土样 293 组，做标准贯入试验 267 次，并对 293 组不扰动土样进行了直剪、压缩、物性等 9 项试验。

(6) 关于桥梁和涵闸设计。金堤河干流近期治理工程有 8 座桥梁和 2 座防洪排涝闸，我们委托河南黄河河务局承担了 8 座桥梁和 2 座涵闸的设计任务，河南黄河河务局领导非常重视，亲自安排设计院，组织力量，支援金堤河干流近期治理工程，经过半年辛勤工作，6 月中旬基本上完成了设计任务，6 月下旬，在郑州召开了技术咨询会，广泛听取领导和专家们的意见和建议，6 月底，又在濮阳召开了设计工作汇报会，征求建设单位对施工图设计的意见。7 月，河南黄河河务局勘测设计院正式向金堤河管理局报送了“施工图设计、工程概(预)算、工程地质勘察报告”。

(7) 关于彭楼引黄入鲁灌溉工程穿北金堤涵闸设计。1994 年 11 月下旬，我们将此项任务委托给山东黄河勘测设计研究院，山东黄河河务局领导亦很重视。1995 年春节刚过，就派人进驻工地。因黄委会勘测设计研究院所定闸位与山东聊城地区水利勘测设计院所定闸位不一致，致使钻探工作未能及时开展。金堤河管理局及时组织黄委会勘测设计研究院、山东聊城地区水利勘测设计院、山东黄河勘测设计研究院，统一认识，现场确定闸位，使工作得以进展。到7月中旬，山东黄河勘测设计研究院已全部完成彭楼引黄入鲁灌溉工程穿北金堤涵闸的施工图设计。8月1日，向金堤河管理局报送了施工图设计、工程概(预)算及工程地质勘察报告。8月15日，金堤河管理局向黄委会报送了“彭楼引黄入鲁灌溉工程穿北金堤涵闸施工图设计”的全部文件。

(8) 截止到8月5日，金堤河干流近期治理工程施工图设计工作全部结束，基本上实现了设计工作会议上的要求。8月18日，我们在郑州举行了《金堤河干流近期治理工程施工图设计》汇报会，黄委会庄景林副主任、吴致尧总工、胡一三副总工，委河务局宋玉山副局长、宋玉杰总工，委规划计划局刘进海副局长等领导和专家参加了会议。专家们针对设计中的施工导流、迁占赔偿、概预算编制及可研报告中的漏项工程等，提出了许多建设性的宝贵意见。鉴于河南省新的《预算定额》和《计算标准》已经颁布，根据水利部对《可研报告》的审批意见，概(预)算编制按河南定额。为此，委领导要求各设计部门按照河南省水利厅颁发的新的《预算定额》和《计算标准》重新编制概(预)算，既符合水利部的要求，也便于操作。

(9) 河南省水利厅编制的《河南省水利水电建筑工程预算定额》上下二册，与《河南省水利基本建设工程设计概(预)算费用构成及计算标准》配套使用。河南省水利厅于5月24日以豫水计字[1995]97号文颁发了新的《预算定额》。要求从7月1日起执行，原1979年编制的《河南省水利基本建设工程概(预)算定额(试行)》同时废止。正式文本8月初面世。根据委领导的指示，金堤河管理局于8月20日，致函各设计单位，要求按河南省新的《预算定额》重新编制工程概(预)算。

(10) 经过一个月的修改，金堤河干流近期治理工程概算总投资为2.919 6亿元。10月10日，山东黄河勘测设计研究院向黄委会报送了《金堤河干流近期治理工程施工图设计》的全套文件，10 月 16～18 日，黄委会受水利部委托，组成审查委员会，由黄委会原总工吴致尧任主任，总经济师宋建洲、副总工胡一三、成健，委河务局副局长宋玉山任副主任，对《金堤河干流近期治理工程施工图设计》进行了认真的审查，重点对概算总投资进行了压缩。根据水利部指示，总投资不能突破 2.134 5 亿元。经过压缩，审查后的总投资为 2.199 5 亿元。审查会议期间，黄委会勘测设计研究院报送了《彭楼引黄入鲁灌溉工程设计及概算》，审查委员会一并进行了审查，核定彭楼引黄入鲁灌溉工程总投资为 5 813.0 万元。11 月 6 日，黄委会以黄规计[1995]171 号文，批复金堤河干流近期治理工程、彭楼引黄入鲁灌溉工程设计及概算。

至此，设计阶段工作全部结束。

二、关于两省意见

黄委会在批复两项工程设计及概算时指出：请根据审查意见抓紧编制具体分包发包执行概算，与两省签订承包协议后实施。由于该工程资金来源分散，施工牵涉面广，请抓紧进行工程的组织协调工作，督促地方落实好配套资金，充分利用有利施工季节争取早日开工，发挥工程效益。

10 月 20～21 日，水利部规划计划司张国良副司长、刘斌处长，受国家农开办和水利部的委派，来濮阳实地察看彭楼引黄入鲁输水线路和彭楼渠首闸，实地察看了金堤河上游河道的濮阳南关、岳辛庄等重点河段，详细询问了金堤河治理和彭楼引黄入鲁工程的情况，了解了两工程的准备工作进展，听取了金堤河管理局关于当前工作情况的汇报。张副司长听取汇报后，对工作进行了明确指示，他要求：张庄电排站维修工程、濮阳南关至岳辛庄河道(卡口段)清淤工程、彭楼引黄入鲁穿金堤涵闸工程，必须于 11 月 10 日开工，其他工程今冬明春也要陆续开工。有关与两省承包协议尽快签订，亦可待开工后签订。张副司长在濮阳期间，向濮阳市政府孔德钦副市长询问了工程准备情况，并与孔副市长当面敲定，濮阳南关至岳辛庄清淤工作，于11月10日开工。孔副市长表示，克服困难，争取开工。

10月23日，我们立即将张国良副司长的指示，电告黄委会和河南、山东两省水利厅，根据刘斌处长安排意见，定于10月30～31日赴河南省水利厅，11月4～5日赴山东省水利厅，通报施工图设计情况、黄委会审查审批意见和张副司长的指示，并商签承包协议。10月24日，河南省水利厅复电："因设计、审批情况不明，我厅无法准备商签承包协议事项。工程施工组织管理方式、工程招投标、选择施工单位、工程用地迁赔手续办理等各项准备工作尚未开始，我厅认为11月10日开工还不具备条件。在施工准备不足情况下，仓促开工，遗留问题很多，难以促使工程正常进展。尚若贵办和濮阳市能做好开工前的准备工作，可于11月10日开工，我厅表示支持。"

根据部、委领导指示，我们抓紧编制执行概算，为准确分解豫、鲁两省工程量，我们于10月23～24日，邀请了濮阳市、聊城地区两工程指挥部及范县、莘县、台前、阳谷四县水利局熟悉边界情况的人员，来我局共同确定各县边界。因两省边界犬牙交错，虽经两天划分，仍不能确定。10月26～27日，我局又和濮阳、聊城两市地指挥部的同志，赴阳谷、台前、莘县、范县，现场查勘就地划界。经过一天半的时间，划清了阳谷和台前的县界，莘县和范县因意见分歧较大，无法进行。我们只好根据可研报告和勘测资料初步分解了范、莘两县的工程量。

执行概算编制后，我们随即于11月4日向山东省水利厅、11月8日向河南省水利厅，介绍了金堤河干流近期治理工程施工图设计情况和概算编制，通报了黄委会对两项工程的审查审批意见，传达了张国良副司长要求尽快开工的指示，并将投资包干协议书送两省厅考虑商签。11 月 11 日，我们又以特快专递发送了黄委会《关于金堤河干流近期治理工程、彭楼引黄入鲁灌溉工程设计及概算的批复》。随后，我局又派人于 11 月 20 ~ 21 日前往山东省水利厅，11 月 23 日前往河南省水利厅，听取反馈意见。山东省水利厅提了六个方面意见，河南省水利厅提了五个方面意见。11 月 24 日，我们向领导小组组长庄景林副主任、副组长宋建洲总经济师、办公室主任宋玉山副局长详细汇报了两省意见，并向水利部规划计划司汇报了两省意见。11 月 27 日，我们又收到聊城地区水利局向水利部拍发的传真电报。现在就两省意见提出我们的看法，请领导小组研究。

(一) 关于下游支沟口建设

河南省提出：金堤河干流出口主要靠张庄闸排水入黄，由于黄河河床逐年淤高，金堤河入黄受顶托日趋严重，干流下游的除涝防洪水位相应提高。在金堤河干流回水区内尚有 19 条支沟排水受阻，除了濮城干沟和总干第二条在可研报告中列入治理外，其余 17 条支沟的排水没有考虑，涉及土地 666 km^2，耕地 70 万亩，人口 67 万人。一旦金堤河干流全面开挖，上游的集流更为通畅，这 17 条沟的顶托更为严重，如果不建排水闸站，该区域的洪涝灾害将会加剧，如果不妥善处置，下游区域群众对干流开挖会产生抵触情绪，影响治理工程实施，我们要求在干流治理时同步安排下游 17 条支沟沟口防洪闸及提排站建设。

1995 年 4 月 12 日，河南省在金堤河治理领导小组第一次工作会议上曾反映：南小堤加高没有考虑范县、台前境内 10 多条排水沟闸、站的建设，会议同意河南省进一步查勘，并提出设计及工程概算，报水利部列入金堤河近期治理工程。濮阳市水利局根据领导小组第一次会议纪要精神，安排市水利勘测设计院对下游受顶托支沟口的防洪闸及提排站作出了初步设计，共修建防洪闸 17 座、提排站 14 座，共需投资 2 535.83 万元。濮阳市水利局于

7月10日向水利厅呈报了《初步设计》。8月4日，我局向黄委会报告对濮阳市水利局呈报的《初步设计》的意见。河南省水利厅和黄河水利委员会也分别将濮阳市水利局的《初步设计》报水利部，因资金限制，水利部没有同意。

(二) 关于张庄提排站进水闸改建

河南省提出：南小堤上的调节闸原是为三角地区向干流排水用的，现在规划上改为从干流引水进入提排站，因而闸顶高程以及底板高程都和现有任务不适应，需要拆除重建。不然会影响近期工程排水调度的实施，实现不了近期治理标准，认为应考虑予以重建。

这次我们在施工图设计中将该闸改建列入计划，但因受资金限制，在审查中认为这仍是可研报告以外的项目，被核减了。

(三) 关于北金堤加固问题

山东省提出：设计中未涉及北金堤的加固措施。北金堤安危事关重大，金堤河治理应以北金堤安全为前提，金堤河为地上河，治理后下游河内防洪水位将高出堤北地面8 m以上，且水偎北金堤达60多km，因此，在施工图设计中应对北金堤的安全采取相应措施，确保北金堤安全。

从1989年6月我们第一次和山东省同志座谈，山东省就提出要求加固北金堤，直到现在，山东省仍然要求确保北金堤安全。我们非常理解山东省同志的心情。北金堤是黄河的第二条防线，是北金堤滞洪区运用时防守用的。如果连金堤河的洪涝水都防不了，那也就不叫“金堤”了。北金堤是黄河下游大基建工程，黄委会对北金堤建设责无旁贷，金堤河干流近期治理工程是国家扶持的地方工程，无法考虑北金堤加固，黄委会对北金堤的安全会予以考虑的。

(四) 关于北小堤遗漏问题

山东省提出：设计中北小堤有三段遗漏，经实地核对，设计中漏掉了刘垓北小堤段0.9 km，明堤干渠以西花一村段1.5 km未与北金堤连接，花一村现有村民 200 户，800 人及 1 200 间民房。为保护子路堤村 4 户，20 人，25 间民房，北小堤需向上延伸 0.3 km。上述 3 段共长 2.7 km，应列入施工图设计，并列入本次承包任务之中，否则，刘垓、花一村和子路堤的部分村民将被置于滩区，给金堤河如期治理带来困难。

经查核：明堤干渠以西花一村段，因地势较高，测量时遗漏，因此施工图设计中也就遗漏，山东省同志提出后，我们已予以更正。关于刘垓段 0.9 km，《可研报告》中没有列入，一直视为围村堰。子路堤段向上延伸 0.3 km，是新的要求，不好考虑。

(五) 关于阳谷县境内滩区耕地赔偿问题

山东省提出：对阳谷境内 3 年一遇设计排涝水位以下 1.8 万亩耕地给予一次性补偿，施工图设计中没有列入这项费用，将给工程实施造成新的困难，为此，应增补该项费用。

因水利部审批总投资时没有列此项费用，所以在施工图设计中没有考虑。

(六) 关于南小堤老堤占地赔偿问题

河南省提出：南小堤老堤占地，本次概算把高堤口以下堤段列入概算，给予赔偿，而高堤口以上堤段不赔偿。在同一个县里，同是老堤占地，却有不同处理方式，执行政策上不一致，很难向当地政府和群众解释。

南小堤自高堤口至张庄 80 km 长。此次概算对高堤口以下堤段老堤占地给予了赔偿，因高堤口以上没有南小堤，故没有考虑。

(七) 关于征地赔偿标准问题

河南省提出：根据国家规定，计算征地前三年平均亩产值时，时间应是征地前三年，而不是编制估算前三年。亩产值应按统计部门法定统计资料为准，不是一般意义上调查而得的。因此赔偿标准永久占地 2 800 元／亩、临时占地 700 元／亩，硬压为 2 000 元／亩、400 元／亩是不妥的，在实施时不好向群众解释。

此次施工图设计中，我们编制概算，对征地赔偿标准是依据濮阳市统计局统计资料，台前县 1992 ~ 1994 年平均亩产值计算的。永久占地赔偿 2 800 元／亩，临时占地赔偿 700 元／亩。这样一来，资金突破 2 192.32 万元，鉴于总投资不得突破 21 345 万元，突破资金无着落，故在审查时，研究决定：永久占地和临时占地赔偿标准仍按可研报告的标准执行。

(八) 关于地面附着物赔偿问题

河南省认为：设计审批中对地面附着物赔偿均核除了是不妥的，不符合政策，群众难以接受，会影响顺利施工，建议用预备费安排解决。

地面附着物赔偿，在《可研报告》中没有考虑，此次施工图设计过程中我们对地面附着物进行了实地调查，拟考虑赔偿，但金额较大，资金无着落，所以审查时给核除了。能否动用预备费解决，请领导小组研究。

(九) 关于边界河段施工问题

为了减少矛盾，施工图设计中提出，金堤河边界部分河段由金堤河管理局负责施工。山东省认为：除满足倒虹吸施工场地布置以外，均应由所在市、地施工。我们认为，边界河段由金堤河管理局负责施工，可以减少矛盾，是合适的。

关于范县、莘县犬牙交错边界的施工，第一种方案按设计单位划分的工程量由两省分别实施；第二种方案是由金堤河管理局组织黄河上的施工队伍负责实施；第三种方案是将这一河段的工程量搁置起来，待两县协商好边界后，再分解工程量，分别承包。

(十) 关于人工工资、计划利润和间接费率问题

山东、河南两省都提出：黄委会审批概算中，把人工工资从 15.77 元／工日降为 12.9 元／工日。把计划利润 7%降为 3%，把间接费从 12.6%降为 9.8%，不符合水利部的有关规定，不利于水利施工队伍的良性运行机制建立。施工任务无法落实。

如果人员工资按 15.77 元 / 工日，按部规定计划利润取 7%，间接费率为 12.6%，资金将大大突破。水利部一再要求，总投资不得超过 2.134 5 亿元，我们是不得已而为之。

(十一) 关于工程预备费分解问题

河南省要求：工程预备费应按两省工程量比例分解，纳入包干总投资。

我们请示过部规划计划司张国良副司长，工程预备费绝对不能分，必须由建设单位掌握，如需动用，必须经主管部门批准。对两省承包，只能按执行概算签订协议。

(十二) 关于施工安排

山东省提出：金堤河治理应坚持先下游、后上游，先建筑物、后土方的原则。考虑滩区耕地一水一麦的特点，群众生产生活条件较差，我们建议土方工程采取集中施工的办法，每年麦收以后至主汛期前和冬季安排两期施工。彭楼引黄入鲁工程和金堤河治理工程系一整体工程，应同步实施，且两项工程的年度投资计划应按相应比例安排。在彭楼引黄入鲁工程项目安排中，应按照先上游、后下游的原则，优先实施制约工期的穿金堤河倒虹吸工程。

我们将根据施工组织设计，与两省共同商量工程安排意见。

两省意见和我们的看法汇报到此，不当之处，请批评！

我们已经编制好《金堤河干流近期治理工程施工图设计》和《彭楼引黄入鲁灌溉工程施工图设计》的执行概算，请领导小组审查。与此同时，我们还编制了与两省商签的投资包干协议，请领导小组一并审查，以便与两省签订“承包协议”。

60年代的金堤河工程管理局始末

(《黄河史志资料》1995年第4期刊载)

一

提到60年代初的金堤河工程管理局，得从金堤河水库说起。

1958年，在“以蓄为主”的方针指引下，河南、山东两省大搞引黄蓄灌，规划兴建大功引黄蓄灌工程。是年3月，河南新乡专区大功指挥部和山东聊城专区大功指挥部在封丘达成协议，规定大功总干渠引水 40 m^3/s，加大至 50 m^3/s，往黄庄河、柳青河各输水 20 m^3/s，加大 25 m^3/s。至五爷庙汇入金堤河，向东至濮阳金堤闸往北分水 10 m^3/s，向东分水 30 m^3/s(因上游工程未全部完成，后确定暂先分水 15 m^3/s)，以解决河南的濮阳、清丰、南乐，山东的范县、寿张等县的灌溉用水问题。4月27日，大功引黄蓄灌渠首闸开工，同时动工开挖总干渠，从封丘大功三姓庄起，经延津、长垣、滑县、浚县、内黄转东经濮阳西，北折经清丰入南乐境，群众称为“大功河”。全线同时开工，出民工25万余人，苦干了3个月，并在渠首闸举行了放水典礼。河南省命名为“红旗渠”，总干渠长161 km，下分12条干渠，各类大小建筑物1万余座，蓄水库60余座。利用渠槽蓄水19万～24万 m^3，设计灌溉河南(7个县710万亩)、山东(4个县300万亩)两省农田1 010万亩。

为蓄水灌溉，金堤河干流上筑起数道拦河大坝，节节拦蓄。在滑县修建了金堤一节(白马坡)水库、金堤二节水库；在濮阳县修建了姚庄水库；在范县上起高堤口，下至古城长31.86 km的河段上修筑了4道高7 m的拦河坝。并修筑了高1.5～3.0 m，顶宽

6.0 m，边坡 1∶6 的南围堤，以北金堤为北围堤形成了葛楼、十字坡、姬楼、古城 4 座水库，总蓄水库容 1 亿 m^3。另外，还修建了节制闸 4 座，出水闸 9 座，水电站 4 座；在寿张县兴建了斗虎店、明堤、台前 3 道高 5 m 的拦河坝，形成了明堤、台前、张秋 3 座水库及台前水电站(装机 25 kW)，总蓄水库容 2 500 万 m^3。水库自 1958 年 6 月开工兴建，采取“边建、边蓄、边用”的精神，到 9 月底基本结束，1959 年春便进行蓄水灌溉。

与此同时，河南省濮阳县于 1958 年 6 月，在临黄大堤 48＋700 处建筑了渠村引黄涵闸，设计引水流量为 30 m^3/s，加大为 36 m^3/s；山东省寿张县于 1958 年 12 月，在临黄大堤 147＋100 处建成了刘楼引黄涵闸，设计引水流量为 28.5 m^3/s，加大为 40 m^3/s；1960 年 1 月，山东省范县在临黄大堤 105＋500 处，建筑了彭楼引黄涵闸，设计引水流量为 50 m^3/s，加大为 100 m^3/s；3 月，山东省寿张县在临黄大堤 154＋700 处，建筑了王集引黄涵闸，设计引水流量为 30 m^3/s；9 月,河南省濮阳县在临黄大堤 65＋800 处，建筑了南小堤引黄涵闸，设计引水流量 80 m^3/s。大搞“引蓄灌”联合运用。

二

由于金堤河水库长年蓄水，北金堤坍塌十分严重，而且堵塞了排水出路，引发了严重的涝碱灾害，由此产生了排涝矛盾。

首先遇到的是葛楼水库蓄水后,回水淹及濮阳河槽内的滩地，所以在 1960 年 2 月 9 日,由山东聊城专区水建指挥部代表申怡之科长、范县史珠亭副县长与新乡专区水利局张杰副局长、技术员邱培佳、红旗分局李鸿贤科长等在范县进行协商，达成如下协议：①在葛楼干渠入库处西部修建一堤，以防止水库水位抬高后倒灌濮阳地段，堤上建一泄水闸，流量不小于 10 m^3/s；②在濮范边界金堤上开一泄水闸，流量 10 m^3/s，使濮阳来的涝水泄向金堤以北，通过开挖新聊友谊沟排入徒骇河；③金堤以南濮范边界挖南北向渠村文留东干排，穿金堤水库过金堤以北，用涵闸进行控制。

1960 年汛期，流域大雨，大片土地积涝成灾，濮阳境内和范县孟楼河以北涝水均无法下泄。8 月 3 日，在水电部主持下，冀鲁豫三省在济南开会，研究确定金堤河水库各泄水闸、灌溉闸、电站引水闸全部开启，尽量泄水，待涝水大部分排除后再关闸调节蓄水。8 月 20 日葛楼闸全部开启，泄量达 29 m^3/s，21 日十字坡、姬楼二闸也同时开启，以降低库水位，结果濮阳积水达 4 600 余亩，范县金堤南北积涝成灾，淹地 61 万亩，倒房 44 000 余间，人员伤亡 96 人。此次受灾的成因，一是濮阳以上来水量太大，达 80 m^3/s，最大时达 170 m^3/s，超过原来协议的 8 倍。二是原协议的新聊友谊沟未动工。三是纵横渠道截断了自然排水流势，临时抢扒抢堵，造成灾情扩大，增加了水事纠纷。

1961 年汛期，金堤河流域降雨量比往年增加一倍，7～9 月降雨量 505 mm，且雨量集中。其中，8 月 14～18 日就降雨 209 mm，金堤河上游来水量大，宣泄不及，水位陡涨，河道漫溢，淹地甚多，仅孟楼河流域淹地 9 万亩，10 余村庄被水包围，为抢救孟楼河流域水灾，古城闸开启 3 天，水库南堤在刘郎庄处决口，经抢险堵复。库区周围因长期受水浸，房屋倒塌严重，共倒房 7 000 余间，有 736 户的房屋全部倒光，国家拨款 208 万元安置移民。边界水利纠纷增加。仅范县共发生水利纠纷 41 起，范县县委专门组织班子处理水事纠纷。水利部为解决河南、山东两省水事纠纷，派黄委会王云亭、新乡专署代表郭延庆和聊城专署代表申怡之组成金堤河 3 人执行小组，于 7 月 22 日赶往范县解决金堤河排水及水事纠纷问题。

1962 年 2 月 17～22 日，河南省在郑州召开除涝治碱工作会议，提出河南省平原地区水利工作以除涝治碱为中心，排、灌、泄兼施的方针，扒除阻水工程，恢复自然流势，大搞除涝治碱。3

月 17 日，国务院副总理谭震林在山东范县主持召开会议，专门研究引黄灌溉问题。参加人员有：水电部副部长钱正英，黄委会副主任韩培诚，河南省省委书记吴芝圃、副省长王维群、水利厅厅长刘一凡，山东省省委副书记周兴、副省长陈雷、水利厅厅长江国栋，河北省省长刘子厚，以及安阳、聊城两专区负责人吕克明、段俊卿、夏子凡等。会议决定：①废除金堤河水库；②停止引黄；③采取措施为金堤河排水找出路，以解决冀鲁豫三省水利纠纷。4 月 9 日，山东省水利厅召开平原地区排涝改碱会议。根据范县会议精种，对停止引黄灌溉后应采取的措施及排涝、改碱、抗旱等问题进行了讨论研究。会上确定，东平湖、太行堤、金堤河水库保留用于滞洪，其他平原水库原则上一律废除。4 月，在中央主持下，安阳、聊城两专区达成边界水利问题协议：扒开葛楼坝，恢复原河槽行水，五爷庙闸下泄流量不超过 25 m^3/s，入马颊河 15 m^3/s，入金堤河 10 m^3/s。

三

1962 年 6 月 13 日，中央防汛总指挥部就相邻省边界水利问题电告黄河水利委员会：为最大限度地减免灾害，凡平原地区关系到两省边界的引水涵闸，应按照中央批示的水利电力部《关于五省一市平原地区水利问题的处理原则的报告》和是年春双方达成的协议，认真地检查处理。并对黄河流域内边界地区涵闸的归属作如下规定：金堤河上的五爷庙闸、濮阳南关公路桥、濮阳金堤闸、樱桃园闸、古城闸，应由河南、山东两省水利厅移交给黄河水利委员会管理。

为了加强金堤河涵闸的管理，经中央水电部批准，黄委会于 1962 年 7 月决定成立金堤河涵闸管理所，抽调黄河科学研究所泥沙室主任王云亭任所长、黄河水利学校办公室主任王好德任副所长，梁德顺任秘书，肖君吉和赵献之为技术负责人，常振华负责行政事务，下设的濮阳县城组有：廖立修、葛学冉、阎振华、贾国选、朱庆堂、彭伯勋；五爷庙组有：宋健洲、王明申、王傅玉；范县组有：万金海、孟庆山、吴常伯、李民竣、高存道；张秋闸有：乔新智、刘德福等同志。在濮阳县组建了金堤河涵闸管理所。所辖工程有：五爷庙闸、濮阳南关闸、葛楼闸、十字坡闸、古城闸、张秋闸等。

8 月，金堤河又发生较大洪水，濮阳扩大向金堤河泄水，又堵平了向马颊河泄水口，使金堤河下泄流量达 117 m^3/s。根据中央防汛总指挥部指示，又扒开了姬楼拦河大坝，并决定采取挖引渠和机械扬水排涝。

9 月 1 日晚，山东省抗旱防汛指挥部召开紧急会议，研究金堤河内涝排水入黄问题。由栗再温副省长主持，水利厅、河务局及有关部门负责人参加。会议研究决定，金堤河排水采取挖引渠和机械扬水并举的办法，要求 25 日基本排完，便于被淹耕田种麦。经报水电部批准，于 13 日在张庄临黄堤破堤放水，排入黄河流量 100 m^3/s 左右，至 23 日基本排完。24 日开始堵复临黄堤口门，10 月 2 日堵复完毕。是年，张庄机排站建成，可提排流量 12.5 m^3/s。

1963 年 2 月，黄委会提出《金堤河排水出路方案报告》，同时还提出《金堤河张庄入黄闸扩大初步设计》、《金堤河宋堤口滞涝工程扩大初步设计》、金堤河回木沟施工图、金堤河古城—张庄段行洪道横断面图、金堤河古城—张庄段南岸排水沟及行洪道南堤横断面图。3 月，黄委会提出了《金堤河张庄扬水站工程初步设计书》、《金堤河宋堤口滞涝工程扩大初步设计书》。

根据黄委会提出的《金堤河排水出路方案报告》，3 月动工兴建金堤河张庄入黄闸，该闸具有排涝、泄洪、挡黄、倒灌分洪多项功能，设计排洪或倒灌流量 1 000 m^3/s，并在该闸北端预留临时爆破口门宽 300 m，以弥补该闸泄洪之不足。该闸由黄委会设计院设计，闽江工程局施工。另外，在金堤河南岸从古城到张庄，就平原水库南围堤的基础，修筑了南小堤，长 46 km，顶宽 6 m；北岸修筑了北小堤，长 18 km，设计防洪水位 42.68 m；并进行宋堤口滞洪区筹建(后因规划变更未建)。

在此情况下，经水利电力部[62]水电规水字第 289 号文批准，黄委会成立金堤河工程管理局。由黄委会副主任韩培诚兼任局长，山东、河南两省水利厅副厅长兼任副局长，王云亭任办公室主任，张子信任办公室副主任，陈圣学任工务处处长，周蕴玉任器财处处长，梁德顺任秘书，设有电话班，由陈云彪负责。金堤河工程管理局设在范县展览馆，展览大厅改建成办公室、宿舍，编制 60 人，当年报到 30 余人，大多数是工程技术人员。工务处有宋建洲、赵宪云、林秀山、刘德福、贾国选、肖君吉、张德崇、乔新智、徐洪德、孟庆山、刘存录、张清汉、翁全德、焦泽民、陈爱珍、万金海、贺中一、李珉俊、解学东、朱效孔、王法焕、陶书俊、冯俊华；器财处有刘国振、李本瑞、芦华亮、朱元安、石人其、葛学冉；办公室有刘傅元、郭君亭、周启荛、张金龙、常振华、阎振华；电话班有刘法金、赵维州、马三乐、关惠溪、马玉梅、陈文英。司机有郭公绰、孟德福、董振武。金堤河工程管理局的主要任务是：①负责张庄闸建设；②修筑南小堤、北小堤；③架设范县至濮阳坝头、范县至东阿关山电话线路；④管辖濮阳五孔闸、金堤闸，范县十字坡闸、古城闸，寿张县张秋闸、张庄闸及金堤河。4 月，金堤河工程管理局提出了“金堤河 1963 年度汛意见”。

1963 年汛期，海河流域大水。8 月 3 日，金堤河流域普降暴雨，加之卫河洪水漫溢，部分洪水窜流入金堤河，金堤河发生特大洪水。濮阳站洪峰流量 483 m^3/s，高堤口站洪峰流量 608 m^3/s。8 日 7 时，十字坡水位达 49.89 m，超过保证水位 1.39 m，十字坡拦河大坝冲决，上午 11 时，古城拦河大坝被迫扒开，洪水直冲下泄，古城以下南小堤多处溃决，抢堵不及，金堤以南一片汪洋，损失严重。16 日，扒开金堤河张庄入黄处大堤，加快了入黄速度，水位开始回落，河水归槽。

四

1963年8月，黄委会根据金堤河流域大水发生情况，提出新的治理意见。认为“原来规划中提出的打开入黄出路的方向是对的，但上中游滞洪方案都需要重新加以考虑，看来上中游滞洪区的容量太小，不如在下游范县、寿张一带集中滞洪比较有利。”同时提出了进行区划调整，金堤河由河南负责治理的建议。9月，国务院副总理谭震林和水利部副部长钱正英来濮阳视察引黄灌溉和金堤河排水工程。12月17日，水利电力部向国务院提出“关于金堤河问题的请示报告”，建议把金堤以南、山东省的范县、寿张县一部分地区的1 000余km^2(包括黄河滩区)划归河南省。这样，不仅有利于解决金堤河问题，对黄河特大洪水的处理也有好处。12月26日，国务院同意了水电部关于金堤河问题的报告，为了更好地解决金堤河问题，将现属山东省范县、寿张县金堤以南和范县县城附近的土地划归河南省是合理的。希两省即协商具体划界问题，做好交接工作。

1964年2月4日，山东省人民委员会向国务院报送“关于同意将范县、寿张两县金堤河以南地区划归河南省领导的报告”。4月1~3日，遵照国务院关于金堤河地区划界问题的指示，山东省人民委员会和河南省人民委员会分别由山东省副省长陈雷、河南省副省长王维群带领两省有关业务部门的干部，会同中共聊城地委副书记王翰卿和中共安阳地委副书记焦祖涵，并有黄河水利委员会副主任韩培诚参加，于4月1日在范县驻地进行交接工作，4月3日交接完毕。4月4日，山东省人民委员会和河南省人民委员会联合向国务院报告关于将范县、寿张两县金堤以南地区划归河南省的交接工作情况。9月9日，国务院批复同意山东、河南两省金堤河地区调整省界。

根据国务院同意的水利电力部关于金堤河问题的请示报告，“在范县、寿张金堤以南划界手续完毕后，现有黄河水利委员会金堤河工程管理局即行撤销。管理局的140名编制，划归新设的金堤修防段。河南、山东两省金堤河指挥部也因此撤销。原来是借用金堤河工程管理局的40名编制，交还给黄河水利委员会。金堤河工程管理局及河南、山东两省指挥部的财务，由黄河水利委员会负责处理。”1964年4月，两省划界工作交接后，经黄委会报请水利电力部转报国务院批准，决定撤销金堤河工程管理局，成立张庄闸管理所。张秋闸的管理，按照国务院批转水电部的报告，由黄委会负责放水问题，恢复1949年前使用惯例，不泄汛期涝水，“白露”后排泄金堤河积水，最大流量不超过20 m^3/s，如与金堤以北内涝有矛盾时，可相机控制。黄委会决定，张秋闸由张庄闸管理所管理。5月5日，黄委会召集河南、山东两河务局负责人研究决定，原临黄堤范县、寿张修防段交河南河务局管辖，并确定山东河务局在北金堤建立莘县修防段和阳谷修防段。6月1日，莘县修防段和阳谷修防段正式成立。金堤河工程管理局至此全部结束。

金堤河工程管理局，尽管历时短暂，但同志们做了大量工作，留下了不可磨灭的一页。在短暂的一年中，他们完成了：①新老金堤河纵断面图；②金堤河纵、横断面图；③关门口—前三里行洪道南北堤线修改平面详图；④明堤南北线、子路堤围堤线修改平面详图；⑤金堤河工程局房屋新建改造施工详图；⑥小清河清淤工程竣工纵断面图；⑦关于张秋涵闸启闭机的检查报告；⑧金堤河上游和北干河以西部分查勘报告；⑨金堤河流域1963年汛期工作总结及附件、附图；⑩古城—张庄行洪道南北小堤施工阶段有关资料；⑪金堤河大堤情况及附属物检查报告(濮阳—陶城铺)；⑫整理了小运河流域有关水文资料。如今这些资料都存放在黄委会档案馆。

坎坷的历程　丰硕的成果

——写在金堤河管理局成立五周年之际

(《人民黄河》1996年第1期刊载)

1991年1月3日，黄委会正式宣布成立金堤河管理局，到今天已经五年了。回首五年历程，金堤河管理局走过一段坎坷艰辛的道路，留下了一行使人欣慰的脚印。

一、多灾多难的流域，错综复杂的矛盾

金堤河是黄河下游的一条支流，系平原排水河道，发源于新乡县境。其上游称为大沙河，自滑县耿庄以下为金堤河干流，经濮阳、范县、莘县、阳谷，于台前县张庄流入黄河，干流长158.6 km。流域面积5 047 km^2，人口288万人，耕地35.2万hm^2。流域包括河南省的新乡、卫辉、延津、封丘、长垣、浚县、滑县、濮阳、范县、台前等10县(市)和山东省的莘县、阳谷两县。

金堤河流域地处中原，属暖温带季风型气候，冬季及春秋两季的大部分时间雨雪稀少、风多干冷、空气干燥、蒸发量大；夏季水汽充沛，雨量集中。降水量年际变化较大，丰枯年相差5倍左右，降水量年内分配也极不均匀。因而，形成了该流域先旱后涝、涝后又旱、旱涝交错的农业气候特征。

金堤河流域位于黄河冲积平原上部。据史料记载，黄河在本流域境内溢决泛滥达数百次，其中造成河床迁徙改道的就有七八次。仅1933年、1934年两年，黄河在长垣县大车集至石头庄就决口33次。长期以来受黄河频繁改道、决口、泛滥的影响，流域内古河道、坡洼、沙岗很多，微地形起伏不平，地表径流迟缓，地下水位较高。

由于排水工程不配套，加上近年来引黄灌溉退水退沙的影响，若遇丰水年份流域内极易形成涝灾。流域下垫面的特征表现为：地面比降平缓，地势起伏不平，地下水位高，易涝易碱。

金堤河地区的水事纠纷错综复杂，既有防洪的矛盾，又有除涝的纠纷；既有灌溉用水之求，又有区划土地之争。1949年以前，金堤以南涝水尚可顺金堤下泄从陶城铺、张庄之间自流入黄。1949年以后，在冀鲁豫解放区人民政府和平原省人民政府领导时期，这一地区水事纠纷还不很突出。到1952年11月，平原省建制被撤销，将聊城专区划归山东省，将濮阳、安阳、新乡专区划归河南省。从此，豫、鲁两省间金堤河排水矛盾日益突出。在河南省内，新乡与安阳两地区之间也常发生排水纠纷。1964年，为了治理金堤河，经国务院批准，进行了区划调整，将山东范县、寿张县金堤以南的土地划归河南省管辖，由于规定寿张县境内13个跨金堤的村庄划归山东省，并且规定山东在河南境内的插花地和河南在山东境内的插花地，仍属原村原队所有，这样一来，在金堤以南山东省仍有0.9万hm^2土地，而且金堤河河身、河滩、南小堤及支流入口处，大部分在山东境内，台前、阳谷、范县、莘县边界犬牙交错，对金堤河防汛管理工作极为不利，也容易造成排水矛盾。1965年以后，金堤河流域及其邻区，气候偏旱，降雨量偏少，为发展农业生产，不得不恢复引黄灌溉。原属山东省的彭楼、王集、刘楼三座引黄涵闸，划归了河南省所有，这样，金堤以北原属彭楼、王集、刘楼三处引黄灌区的山东省部分土地，被切断了灌溉水源，因而，灌溉用水矛盾也日益突出。由于区划不彻底，单一上下游排水矛盾，演变成排水、灌溉、区划三大矛盾。

二、在矛盾中诞生，在矛盾中前进

金堤河流域是革命老区，现在，中原油田又位于流域腹地，80%的设施在流域中下游。由于金堤河是一条省际河流，水事纠纷错综复杂，因而多年没有得到治理，现在是河道淤积严重，排涝能力下降；行洪障碍众多，影响洪水下泄；堤防破损，丧失了防洪能力；桥梁等建筑物的老化、毁坏及日趋严重的水质污染，直接影响了农业生产和群众生活；黄河河床逐年淤高，金堤河自流入黄日益困难。老区要脱贫、油田要开发、农业要振兴，金堤河治理已是众望所归。

1989 年 3 月，黄委会决定成立了金堤河管理局筹备组。筹备组成立后，贯彻“一边筹备，一边工作”的方针，一方面抓机关建设，选址征地，规划设计，搜集资料；另一方面则以较大的精力投入豫、鲁两省水事纠纷协调工作。

经过五个月的协调,山东省于 1989 年 8 月中旬正式向水利部提出《对金堤河干流近期治理工程意见》，河南省也于 8 月下旬正式向水利部报送了《关于金堤河治理意见》。在两省提出书面意见后,分别于 1989 年 11 月和 1990 年 4 月在北京召开了金堤河干流近期治理工程和彭楼引黄入鲁输水工程第一次和第二次协调会议,会议为协调两省水事纠纷做了大量工作,但由于种种原因,协调工作难以顺利进行。

自 1988 年 3 月水利部召开黄淮海平原旱涝碱综合治理会议将金堤河治理列入边界河流治理计划,到 1992 年已经四年多了,两省在治河和送水问题上仍没有达成协议。广大基层干部和群众对此反映强烈，热切希望金堤河治理项目早日上马；水利部领导也很关心，希望两省求大同存小异，互谅互让，团结治水，早日达成协议。领导的嘱托，群众的意愿，鼓舞我们继续奋斗。为了使两省早日达成协议，我们一轮又一轮、一遍又一遍地开展了更加细致的协调工作，旧的矛盾解决了，新的问题又会出现，我们就这样不厌其烦地在矛盾与问题中周旋，在北京、郑州、济南三座城市间奔波。1993 年 5 月，是我们难忘的 5 月，上中旬的 20 天里，我们一直穿梭于北京、郑州、济南之间，终于使两省一部达成一致意见，向国家农业开发办公室送交了由两省一部会签的“关于报送金堤河干流近期治理工程和彭楼引黄入鲁灌溉工程项目建议书的函”，申报立项，协调工作取得了彻底突破，这是新中国成立 40 多年来豫鲁两省在金堤河水事方面达成的一项重要协议，在金堤河史上有深远的意义，它将永远载入史册。

三、五年奋斗艰辛，五年成果丰硕

开辟一个新的战场，不是一件容易的事情，从零开始组建一个新的单位，困难之多是可想而知的。

我们踏上濮阳大地后，立即收集流域内各县的县志、水利志、水利化区划等史料；收集金堤河流域降水、地表水、地下水等水文资料；收集引黄涵闸和引金涵闸历年的引水引沙资料；收集新中国成立以来有关金堤河治理的所有文件。在此基础上，编写了《金堤河水事纠纷》、《60 年代的金堤河工程管理局始末》、《金堤河管理局筹备组成立的前前后后》、《金堤河流域旱涝碱灾害防治对策研究》以及《金堤·金堤河·北金堤滞洪区大事记》、《金堤河管理局大事记》、《金堤河治理文件汇编》等文献和资料。1992 年 4 月，组织工程技术人员，对金堤河干流进行了徒步拉网式查勘，编写了《金堤河干流查勘报告》，为治理金堤河提供了更科学的依据，并录制了《金堤河治理众望所归》电视资料片，报道金堤河存在的问题，呼吁尽快达成协议，早日治理金堤河。

在协调两省水事纠纷的同时，积极开展两项工程施工的前期准备工作。1994 年 3 月，在濮阳主办了“金堤河干流近期治理工程和彭楼引黄入鲁灌溉工程可行性研究报告初审会”，同年 11 月，又在北京协办了两项工程“可研报告”审查会。为了促使两项工程能早日开工，委托黄河水利学校完成了 150 km 河道、17 km 渠道、77 km 南小堤、20 km 北小堤的施工测量任务，并组织领导了施工图阶段的设计工作，胜利完成了两项工程施工图设计任务。我们主持召开了两次金堤河治理领导小组会议，研究决定了金堤河干流近期治理工程和彭楼引黄入鲁灌溉工程中的一些重大问题。1995 年 12 月 26 日，金堤河干流治理工程中的张庄电排站检修维护工程率先开工，打响了金堤河干流近期治理工程的第一炮；彭楼引黄入鲁灌溉工程中的穿北金堤涵闸和穿金堤河倒虹吸工程的开工，拉开了彭楼引黄入鲁灌溉工程的序幕。两项工程的开工是金堤河地区豫、鲁两省人民多年的夙愿，是豫、鲁两省，特别是聊城、濮阳两地市领导和人民团结治水的结果，也是金堤河管理局领导和职工花费七年时间协调两省水事纠纷所获得的辉煌成果！

金堤河管理局筹建时，正值我国掀起第二次改革大潮之际，为了适应改革的形势，我们在没有经济实力、没有家底、没有三项基金、经济异常困难的情况下，打破条条框框，一切从零开始，边筹建、边改革，进行了一系列经营实践，在改革中求发展，在发展中求提高。1991 年进行了市场调查、项目论证。1992 年成立了劳动服务公司、物资供应公司、建筑安装公司等经济实体。利用地理位置优势，开设了金水饭店和小卖部，打字复印和物资供应公司既对内服务，又对外营业，还协办了古建筑装饰门市部。1993 年成立了“黄河金龙经济发展总公司”，除巩固、发展原有的经济实体和经营项目外，又与惠州联营成立了“华达电子通讯设备有限公司”，合资组装电话机。1994 年，与濮阳市制药厂联营，建起了“双星胶丸厂”，生产药用胶囊。我们负债经营，借梯上楼，滚动开发。为充分发挥地理位置的优势，开发房地产业，向银行贷款 60 万元，在临京开大道一侧，建设了 900 m^2 的商业楼，办起了金水大酒店和招待所；贷款 80 万元，在临中原路一侧，建设了 1 600 多 m^2 的商业楼，对外出租。我们借鸡下蛋，利用施工单位垫资，在临街盖起了 20 多间平房，对外出租，现在不仅还了本，而且有结余。5 年来，金堤河管理局经营工作从零开始，白手起家，艰苦创业，已初具规模。五年实现产值 278 万元，形成固定资产 209 万元，净收入 32.09 万元，取得了可喜的成绩。全河经济工作会议后，又调整了机构，充实了人员。现在金龙经济发展总公司下设建筑安装工程公司、物资供应公司、劳动服务公司(含双星胶丸厂)、房产开发部等四个经营实体。

如今，在濮阳市中原大道和京开大道交叉口的东北角，一个充满生机的水行政管理机构——金堤河管理局正在茁壮成长。金堤河管理局筹备组成立之初，借住在濮阳市黄河河务局，为了适应协调两省矛盾，促使两项工程早日立项、上马的需要，我们加快了机关建设，在濮阳市政府的大力支持下，购置了 40 亩土地。局址面临两条大街，优越的地理位置，进一步激发了职工加快机关建设的热情。施工没有电，接上农用电，农电供应不正常，借一台发电机组备用；施工没有水，又没钱打井，就利用征地时原有的一口农用机井，买了一个 5 m^3 的压力罐，解了燃眉之急。完成总体规划和设计后，首先盖起了仓库和车库。我们在仓库和车库里办公，接待豫、鲁两省的朋友，策划着协调豫、鲁两省金堤河水事纠纷的大战役，指挥着金堤河管理局机关建设的小战斗。通过组织职工集资，利用施工单位垫资，加上银行贷款，建起了第一栋 2 000 多 m^2 的家属楼，解决了职工住房问题。利用银行贷款，在临街盖起了两栋近 2 500 m^2 的商业楼。现在 2 400 m^2 的办公楼已竣工使用，第二栋家属楼业已开工。短短五年内，机关建设已初具规模，昔日的一片黄土地，如今已变成在绿树和鲜花映衬下楼房鳞次栉比的机关大院。

我们正站在“八五”和“九五”的交接点上，回顾过去。感到欣慰，展望未来，任重道远。金堤河干流近期治理工程和彭楼引黄入鲁灌溉工程已经开工。我们决心搞好施工管理，严把施工质量，争创优质工程，向党和金堤河两岸人民交一份合格的答卷，继续以开拓和拼搏的精神去创造新的辉煌！

新时期共产党人的使命

——纪念中国共产党建党 75 周年

(1996 年 6 月 28 日)

今年七月一日是我们伟大、光荣、正确的中国共产党建党 75 周年纪念日。我们党自 1921 年成立以来，在时光的大道上，已经走过了 75 个光辉的里程。瞻仰党用鲜血浇筑的丰碑，回首党披荆斩棘的坎坷历程，对继承和发扬党的优良传统，鼓舞我们勇敢挑起新时期的重任，具有深远的历史意义。今年是我国实施国民经济和社会发展“九五”计划和 2010 年远景目标的第一年，也是我们金堤河治理工程和彭楼引黄入鲁工程即将全面实施的第一年，开展纪念中国共产党建党 75 周年活动,对动员和鼓舞全局干部职工积极投身两项工程建设，亦具有重要的现实意义。

下面我以《新时期共产党人的使命》为题，和同志们谈谈我的学习心得和体会。

一、不同的革命发展阶段，共产党人有着不同的历史使命

早在 100 多年前，伟大的革命导师马克思和恩格斯在《共产党宣言》中就深刻地阐明了共产党人在不同的革命发展阶段，有着不同的历史使命。《宣言》指出：共产党人的最近目的是：“使无产阶级形成为阶级，推翻资产阶级的统治，由无产阶级夺取政权”。也就是说，共产党人在资本主义社会里，组织广大无产者和劳动人民，使其形成为阶级，进行革命斗争，用暴力推翻资产阶级的统治，建立无产阶级专政。这是共产党人第一阶段的使命。

夺取政权只是无产阶级革命的开始，不是它的最终目的，无产阶级将利用自己的政治统治，一步一步地夺取资产阶级的全部资本，把一切生产工具集中在国家即组织成为统治阶级的无产阶级手里，并且尽可能快地增加生产力的总量。《宣言》也明确地指出：共产党的最终奋斗目标是废除资产阶级私有制，消灭剥削，消灭一切阶级，同传统观念及其机构实行最彻底的决裂，创造条件，建立以公有制为基础的共产主义社会。

我们中国共产党自成立以来，经历了不同革命发展阶段，完成了不同的历史使命。在新民主主义革命阶段，中国共产党人领导全国各族人民，经过长期的反对帝国主义、封建主义、官僚资本主义的革命斗争，取得了新民主主义革命的胜利，建立了人民民主专政的中华人民共和国；在新中国成立后的社会主义过渡时期，中国共产党人又领导全国人民，顺利地进行了对农业、对手工业、对资本主义工商业的社会主义改造，完成了从新民主主义到社会主义的过渡，确定了社会主义制度；在社会主义建设时期，中国共产党作为社会主义建设事业的领导核心，大力发展了我国社会主义经济、政治和文化，使贫穷落后的中国，逐渐繁荣富强，屹立于世界民族之林。中国共产党是中国工人阶级的先锋队，是中国各族人民利益的忠实代表，是马克思列宁主义和毛泽东思想武装起来的政党，我们党从成立的那天起，就明确宣布：中国共产党的最终奋斗目标，是实现共产主义的社会制度。

二、只有认清所处的历史阶段，才能明确肩负的时代责任

我们现在还处在社会主义初级阶段。社会主义初级阶段这个概念，在马列的书本上是没有的，在 1981 年 6 月以前的党的文献上也是没有使用过的。它是在中国共产党第十三次全国代表大会

上提出来的。

中国共产党第十三次全国代表大会是我党历史上一次非常重要的大会。大会坚持实事求是的思想路线，总结了新中国成立以来正反两方面的经验，系统地阐明了我国正处在社会主义初级阶段的理论，提出了党在社会主义初级阶段的基本路线。这次大会，不仅对当前的改革和建设具有重大的现实意义，而且对整个社会主义现代化建设事业都具有深远的历史意义。

党的社会主义初级阶段理论包括两层含义；第一，我国社会已经是社会主义社会，我们必须坚持而不能离开社会主义。(任何主张倒退的观点都是错误的，想要“全盘西化”也是行不通的。)第二，我国的社会主义社会还处在初级阶段。我们必须从这个实际出发，而不能超越这个阶段。在这两层含义中，前者是确认我国社会的社会主义性质，后者是指出社会主义发展成熟的程度。这是质与量的统一，就是社会主义初级阶段含义的科学性所在。社会主义初级阶段这个概念本身既有质的规定性，也有量的规定性。对社会主义初级阶段不能只从任何社会都要经历从低级到高级的不同发展阶段这个一般意义上来理解，它也不是泛指任何国家进入社会主义都会经历的起始阶段，而是特指我国在生产力落后，还没有实现工业化和生产的商品化、社会化、现代化的条件下建设社会主义必然要经历的特定阶段，具有鲜明的中国色彩。这个阶段的上限是 1956 年生产资料私有制的社会主义改造基本完成，下限是社会主义现代化基本实现，其间至少需要上百年的时间。

有人会问：我国的社会主义已经搞了 40 年了，为什么说我国的社会主义还处在初级阶段呢？最根本的，是由我国生产力的状况所决定的。新中国成立以来，特别是党的十一届三中全会以来，我国在经济建设和其他各方面都取得了明显的成就，这些成就的确是巨大的、辉煌的，看不到这一点是不对的。但是，我们也要清楚地看到，我国的生产力还相当落后，经济、文化、科技也都相当落后。这是我国的社会主义还处在初级阶段的根本特点。

我国目前生产力相当落后主要表现在下列一些方面：

(1) 国民生产总值低，人均水平更低。这是生产力水平低、劳动生产率低的集中表现。

1990 年，日本人均国民生产总值达到了 23 890 美元，一跃成为当今世界的经济巨人；美国人均国民生产总值为 21 690 美元；亚洲“四小龙”均在 5 500 美元以上；马来西亚和泰国分别为 2 200 美元和 1 400 多美元，印尼较低，为 586 美元；而我国大陆仅为 323 美元，排倒数第一。

我国人均国民生产总值低，与我国人口众多有很大关系。

(2) 技术装备落后，我国农业基本上是手工劳动，机械化程度很低，有些少数民族、边远地区，还是刀耕火种。在工业装备方面，据有关资料，目前我国工业装备有 20%具有 60～70 年代的水平；20%～25%还可勉强运转；剩下的 55%～60%应该淘汰更新。

(3) 我国人均占有的基本原材料和能源少。1986 年我国人均占有钢 50 kg，电 428 kWh，而 1977 年，美国人均占有钢 522 kg，电 10 009 kWh。人均占有的基本原材料和能源少，就决定了我国现代化、半机械化、手工劳动的生产力多层次的状况还会长期存在。

(4) 国家资金缺乏，1983 年度，国家预算内基本建设投资只有 345.76 亿元。按现在全民所有制工业企业每个劳动力的技术装备平均一万元的装备水平，一年也只能安排 380 万人就业，而现在我们每年增加人口一千几百万，这就决定了必须广开生产门路，全民、集体、个体一起上。

(5) 生产社会化程度低，商品经济很不发达。特别是农村，生产社会化、商品化水平和农业劳动生产率更低。我国有 11 亿多人口，其中 9 亿多农民，几亿人搞饭吃，这是我国生产力水平低的主要标志之一。从世界各国的发展情况来看，经济要发达，农业劳动生产率愈高，农村商品生产率也愈高。1979 年，美国平均一个农业劳动力可以供养 102 人，我国只能供养 3.2 人。1979 年我国农民生产的粮食，口粮占 65%，种子饲料占 20%，商品率只有 15%，这几年农业商品率虽有所增加，但增加也有限，基本上还是自给半自给经济。

(6) 人民文化水平低。1980 年我国职工中文盲占 8.2%，初中以下占 32%，初中占 40.8%，中专占 15.9%，大专占 3.1%。从全国来看，文盲半文盲要占近 1/4。每万人在校大学生，美国是 507 人，我国是 11.6 人。人是生产力中最活跃的因素，在一个文化水平低、文盲众多的国家里，是不可能建设发达的社会主义的。

(7) 土地少，特别是可用地少。我国人口占世界总人口的 22%，而耕地只占世界耕地总面积的 7%。1979 年，世界平均人口密度是 30 人/km^2，我国是 100 人/ km^2。世界人均土地面积是 49 亩，我国是 14.5 亩；世界人均可用地是 33 亩，我国是 6.6 亩；世界人均耕地是 4 亩，我国是 1.3 亩；只相当于世界平均水平的 1/3；世界人均林地是 15 亩，我国是 1.8 亩；世界人均草地是 10 亩，我国是 3.4 亩。这就使我国农业的耕作制度、组织形式、经营方式、农业现代化道路以及发展农业的战略，都不能不根据这种实际情况加以考虑。

以上就是决定我国现在仍然在社会主义初级阶段的生产力的大概状况。它说明我国处于社会主义初级阶段是由我国这种落后的生产力的状况所决定的，是不以人们意志为转移的。

(8) 党的十三大报告还深刻地分析了我国社会主义初级阶段的基本特点，这就是：一方面，以生产资料公有制为基础的社会主义经济制度、人民民主专政的社会主义政治制度和马克思主义在意识形态领域中的指导地位在我国已经确定，剥削制度和剥削阶级已经消灭。国家经济实力有了巨大增长，教育科学文化事业有了相当发展。另一方面，人口多，底子薄，人均国民生产总值仍居于世界后列。11 亿多人口，9 亿多在农村，基本上还是用手工工具搞饭吃；一部分现代化工业，同大量落后于现代世界水平几十年甚至上百年的工业，同时存在；一部分经济比较发达的地区，同广大不发达地区和贫困地区，同时存在；少量具有世界先进水平的科学技术，同普遍的科技水平不高、文盲半文盲还占人口近 1/4 的状况，同时存在。发展社会主义公有制所必需的生产社会化程度还很低，商品经济和国内市场很不发达。自然经济和半自然经济占相当比重，社会主义经济制度还不成熟不完善；封建主义、资本主义腐朽思想和小生产习惯势力在社会上还有广泛影响，并且经常侵袭党的干部和国家公务员队伍。

这些基本特点决定了：我们必须集中力量发展社会生产力，我们可以不经过资本主义充分发展阶段而走上社会主义道路，但决不能不经过生产力的巨大发展而可以越过社会主义初级阶段；我们必须大力发展社会主义市场经济；我们必须实行对外开放，大力引进外资和国外先进技术与先进管理经验，同时调动国内各方面的积极性，在公有制为主体的条件下，发展多种经济成分和多种经营方式；我们必须进行经济体制和政治体制的改革，建立和健全有生机和活力的经济体制和社会主义民主政治；我们必须大力建设以马克思主义为指导的社会主义精神文明。

可见，我们只有正确认识我国社会的性质和社会所处的历史发展阶段，全面把握现阶段社会的特点，才能够更好地理解党在社会主义初级阶段的路线、方针、政策，从而大大提高我们贯彻执行党在社会主义初级阶段的基本路线的自觉性。

三、深刻理解党的基本路线，勇敢承担新时期的重任

我们党在把马克思主义同中国实际相结合的过程中，实现过两次历史性飞跃。第一次飞跃，发生在新民主主义革命时期，以毛泽东同志为代表的中国共产党人，经过反复实践，找到了中国自己的革命道路，创立了毛泽东思想，在我国建立了社会主义制

度。第二次飞跃，发生在党的十一届三中全会以后，以邓小平同志为代表的中国共产党人，在总结正反两方面经验的基础上，在改革开放的实践中，开始找到了中国自己的建设道路，建立了邓小平建设有中国特色社会主义理论，以此指引我国改革开放和社会主义现代化建设不断胜利前进。

党的十三大系统地阐明了社会主义初级阶段的理论，这是对科学社会主义理论和实践的一个新的突破。这个理论，之所以在国内以至国际上引起强烈的反响，受到普遍的重视，就是因为对我国现阶段的社会性质和社会历史发展阶段，作出了正确的、实事求是的、马克思主义的科学分析，有了一个合乎实际的认识。在这个基础上，所制订的党的基本路线和基本方针政策，必然也是科学的、正确的，是实事求是、合乎实际的。

党在社会主义初级阶段的基本路线是：领导和团结全国各族人民，以经济建设为中心，坚持四项基本原则，坚持改革开放，自力更生，艰苦创业，为把我国建设成为富强、民主、文明的社会主义现代化国家而奋斗。坚持四项基本原则和坚持改革开放，是党的基本路线的两个基本点。人们通常把党在社会主义初级阶段的基本路线概括为："一个中心，两个基本点"。坚持以经济建设为中心和"两个基本点"，是我们的主要经验，也是党在社会主义初级阶段的基本路线的主要内容，这一条基本路线，是我国进行社会主义现代化建设的宏伟纲领，其实质是建设有中国特色的社会主义。

为了保证经济建设这个中心，我们必须坚持党的基本路线的两个基本点，即坚持四项基本原则，坚持改革开放。坚持社会主义道路，坚持人民民主专政、坚持共产党的领导、坚持马列主义、毛泽东思想这四项基本原则，是社会主义的中华人民共和国的根基，是立国之本，四项基本原则是我国社会性质和根本特征的表达，是我国各族人民团结前进的共同政治基础，是党和国家及各行各业各条战线工作的基本依据，是中国发展的政治方向。四项基本原则的核心内容是坚持社会主义道路和共产党的领导。

坚持改革开放是我们社会主义建设的总方针。实践证明，改革开放也是解放生产力，是中国实现现代化的必由之路。我国的改革，是在党的十一届三中全会以后，认真总结了新中国成立以来在社会主义建设正反两方面经验的基础上进行的。党中央明确指出，要使中国的经济得到发展，社会主义制度的优越性能够充分发挥，就是要把马克思主义的普遍真理同中国的具体实际结合起来，坚持改革，突破旧的模式和关门搞建设的办法，改变过去僵化封闭的经济体制、高度集权的政治体制，走自己的路，建设具有中国特色的社会主义。否则，中国就没有出路，社会主义就没有希望，世界上就没有我们的立足之地。改革也是当代社会主义发展的总趋势，是社会主义国家振兴的具有历史意义的潮流，改革可以使社会主义国家继续前进和发展，不改革，社会主义国家就要落后和倒退，改革开放为坚持四项基本原则增添了新的内容和活力，是经济发展的强大动力。

不坚持四项基本原则，改革开放就会走到邪路上去；不坚持改革开放，四项基本原则也坚持不好，甚至坚持不住。只有坚持两个基本点的统一，才能使政治上的安定团结和经济上的繁荣活跃互为条件，互相促进，才能把有中国特色的社会主义建设好。党的十一届三中全会所开创的新的历史时期，是以改革开放为显著标志的，也可以说，新的历史时期，就是改革开放的时期。有中国特色的社会主义之所以具有蓬勃的生命力，就在于它是实行改革开放的社会主义；我们的改革开放所以能够健康发展，就在于它是有利于巩固和发展社会主义的改革开放。要把握好两个基本点的内在联系和紧密结合，端正思想路线，正确认识两个基本点是很重要的。

十一届三中全会以来，党总结正反两方面的经验，解放思想，实事求是，实现全党工作中心向经济建设的转移，实行改革开放，把马克思主义的基本原理与当代中国社会主义建设的实际相结合，逐步形成了建设有中国特色社会主义的理论和路线、方针、政策，开创了社会主义事业发展的新时期。

新时期共产党人的首要任务就是要认真学习、深刻领会邓小平同志建设有中国特色社会主义的理论。邓小平同志建设有中国特色社会主义理论，是马克思列宁主义基本原理与当代中国实际和时代特征相结合的产物，是毛泽东思想的继承和发展，是全党、全国人民集体智慧的结晶，是中国共产党和中国人民最可珍贵的精神财富。它科学地把握社会主义的本质，第一次比较系统地初步回答了中国这样经济文化比较落后的国家，如何建设社会主义、如何巩固和发展社会主义的一系列基本问题，用新的思想、观点，继承、丰富和发展了马克思列宁主义、毛泽东思想，是当代中国的马克思主义，是指引我国改革开放和社会主义现代化建设胜利前进的指针。我们共产党人要用邓小平同志建设有中国特色社会主义理论武装自己，尤其要在运用理论解决实际问题上下工夫。决不能采取实用主义的态度对待理论学习，断章取义。没有革命的理论，便没有正确的实践。理论上成熟都是政治上成熟的基础。我们党坚持马克思主义基本原理同中国的具体实际相结合，形成自己的科学理论，这是我们党政治上成熟的根本标志。我们只有认真学习，深刻领会邓小平同志建设有中国特色社会主义理论，才能勇敢地去从事社会主义现代化建设和改革开放的伟大实践。

新时期共产党人的光荣任务就是勇敢投身建设有中国特色社会主义的伟大实践，为实现党在社会主义初级阶段的基本路线而努力奋斗。中国共产党十四届五中全会通过的《中共中央关于制定国民经济和社会发展“九五”计划和2010年远景目标的建议》，提出了全面实现第二步战略目标，并向第三步战略目标迈进的指导方针和主要任务。国务院根据《建议》精神，制定了《国民经济和社会发展“九五”计划和2010年远景目标纲要》，已经第八届全国人民代表大会第四次会议通过。这个《纲要》是一个跨世纪的宏伟纲领，展现了本世纪末、下世纪初我国现代化建设的美好前景，表达了中华民族自立自强的雄心壮志。我们共产党人，就是要在党中央的领导下，为实现“九五”计划和2010年远景目标而努力奋斗。既然我们党在改革开放实践中，找到了中国自己的建设道路，这就是建设有中国特色社会主义道路，那么，我们共产党人就应该毫不犹豫地沿着这条道路勇往直前。因为这是一条符合我国国情的建设道路，是一条能够富民强国的建设道路，是一条能够使我国早日实现社会主义现代化的建设道路。我们应该坚信，建设有中国特色社会主义的道路，必将是最终实现共产主义的现实选择。

在新的历史时期,在建设有中国特色社会主义的伟大实践中，我们共产党人，要解放思想，要实事求是。“解放思想，实事求是”是马克思列宁主义的精髓，是毛泽东思想的精髓，也是邓小平同志建设有中国特色社会主义理论的精髓。邓小平同志指出：“一个党、一个国家、一个民族，如果一切从本本出发，思想僵化，迷信盛行，那它就不能前进，它的生机就停止了，就要亡党亡国。”在改革开放和现代化建设的过程中，邓小平同志在关键时刻作出的每一项重大决策，都体现了解放思想、实事求是这一革命战略和科学精神相统一的思想路线，体现了辨证唯物主义和历史唯物主义的世界观、方法论，是邓小平建设有中国特色社会主义理论的活的灵魂。我们共产人在新的历史时期，在建设有中国特色社会主义的伟大实践中，就要以邓小平同志为楷模，解放思想，勇于改革、实事求是、科学决策。事实上，改革开放本来就是一项创新的事业，既没有模式可鉴，更没有前路可循。只有靠改革者在前进的路上，认真探索，大胆开拓，走出一条前人所没有走过的路来。这就要求我们除了要有坚忍不拔的敢闯精神外，还要有百折不挠的敢试胆略。我们现在正处在由计划经济向社会主义市场经济转换的过渡阶段，我们既要摆脱计划经济体制下长期形成的旧的传统的观念的束缚，又要努力探索社会主义市场经济的路子，不解放思想是不行的，不勇于改革也是不行的，要敢闯敢试。我们也应该认识到，在进行改革开放的过程中，有时难免顾此失彼，难免有失败，出岔子，这没有什么可怕，只要我们及时总结经验，及时改正错误就行了。如果因为怕失败，怕出乱子，就不敢闯不敢试，那无异于堵塞改革之路。当然，我们在强调胆子大一些的同时，千万不要忘记步子一定要稳，工作一定要细，作风一定要实，要有科学的态度，要有实事求是的精神。

当前，我们正站在通往21世纪的路口，国际形势的变化一方面给我们提供了一个相对和平的建设环境，另一方面也向我们提出了严峻的挑战。发达国家正在加紧调整产业结构，加速发展高科技产业，以图抢占21世纪经济竞争的制高点。而发展中国家和一些地区也竞相实行对外开放的优惠政策，日益成为我们吸引外资、引进外国先进技术的强劲竞争对手。我们要在激烈的国际竞争中保持优势，立于世界民族之林，不改革开放是不行的，改革开放的胆子就要大一些，改革开放的步子就要快一些。我们共产党人要成为新时期改革的能手、敢闯敢试的先兵。

在新的历史时期，在建设有中国特色社会主义的伟大实践中，加强党的建设至关重要。我们共产党人应该时刻牢记，中国共产党是一个领导11亿多人口的发展中国家的执政党，肩负着领导社会主义现代化建设和改革开放的重任。我们必须加强党的建设，坚持从严治党，发扬党的优良传统和作风，不断提出党的战斗力，方能领导全国各族人民实现社会主义现代化的宏伟目标。作为一个共产党人，我们必须坚持党的基本理论和党的基本路线，一百年不动摇。要自觉维护和贯彻执行基本理论、基本路线所明确的要点和方针。在一些事关建设有中国特色社会主义基本原则的重大问题上，一定要旗帜鲜明、立场坚定，决不能有丝毫的怀疑和动摇，绝不允许西方的自由化、民主化和经济上的私有化自由泛滥。我们共产党人要严格遵守政治纪律，要用建设有中国特色社会主义的理论和党的基本路线来规范自己的思想和行动，最重要的是要在政治上、思想上、行动上与党中央保持高度一致。

同志们，我们现在正处在社会主义现代化建设的新的历史时期，全面实现第二步战略目标，并向第三步战略目标迈进的号角已经吹响，我们面前的任务光荣而伟大，让我们在邓小平建设有中国特色社会主义理论和党的基本路线指引下，在党中央领导下，为夺取社会主义现代化事业的更大胜利而努力奋斗！21世纪即将到来，年轻的共产党人、年轻的同志们，未来世纪是你们的，希望你们勇敢挑起时代的重任，艰苦奋斗、开拓创新，用你们辛勤的劳动，使我们伟大的祖国，早日以现代化的崭新面貌屹立于世界民族之林！

陪同苏联水利专家考察团在北京市考察（图为在密云水库合影留念）

在庆祝人民治黄五十周年暨金堤河管理局成立五周年大会上的讲话

(1996 年 12 月 6 日)

今天，我们全局职工隆重聚会，纪念人民治理黄河事业五十周年，同时，庆祝金堤河管理局成立五周年！在这里，我首先代表局党组和局领导，向我局为治黄事业，为金堤河事业做出过贡献的退休老同志：王德威局长、乔新智处长、王志坤主任、党万忠所长、李继友所长等致以崇高的敬意！对已经过世的张凌汉主任、朱宝德所长表示深切的怀念！向正在为治黄事业和金堤河事业拼搏奋斗的全局职工致以亲切的问候和诚挚的谢意！向参加今天大会为我局金堤河建设事业做出贡献的李立华工程师表示热烈的欢迎和诚挚的谢意!

同志们，黄河是中华民族的母亲河，她孕育了光辉灿烂的中华文明。然而，黄河也是一条灾害频繁的河，她给两岸人民带来了深重的灾难。黄河安危，事关大局。治理黄河，自古以来就是安邦定国的大事。

中国共产党领导的人民治黄事业是从 1946 年开始的。抗日战争胜利后，国民党政府出于内战的需要，提出让黄河回归故道。中国共产党为了拯救处于水深火热中的黄泛区人民，以大局为重，同意堵口，让黄河回归故道。同时为了保护故道两岸人民的生命财产安全，提出了先修复两岸堤防、迁移故道居民而后堵口的主张。并先后成立了冀鲁豫黄河水利委员会和山东渤海区河务局，领导沿黄人民，一手拿枪，一手拿锹，开展了轰轰烈烈的“反蒋治黄”斗争。按照“确保临黄、固守金堤、不准决口”的方针，修复了残破不堪的两岸堤防，在艰苦复杂的战争环境中，连续战胜了黄河洪水，夺取了反蒋治黄斗争的胜利。

新中国成立后，党领导人民在下游进行规模巨大的修防工作的同时，开始着手全河治理。对上中下游干流和黄土高原多次进行查勘和调查研究，总结历史治河经验，寻找根治黄河的途径，制定了“根治黄河水害、开发黄河水利”的治黄方针，1955 年全国一届人大二次会议通过了黄河治理开发综合规划，人民治黄事业从此进入了除害兴利、综合开发的新阶段。

几十年来，在党中央、国务院亲切关怀下，沿黄广大干部群众和黄河建设者们，前仆后继，艰苦奋斗，顽强拼搏，开拓进取，对黄河进行了大规模的治理与开发，初步建成了下游防洪工程体系，扭转了历史上黄河频繁决口改道的险恶局面，取得了连续 50 年岁岁安澜的伟大胜利，保障了黄淮海大平原人民生命财产安全和经济建设、社会发展的顺利进行，使黄河由一条灾害频繁的河流，开始变为造福人民的河流，这一前所未有的巨大成就，书写了中国历史上黄河治理的新篇章。

我局张庄闸是金堤河的入黄闸，也是北金堤滞洪区唯一的泄洪闸，承担着挡黄和分洪倒灌的任务。30 多年来，张庄闸管理所两代治黄人，为黄河防洪和金堤河洪涝水排泄做了大量的工作，做出了显著的成绩。在此，我谨向多年来坚持在防洪第一线的张庄闸管理所的全体同志致以亲切的慰问和诚挚地谢意！

在近半个世纪的治黄实践和艰苦斗争中，培养锻炼了一支意志坚强、作风顽强、专业齐全、人才荟萃的治黄队伍，塑造了一种“团结治河，艰苦奋斗，无私奉献，求实开拓”的黄河精神，这是人民治黄的宝贵精神财富。今天，我们纪念人民治理黄河事业五十周年就是要继承和发扬人民治黄的光荣传统，弘扬黄河精神，继往开来，把黄河的事情办得更好！

金堤河是黄河下游的一条支流，系平原排水河道。金堤河流域是一个多灾多难的流域，既有洪、涝、干旱灾害，又有风、沙、盐碱威胁；加之金堤河多年没有得到治理，河道淤积严重，排涝能力下降；行洪障碍众多，影响洪水下泄；堤防破损，丧失防洪能力；桥梁等建筑物的老化、毁坏及日趋严重的水质污染，直接影响了农业生产和群众生活；黄河河床又逐年淤高，金堤河自流入黄日趋困难。金堤河流域是革命老区，现在中原油田又位于流域腹地，80%的设施在流域中下游。老区要脱贫，油田要发展，农业要振兴，金堤河治理已是众望所归。

金堤河位于河南、山东两省交界处，是一条省际河流。金堤河地区的水事纠纷错综复杂，且由来已久，既有防洪的矛盾，又有除涝的纠纷，既有灌溉用水之求，又有行政区划之争。为了协调金堤河地区水事纠纷，实现金堤河治理，根据水利部指示，1989年3月，黄委会成立了金堤河管理局筹备组，1991年1月，正式成立了金堤河管理局。

几年来，在水利部和黄委会的领导下，为协调金堤河地区水事纠纷，我们一直奔波于郑州、济南、北京三城市之间，先后召开三次协调会。我们在矛盾中诞生，在矛盾中周旋，也在矛盾中前进。经过艰苦细致的工作，终于使两省在治河和送水两大问题上取得了一致的意见，两省一部会签了“关于报送金堤河干流近期治理和彭楼引黄入鲁灌溉工程项目建议书的函”。胜利地完成了豫鲁两省金堤河地区水事纠纷的协调任务。经国家农业综合开发办公室批准，金堤河干流近期治理工程和彭楼引黄入鲁灌溉工程立项治理。

在协调两省水事纠纷的同时，我们积极开展了前期准备工作，收集了流域内各县的县志、水利志、水利化区划等史料；收集了金堤河流域降水、地表水、地下水等水文资料；收集了引黄涵闸和引金涵闸历年的引水引沙资料；收集了新中国成立以来有关金堤河治理的所有文件。我们组织工程技术人员，对金堤河干流进行了徒步拉网式查勘，收集了大量第一手资料，为治理金堤河提供了更科学的依据。委托黄河水利学校完成了河道及堤防的施工测量任务，主办和协办了两次“可研报告”审查会，组织领导了施工图阶段的设计工作，胜利完成了两项工程施工图设计任务。主持召开了两次金堤河治理领导小组会议，研究决定了金堤河干流近期治理工程和彭楼引黄入鲁灌溉工程中的一些重大问题。去年 12 月 26 日，金堤河干流近期治理工程中的张庄电排站检修维护工程率先开工，打响了金堤河干流近期治理工程的第一炮；彭楼引黄入鲁灌溉工程中的穿北金堤涵闸工程的开工，拉开了彭楼引黄入鲁灌溉工程的序幕。现在，穿北金堤涵闸工程已胜利竣工，穿金堤河倒虹吸工程和河南濮阳境内金堤河干流治理工程又先后开工。两项工程的开工是金堤河地区豫、鲁两省人民多年的夙愿，是豫、鲁两省，特别是聊城、濮阳两地市领导和人民团结治水的结果，也是我局全体职工近 8 年时间，拼搏奋斗所获得的辉煌成果！

几年来，我们在黄委会的亲切关怀下，从零开始组建了金堤河管理局，现在已设有办公室、河务处、水政水资源处和计划财务处。职工队伍不断壮大，现有职工 98 人。干部队伍也初步建成，干部和职工政治素质和业务素质正在不断提高。在 2.7 hm^2 的土地上，我们建起了办公楼、宿舍楼、商业楼。短短 5 年，机关建设已初具规模。昔日荒芜之地，今朝生气盎然，正在向着正规化、规范化的方向迈进。

几年来，我们从无到有，从小到大，发展了金堤河产业经济，成立了金龙经济发展总公司，从事建筑安装、物资供应、房地产开发等经营活动。我们从零开始，白手起家，艰苦创业，借鸡下蛋，借梯上楼，在改革中求发展，在发展中求提高，现在，我们经营意识、经营技能、经营效益均在不断提高、不断改善。

所有这些成绩的取得是我局全体干部职工，艰苦奋斗、顽强拼搏的结果。在此，我谨向为协调两省水事纠纷，为推动两项工程建设，为创建金堤河管理局，为发展金堤河产业做出贡献并继续为之而奋斗的全局职工致以亲切的慰问和诚挚的谢意！

回首几年走过的坎坷道路，难忘那冒严寒、顶酷暑奔波协调的岁月，难忘那徒步查勘、伏案设计的日日夜夜。去完成前人所没有完成的事业，难；从零开始组建一个新的机构，难；白手起家，发展产业经济，难；我们正是在克服“难”的斗争中，创立了金堤河精神，这就是“艰苦创业，顽强拼搏”的精神，在这种精神的激励下，造就了一代金堤河人。今天我们庆祝金堤河管理局成立五周年，就是要发扬这种精神。我们正站在世纪的交接点上，历史在发展，时代在前进，回首往夕，我们感到自豪，展望未来，任重道远，激情满怀。金堤河干流近期治理工程和彭楼引黄入鲁灌溉工程已经开工，我们要搞好工程监理和质量监督，严把施工质量，争创优质工程，向党和金堤河两岸人民交一份合格的答卷。

同志们，让我们抚今追昔，继往开来，抓住机遇，迎接新的任务，再接再厉，登上新的台阶，继续以开拓和拼搏的精神来创造金堤河管理局辉煌的未来。

金堤河地区行政区划争议由来

《黄河史志资料》1997年第3期刊载

一

金堤河地区豫、鲁两省的水事纠纷，不仅有排水矛盾、灌溉纠纷，而且存在着区划争议。

1964年以前，金堤河地区本不存在行政区划争议。黄河以北金堤以南地区，在行政区划上分属河南省长垣、滑县、濮阳3县和山东省范县、寿张2县。

1963年，水利电力部为了解决金堤河地区水事纠纷，便于金堤河统一治理，经过反复考虑，向河南、山东两省建议把山东省范县和寿张县金堤以南的部分地区(包括黄河滩区有1 000余km^2)划归河南省，并于当年9月23日征得了山东省委书记谭启龙同志、河南省省委书记刘建勋同志的同意。11月间，河南省曾提出，为了便于领导，准备在这里设县，要求将金堤以北的范县县城(即樱桃园)划归河南省，作为县党政领导机关的驻地。水利电力部将这一问题征得山东省委同意后，于12月17日向国务院报送了《关于金堤河问题的请示报告》。报告说：这样划界以后，不仅有利于解决金堤河问题，对黄河特大洪水的处理也有好处。具体划界问题请两省另行商定。同年12月26日，国务院以[63]国水电字871号文，同意并批转水利电力部的这个报告，且指出："为了更好地解决金堤河问题，将现属山东省范县、寿张金堤以南和范县县城附近的土地划归河南省是合理的。希两省即商具体划界问题，做好交接工作。"

山东省人民委员会立即于12月31日给聊城专员公署转发了

《国务院批转水利电力部关于金堤河问题的请示报告》，中共聊城地委和聊城专员公署认真研究后，于 1964 年 1 月 3 日，向中共山东省委和山东省人委报告：“对国务院决定将我区所辖范县、寿张两县金堤以南地区划归河南省领导的问题，表示赞同，并坚决贯彻执行”。山东省人民委员会便于同年 2 月 4 日以[64]白字 29 号文，向国务院报送了《关于同意将范县、寿张两县金堤河以南地区划归河南省领导的报告》，表示“为了解决河南、山东两省有关金堤河的水利纠纷，我们完全同意将范县、寿张两县金堤河以南地区划归河南省领导，并坚决贯彻执行，立即准备移交”。2 月 29 日，国务院以(特急)[64]国水电字 86 号文，批复了山东省人民委员会关于金堤河地区划界问题的报告。

值得注意的是：水利电力部在给国务院的报告中说的是“金堤以南”，是以金堤为界，而山东省人民委员会在给国务院的报告中说的却是“金堤河以南”，是以金堤河为界，一字之差，便留下隐患。

遵照国务院关于金堤河地区划界问题的两次指示，山东省人民委员会派副省长陈雷、河南省人民委员会派副省长王维群分别带领两省有关业务部门的干部，会同中共聊城地委副书记王翰卿和中共安阳地委副书记焦祖涵，并有黄河水利委员会副主任韩培诚参加，于 1964 年 4 月 1 日，在范县进行交接工作，4 月 3 日交接完毕。根据国务院关于以金堤为界的指示，将原山东省范县南六区、寿张县南五区划归河南管辖。原山东省范县北五区并入山东省莘县，原山东省寿张县北四区并入山东省阳谷县。经两省协商，为了有利于金堤的修守，将跨堤和紧靠金堤南根的斗虎店、子路堤、李庄、明堤、临河、大寺、关门口、赵台、李堤、孟楼、同堤、南台、刘海等 13 个村庄仍归山东省领导；金堤以南其他村庄，划归河南省领导；为便于河南省对划入地区的领导，将金堤北的范县县城和县城北的金村、张夫村划归河南省领导。以上划归河南省的地区，从 1964 年 4 月 4 日起，正式由河南省接管。划界以后，山东村庄在河南境内的插花土地，和河南村庄在山东境内的插花土地，仍属原村原队所有。4 月 4 日，山东省人民委员会和河南省人民委员会联合向国务院报告了交接情况。同年 9 月 9 日，国务院以[64]国内字 421 号文批复同意了山东、河南两省关于金堤河地区调整省界问题的报告。随后，山东、河南两省人民委员会分别向全省转发了国务院的批复。

这样界定，既不是以金堤为界，也不是以金堤河为界，而是一条犬牙交错的边界。金堤以南，山东省仍有 13.5 万亩土地。金堤河从高堤口到张庄 80 km 长的河床、滩地及南小堤，大部分在山东莘县和阳谷县境内。原来两省不到 1 km 的边界矛盾，现在分布在 80 km 长的边界线上。区划调整本来是想让金堤河全部成为河南省境内的一条河流，然而界定的结果，金堤河还是一条省际河流。

这样界定，在当时确也缓解了豫鲁两省金堤河水事纠纷，使金堤到得到了治理，洪涝灾害大大减少，对发展农业生产、改善人民生活起到了一定作用。同时由于此后的 10 多年中金堤河流域偏旱，径流较少，防洪、排涝等水事纠纷不多，区划争议亦不突出。

二

随着黄河河床逐年淤高，金堤河水自流入黄日益困难。并由于引黄灌溉退水退沙使金堤河淤积严重，加之行洪障碍增多，河道除涝标准降低。堤防工程也因年久失修，涵闸设备老化、毁坏，防洪能力下降。因此，水事矛盾日益加剧。同时灌溉用水矛盾也越来越突出。原来由山东省建设的彭楼、王集、刘楼等引黄灌溉工程，划归了河南省管辖后，切断了山东莘县和阳谷县的引黄灌溉水源。特别是彭楼引黄灌区区划调整后，使金堤以北部分失去了直接引黄灌溉条件。不合理的行政区划，也直接或间接地制约了区域经济和社会事业的发展，影响了边界地区的社会稳定。

1984 年 1 月 10 日，范县人民政府向濮阳市人民政府、河南省人民政府和国务院递交了《要求恢复原范县体制的请示报告》。报告说："范县原属山东省管辖，1964 年因水利问题以金堤为界将范县分为两半，将南部六区(9 个公社)划归河南省管辖，仍称范县，将北五区(即现在的樱桃园、古云、古城、大张、王庄集、柿子园等 7 个公社)划归山东省莘县。20 多年来的实践证明，这样的区划给范县带来很多不便：①滞洪迁安没有后台。范县所有村庄分布在黄河滩区和北金堤滞洪区，只有一座孤零零县城座落在金堤以北，一旦滞洪，范县 30 多万人民滞洪迁安没有后方，危及人民生命财产，后果不堪设想。②金堤河不便治理。目前，金堤归山东莘县管理，而河道归范县管理，河道两旁又是山东的土地，穿插交错，给治理金堤河带来许多难以解决的实际问题。以致金堤河经常泛滥，造成严重灾害，直接影响范县的农业生产和人民生活。③影响油田的开发建设。濮城油田全部在范县境内，一旦滞洪，将使油田遭受严重损失。④不适应农村经济全面发展的新形势。目前，农村已由自给、半自给经济转向商品化、社会化经济。而现在的区划分割了原有的经济区域，不能形成经济网络，对商品生产的收购、储藏、加工、运输、销售等各个方面带来许多困难，直接影响到发展商品生产，振兴农村经济。⑤由于县城周围多是山东的村庄，县城内还设有山东莘县的樱桃园公社，使范县城镇建设受到很大限制，给社会治安、交通运输、环境卫生等各项工作带来很多矛盾和困难，许多应该办的事情不能办，既影响了友邻关系，又妨碍了工作和生产。广大干部群众迫切要求将划归山东莘县的原范县的 7 个公社(约 39 万亩耕地，24.7 万人)仍划归范县。如果将 7 个公社划归范县确有困难，起码也得将县城周围的樱桃园公社(约 6. 4 万亩耕地、4.6 万人)划归范县。"

同年 4 月 20 日，濮阳市人民政府也向省人民政府报送了《关于要求将山东省莘县、阳谷县沿金堤乡、镇分别划归我市范县、台前县管辖的请示》。请示报告说：1964 年经国务院批准，将金堤河地区行政区划进行了调整，金堤河得到了治理，水事纠纷得到了解决，洪涝灾害大大减少，对发展农业生产、改善人民生活起到了一定作用。但实践证明，这样调整区划也给金堤河的统一治理和当地政治、经济发展带来了许多难以解决的问题：①不能进行金堤河的统一治理。调整后的行政区划，形成了金堤修守归山东，金堤河治理归河南的局面，而且临金堤南北两省村庄交错，给金堤河统一治理和防汛、抗洪抢险带来极大困难。②滞洪迁安没有后方。范县、台前地处黄河滞洪区，一旦滞洪，1 000 多村庄、60 多万人(范县 37 万、台前 25 万)迁安没有后方。③不利于中原油田开发建设。中原油田地处金堤河流域，如不彻底解决行政区划现存问题，必将给油田开发建设造成损失。④不能进行城镇的统一规划和建设。范县 12 个乡(镇)全部在金堤以南的滞洪区内，唯有县城座落在金堤以北，县城周围乡村、土地全属山东省管辖，城内还有山东省莘县樱桃园的乡政府，这样的交错穿插，给社会治安、交通运输、城镇规划建设、环境卫生、街道绿化、市场管理等都造成很大困难。为此要求：把山东省莘县、阳谷两县的沿金堤乡、镇划归河南省，即将现属莘县的樱桃园、古云、古城、大张 4 个乡和现属阳谷县的寿张镇与金斗营、李台、十五里园、张秋 4 个乡分别划归濮阳市的范县、台前县管辖。

1987 年 11 月 3 日，濮阳市人民政府又向河南省人民政府报送《关于要求解决范县区划问题的再次请示》，请示报告说："20 多年来的实践证明，这种犬牙交错的区划状况给两省的行政管理带来很多不便，给范县的县城建设和经济发展造成了很大困难。近几年，随着中原油田的开发，这种区划状况与该县经济建设和各项事业发展不相适应的矛盾日益突出，暴露出种种弊端：①不利于中原油田的开发建设；②不利于县城建设；③不利于金堤河治理的工作；④不利于滞洪迁安工作。为此，我们再次向省政府请求尽快解决范县区划问题。我们考虑有两个方案：一是恢复原范县区划体制；二是将位于范县县城周围的樱桃园乡划归范县管辖。”

同年 12 月 3 日，河南省人民政府向国务院报送了《关于调整我省范县行政区划的请示》。请示报告对调整这一地区的行政区划提出了 4 个方案：①恢复原范县行政区划，全部划归河南省管辖；②将山东省莘县沿金堤河以北的古云、大张、樱桃园、古城 4 个乡划归河南范县；③将沿金堤以及在金堤以南有耕地的山东村划归我省范县管辖；④最低限度也应将范县县城周围的山东省莘县樱桃园乡划归河南范县管辖。同时，河南省将继续保证山东省用水和排水，进一步密切边界关系。如采取用③、④方案，水电部黄委会必须建立金堤河管理局，统一指导，协调处理有关问题。与此同时，河南省人民政府还向国务院报送了《关于调整我省台前县行政区划的请示》。

三

1978 年，河南省委书记段君毅和山东省委书记白如冰为解决金堤河地区的水事纠纷，曾协商同意，对行政区划作适当调整，将台前、范县仍划归山东，恢复老寿张县、老范县。但在征求聊城地区意见时，遭到聊城地区反对。区划调整未能实现。

1987 年 12 月 14 ~ 16 日，根据国务院指示，水电部和民政部在北京召开了豫鲁两省金堤河地区行政区划和金堤河治理问题座谈会，因意见分歧太大，难以协调一致，亦未能取得共识。

为促使金堤河干流近期治理工程和彭楼引黄入鲁灌溉工程能早日上马，河南省水利厅于 1989 年 3 月 24 日在向省政府报送的《关于金堤河治理有关问题的请示》中，关于行政区划问题，提了3个调整方案：①按1964年调整原则，以北金堤为界，进一步完善，将北金堤以南的土地全部划归河南省管辖，人随地走。这样可使金堤河干流全部归河南修守、管理，解决了跨省矛盾问题，但在涉及的94个村中，有的村可能会一部分属河南，一部分属山东。另外，因北金堤仍归山东管理，为确保修守及度汛安全，在北金堤南侧尚需划出一定范围的护堤地。②两省按大致等量调换的原则调整部分辖区，即将现属河南省的台前县辖区338个村庄、28.02万亩耕地，28.69万人，全部划归山东省；将现属山东省莘县、原为老范县的古云、范镇、古城、王庄台、观城等5个乡所辖的353个村庄、39万亩耕地、24.7万人划归河南省。这样，可使两省交界的河段大为缩短，金堤河南小堤防守，北金堤防守，北金堤滞洪区群众迁安及引黄向金堤北输水等水利问题均可由各省自己解决，但金堤河仍属跨省河道，上下游排水还有一定矛盾，有关治理、管理工作需要黄委会继续统一管理、协调。③维持原有行政建制不变，将金堤河的南小堤全部退建到河南省境内，修新堤结合开挖古(城)张(庄)排涝沟。这样南小堤可由范县、台前县防守管理，南小堤以南的涝水也可以排入提排站。但南小堤48 km退建及37 km老堤加培需做土方650万m^3，永久占地8 225亩，临时占地6 712亩，投资约5 270万元。此方案濮阳市表示难于实施。

区划问题是一个历史遗留下来的复杂问题，不是水利部门所能解决的。金堤河管理局遵照水利部、黄河水利委员会指示，协调金堤河地区水事纠纷暂避开区划问题，先就“治河”和“送水”两项工程进行调解，促使两省早日达成协议。经多方面工作，河南省政府在1989年8月31日致函水利部阐述关于金堤河治理意见时，没有再提区划问题。但在第一次和第二次金堤河干流治理和彭楼引黄入鲁工程协调会议期间，河南省濮阳市代表仍希望考虑范县的区划问题。

1990 年 5 月，水利部发送第二次《金堤河干流治理和彭楼引黄入鲁工程协调会议纪要》时，由于《纪要》中没有涉及区划问题，6 月 7 日，河南范县政府提出：“如果采取简单治理金堤河干流的方案，应同时解决区划问题，不然金堤河淤积严重，河道和南小堤的 3/4 以上都在山东省，整修管理都不易进行，水利矛盾越来越突出，即使进行简单治理，不长时间仍会恢复目前的局面。为有利于金堤河的治理，我们建议把山东省莘县沿金堤河的古云、大张、樱桃园、古城四乡划归范县。否则，起不到治理金堤河的作用。”同日，濮阳市政府也阐述了对《纪要》的意见，提出：“为了有利于加强金堤河工程的治理和管理，解决两省水利纠葛，使金堤河流域的人民和睦相处，实现长治久安，应同时考虑解决与金堤河有关的行政区划问题。”

豫鲁两省金堤河地区的区划争议，已引起各级领导、社会各界的广泛关注。段君毅等许多老一辈革命家和有关领导，曾多次到边界考察，并多次提出建议和方案；新华社为此也曾发出呼吁；国务院对解决豫鲁两省金堤河地区的行政区划问题非常关心。国务院研究室还印发过专题阅件。

1996 年 1 月 30 日至 2 月 7 日，国务院又派出由民政部区划司靳尔刚副司长和水利部水政司李泽滨副司长等组成的高级调查组，到河南、山东两省进一步了解情况，首先听取了黄河水利委员会关于金堤河地区行政区划争议由来及现状等情况介绍，然后，分别听取了河南省及濮阳市和山东省及聊城地区的汇报，实地考察了范县县城和莘县有关乡镇。

河南省濮阳市提出，为便于领导决策，本着维护团结、顾全大局、方便治水、有利经济发展的原则，设想了两种解决方案：①从根本解决问题的角度出发，要求将目前山东莘县所辖的古云镇、大张乡、樱桃园乡、古城镇和阳谷县所辖的金斗营乡、李台乡、四棚乡、十五里园乡、张秋镇和寿张镇划归河南省濮阳市管辖；②要求把莘县樱桃园乡整建制和莘县、阳谷县的跨金堤村(共91个村、9.9万人、14.5万亩土地)划归河南濮阳市管辖。濮阳市还认为：按上述方案解决范县、台前县行政区划问题，将产生巨大的现实意义和深远的历史意义。一是金堤两侧归河南统一管辖，有利于对金堤河进行统一管理和有效治理，有利于黄河防汛和滞洪迁安工作，并能进一步密切边界关系，避免水利纠纷，也便于兴建引黄入鲁工程，保障山东用水；二是有利于社会治安综合治理，减少犯罪发案率，促进社会稳定和长治久安；三是有利于区域经济的发展。将樱桃园划归范县后，县城可以统一规划建设，完善配套设施，对城镇进行有效的管理，创造更加良好的社会环境，加快对外开放和招商引资步伐，带动全县经济和各项社会事业快速健康发展，加快脱贫致富步伐。

山东省聊城地区行政公署提出，根据历史的经验教训和现实的情况，我们认为，要想从根本上解决这一区域的问题，就必须将范县、台前县划归山东省。这样，范县县城的建设问题解决了，水的问题也解决了，无论是对北金堤的防洪、防污，还是促进城市建设和经济发展，于两省都十分有利。

而黄河水利委员会则建议：两省按大致等量交换的原则，调整部分辖区。恢复老范县建制，全部划归河南省管辖，恢复老寿张县建制，全部划归山东省管辖。即将原属老范县，现属山东省莘县的古云、大张、樱桃园、古城、观城、王庄集、柿子园等7个乡(镇)的353个村庄、39万亩耕地、24.7万人，全部划归河南省管辖；将原属寿张县、现属河南省台前县所辖338个村庄、28.02万亩耕地、28.69万人，全部划归山东省管辖。这样可使金堤河治理、南北小堤及北金堤防守，北金堤滞洪迁安、引黄向金堤北送水等问题，均可由各省自己解决，有利于防洪除涝和引黄灌溉。但金堤河仍属跨省河道，上下游排水还会有一定的矛盾。如果大调整方案实现不了，建议将山东省莘县樱桃园乡划归河南省管辖。

这样既有利于金堤河的治理，也有利于从彭楼向山东莘县、冠县扩大送水，对促进金堤河干流近期治理工程和彭楼引黄入鲁灌溉工程的实施也起到积极的作用。

至此，豫、鲁两省区划争议仍未能得到解决。为了区域经济的发展，为了金堤河治理和彭楼引黄入鲁工程建设，我们期盼着豫、鲁两省金堤河地区区划争议能早日得以解决。

1996 年 12 月，在金堤河施工工地与技术人员交流情况

金堤河管理体制浅见

(1997 年 2 月)

金堤河是黄河下游的一条支流，系平原排水河道，发源于河南省新乡县境，流经山东省注入黄河，是一条省际河流。由于历史的原因，金堤河地区水事纠纷由来已久，且错综复杂，既有防洪的矛盾，又有排涝的纠纷；既有灌溉用水之求，又有行政区划之争。金堤河由于年久失修，河道淤积严重，除涝能力下降；堤防毁坏，缺口很多，几乎丧失防洪能力。

为改善流域农业生产条件，振兴区域经济，确保流域内中原油田安全生产，1987 年 7 月，水电部钱正英部长对北金堤滞洪区的防汛问题进行现场调查研究时提出：适当调整金堤河治理的近期工程项目，减少工程量和投资，以促其实现。并提出：金堤河收归黄委会管辖，成立金堤河管理局。1988 年 3 月，金堤河干流近期治理工程被列入黄淮海平原农业综合开发治理项目。遵照钱正英部长指示，黄委会设计院于 1989 年 4 月编制了《金堤河干流近期治理工程设计任务书》(以下简称“设计任务书”)，随后又于 1994 年 2 月完成了《金堤河干流近期治理工程可行性研究报告》(以下简称“可研报告”)；黄委会于 1989 年 3 月成立了金堤河管理局筹备组，1991 年 1 月又正式成立了金堤河管理局，负责协调豫、鲁两省金堤河地区水事纠纷。

金堤河管理局成立后，经过四年艰苦工作，豫、鲁两省终于在“治河”和“送水”两大问题上取得共识，山东省支持河南省进行金堤河干流近期治理，河南省同意从彭楼闸引黄向山东送水。1993 年 9 月，国家农业综合开发办公室批准金堤河干流近期治理工程和彭楼引黄入鲁输水工程列入国家农业开发项目。1995 年 12

月，两项工程同时开工。现在，彭楼引黄入鲁输水工程穿金堤河倒虹吸和穿北金堤涵闸已胜利竣工，金堤河干流近期治理工程张庄电排站检修维护工程亦已完成，河道清淤疏浚任务濮阳县段33.56 km已胜利结束。河南境内的范县段、台前县段和山东境内的莘县段、阳谷县段也将陆续开工。

金堤河干流近期治理工程和彭楼引黄入鲁输水工程完成后，如何管理金堤河，已经提上议事日程。是让金堤河管理局统管好呢？还是维持现在“山东境内山东管，河南境内河南管”的现状好呢？笔者想就这一问题发表一点粗浅的意见。

一、回顾历史

1949年汛期，黄河大水，寿张县枣包楼(今在台前县境内)民埝决口，北金堤与临黄民埝之间受灾面积达 130 km^2。汛后，加固临黄大堤，堵塞了金堤河在张庄的入黄口门，从此，金堤河洪涝水便没有了出路。如果金堤河积有涝水，只能待“白露”后启用张秋闸向小运河定量北泄，排入徒骇河。上下游防洪排涝的纠纷由此而起。

幸好，1949年10月，中央决定成立平原省，金堤河流域全部在平原省管辖范围内。1952年，平原省在“上下游兼顾，以蓄为主，以排为辅”的原则下，对金堤河进行了统一规划治理。由于在一省范围之内，统一规划、统一治理，兼顾了上下游的利益，因而在这一时期，防洪排涝都能顺利进行，水事纠纷不很突出。

然而，1952年11月，平原省建制被撤销，将聊城专区划归山东省；将濮阳、安阳、新乡专区划归河南省。从此，豫、鲁两省之间金堤河排水矛盾日益突出。

1953年，金堤河流域大水，漫流成灾，矛盾四起。1954年，因金堤河两岸无堤防，上游 10 m^3/s 流量下泄，不能容纳，漫流淹没宽度 300 ~ 2 000 m。1957年8月，滑县五爷庙闸南黄庄河堤决口，淹没了河南濮阳、山东范县、寿张，加剧了上下游排水矛盾。1958 年，豫、鲁两省在“以蓄为主”的方针指引下，联合兴造大功引黄蓄灌工程，打乱了天然排水系统，一方面，截断了红旗渠以西上游流路，使上游来水无去路，另一方面，在金堤河上修筑了数条拦河大坝，形成了 10 余座平原围堤水库，因水库水位高出地面，长期蓄水引起两岸土地盐碱化，庄稼减收，房屋倒塌，金堤多处塌陷，加之排水通道被截断，雨后大面积水涝成灾。1960 年，彭楼引黄闸建成后，引黄干渠和水库联合运用，水量增大，水位增高，干渠和水库围堤多次决口，范县、濮阳、寿张、清丰、南乐、莘县多次发生水事纠纷。是年 7 月，河南省新乡专区和开封专区东部，山东省聊城专区和菏泽专区西部又降特大暴雨，积水成灾，灾情严重。1961 年汛期，金堤河上游水位陡涨，河水漫溢，淹地甚多，边界水利纠纷增加，仅范县一县就发生纠纷 41 起。1962 年河南省对平原地区实行以除涝治碱为中心的排、灌、泄兼施的方针，扒除阻水工程，恢复自然流势。而山东省决定保留金堤河水库用于滞洪，两省矛盾随之又起。是年，金堤河发生特大洪水，根据中央防总指示，扒开了葛楼、姬楼拦河大坝。1963 年 8 月，金堤河又发生大洪水，十字坡拦河大坝被冲决，古城拦河大坝被迫扒开，洪水下泄，南小堤多处决口，金堤以南一片汪洋，损失严重。连年灾害，矛盾越来越多，纠纷愈演愈烈。

冀鲁豫三省边境地区的水利矛盾错综复杂，水电部为解决这一地区的水利纠纷，做了大量工作。1961 年 6 月向中央报送了“关于解决冀鲁豫三省边境地区水利问题的初步意见”，报告中指出：“金堤河发源于河南，流入山东，新乡专区在金堤河上游挖沟排水，增加了金堤河的负担，聊城专区在金堤河上两省边界地区修建梯级水库，壅水灌溉和发电，阻挡了金堤河水的去路”。随后，水电部又向河北、河南、山东省委发送了“关于解决冀鲁豫三省边界地区水利纠纷的意见”，其中包括“关于金堤河治理和今年如何运用的意见”。根据水电部党组的意见，黄委会派王云亭同志，新乡专署派郭延庆，聊城专署派申怡之同志组成了三人执行小组，负责监督执行水电部“关于金堤河治理和今年如何运用的意见”。错综复杂的水事纠纷，使组长王云亭同志不得不向水利部党组拍发了有名的“难死云亭”的电报。1962 年 6 月，中央防总就相临省边界水利问题电告黄委会，平原地区关系到两省边界的引水涵闸，应按照中央批示的《水利电力部关于五省一市平原地区水利问题的处理原则的报告》和 1962 年春双方达成的协议，认真地检查处理。电文对黄河流域内边界地区涵闸的归属作了如下规定：金堤河上的五爷庙闸、濮阳金堤闸、樱桃园闸、古城闸应由河南、山东两省水利厅移交给黄委会管理。黄委会先成立了金堤河涵闸管理所，随后又成立了金堤河工程管理局，以解决这一地区的水事纠纷。然而，由于错综复杂的水事纠纷，加之连年灾害，终未能彻底解决问题。

在这种情况下，水电部于 1963 年 12 月向国务院提出了《关于金堤河问题的请示报告》，建议把金堤以南山东省的范县、寿张县的一部分地区 1 000 多 km^2(包括黄河滩区)划归河南省，主要目的是使金堤河成为河南省的内河，由河南省统一规划治理，自 1964 年起，金堤河治理工程不再作为中央直属项目，改列为河南省的大型工程项目，其勘测、规划、设计、施工、管理均由河南负责。国务院同意并批转了这个报告。1964 年 4 月，河南、山东两省根据国务院指示进行了区划调整。河南省随即成立了安阳专区金堤河管理分局，负责金堤河流域的防汛和工程管理，负责协调解决县与县之间的边界纠纷。根据水电部指示，河南省水利厅于 1964 年 6 月，首先编制了《金堤河流域排涝治碱工程设计任务书》，接着又与黄委会联合召开了关于金堤河规划问题讨论会，随后编制了“金堤河排涝治碱规划要点汇报提纲”，并向水电部、黄委会及山东省水利厅作了汇报。1965 年 5 月，向水电部报送了

《金堤河流域排涝治碱规划报告》，同年 11 月，水电部批准疏浚金堤河，近期治理标准按 3 年一遇除涝，20 年一遇防洪。河南省立即成立了金堤河工程指挥部，对金堤河进行了初步治理。嗣后的 20 多年中，尽管行政区划不彻底，金堤河仍是一条省际河流，但由于气候偏旱，降水量少，上下游防洪排涝的矛盾不很突出；加之，山东省阳谷、莘县有灌溉用水之求，故阳谷与台前、莘县和范县之间，尚能相互支持，和睦相处。

二、剖析现在

金堤河管理局成立后，根据黄委会设计院编制的《设计任务书》和《可研报告》，开始协调两省意见。《设计任务书》和《可研报告》均是依据 1980 年编制的《金堤河流域综合治理规划》(以下简称“治理规划”)提出的，规划意见是正确的。但因金堤河是一条省际河流，任何一项规划意见都涉及两省的利益，必然会有不同的反映。

譬如，南、北小堤设防标准，在《治理规划》中明确提出；“南小堤自张庄至高堤口长 80 km。按金堤河 20 年一遇洪水和黄、金组合频率 20 年一遇的最高水位设防，超高按 1 m、顶宽 6 m，边坡 1∶3，在原南小堤基础上加高培厚。在计算 5 年一遇涝水时，考虑了目前已建的(明堤至贾海)北小堤的作用，20 年一遇洪水时，则不考虑北小堤的作用。”此次，黄委会设计院在《设计任务书》中仍提出，南小堤年久失修，堤身单薄，缺口较多，残破严重。当干流行洪、滞洪时，难以保证下游南小堤与临黄大堤之间的三角地带(约 20 万人，30 万亩耕地)人民的生产和安全。南小堤治理按金堤河 20 年一遇洪水设防，并考虑下游黄河水位顶托影响，超高 1 m，顶有 6 m，边坡 1∶3，北小堤治理按金堤河 5 年一遇水位 44.30 m 设计，超高 1 m，水位超过 45.30 m 时破堤滞洪，确保南小堤防洪安全，北小堤断面同南小堤。从流域全局来说，这一规划意见是合理的，河道防洪、左右两岸堤防标准是不应该完全一样的，何况北小堤短，保护范围小，后面又有北金堤作屏障。“牺牲局部，保全大局”的指导思想是正确的。

然而，这一规划意见遭到山东方面的反对，他们认为：20年一遇洪水时，不考虑北小堤的作用，是极不合理的。金堤内南北小堤是同时修建的，历来都是按相同标准，统一施工的。他们要求北小堤亦应按 20 年一遇洪水标准设防。在北京召开的第一次“金堤河干流近期治理和彭楼引黄入鲁输水工程协调会议”上，山东省代表坚持要求南、北小堤同一标准，会议因此没有达成协议。甚至，山东方面认为：金堤河管理局一屁股坐到河南(机关设在河南濮阳)，屁股指挥脑袋，替河南说话。他们把“破北小堤运用”，认为是“牺牲山东、保护河南”(因为北小堤保护范围内大部分是山东耕地)。随后，山东省人民政府又向水利部拍发了加急传真电报，要求金堤河南、北小堤标准，均应按20年一遇设计，近期工程，也可酌情降低标准，两堤标准要统一，绝不能破北小堤运用，以免危及北金堤安全，造成重大损失。

在北京召开的第二次“金堤河干流近期治理和彭楼引黄入鲁输水工程协调会议”上，水利部和黄委会代表提出了“将北小堤的设防标准由5年一遇提高到10年一遇,南小堤维持20年一遇”的协调意见。会后，山东省人民政府向水利部提出：“我们一直坚持南、北小堤同一标准设防，请你部予以慎重考虑。若一定要坚持南小堤20年一遇标准,而将北小堤设防标准降为10年一遇，我们将顾全大局，尽量做好工作。但要求你部考虑北金堤与北小堤之间，山东的8个自然村12 450人的生命财产安全，在治河的同时，对群众避水设施应做出安排，同时对这一地区未来的洪涝损失亦应有个交待。”河南省人民政府向水利部复函时也提出“关于金堤河干流下游南、北小堤设防标准，我们认为原则上应维持水利部批准的1980年总体规划方案意见。为照顾北小堤保护区局部利益，对北小堤设防标准可由 5 年一遇调整到 10 年一遇，但南小堤的设防标准相应不能低于 20 年一遇。南、北小堤应统一由黄委会监督施工，严格按标准验收”。

直到 1994 年审查《可研报告》时，山东省代表仍坚决不同意《可研报告》中提出的“破北小堤运用方案”。鉴于山东省多次要求北小堤的设防标准应与南小堤标准一致，按 20 年一遇设计，以保护北小堤与北金堤之间的村庄。考虑到山东省阳谷县为承纳金堤河上游来水做出了贡献，为利于工程实施和做好地方工作，水利部认真研究后，同意了山东省的要求，并进一步做河南省的说服解释工作。最后，河南省水利厅表示：顾全大局，再作一次让步，同意南、北小堤均按 20 年一遇设防。河南方面因此对金堤河管理局也有意见，认为金堤河管理局驻在濮阳，不替濮阳说话，胳膊肘子往外拐，替山东说话。

金堤河水事纠纷，本来是河南和山东两省之间的矛盾，金堤河管理局成立后，按总体规划意见协调，矛盾发生了转化，金堤河管理局反而成了矛盾的主要方面。

三、探讨未来

金堤河治理工程完成后，金堤河究竟由谁来管理为好呢？想想过去，看看现在，笔者认为，金堤河仍由河南省水利厅管辖为最好。

(一) 有利于河南省对金堤河流域行使水行政管理职能

金堤河上游称大沙河，发源于新乡县境内。滑县耿庄以下为金堤河干流，流经山东省莘县、阳谷县注入黄河。金堤河流域地跨豫、鲁两省五市十二县。其中，河南省就占四市十县。金堤河流域面积为 5 047 km^2，98.2% 的面积在河南境内，山东境内仅有 90 km^2，占流域总面积不到 1.8%。金堤河干流由河南省水利厅管辖，水利厅便可通过四市十县水利局对流域行使统一的水行政管理，有利于对金堤河流域进行旱、涝、碱、淤综合治理，有利于对流域天上水、地表水、引黄水和地下水的合理开发利用。其实，金堤河管理局成立后，并没有接管金堤河管理权属，现在仍是山东境内河道山东管、河南境内河道河南管。因 90 km^2 的水事纠纷而成立一个厅级流域管理机构，实在没有必要。

(二) 有利于河南省对金堤河流域进行统一的规划治理

金堤河流域的主要问题是农田水利问题,解决这方面的问题，河南省水利厅更有经验。由河南省水利厅来编制金堤河流域治理规划，要比流域机构编制治理规划更切实可行，因为他们不仅要考虑河南省的利益，而且还要考虑山东省的利益，以及流域机构的规划意见。他们不仅要考虑国家能投入多少资金，而且要考虑自己能投入多少力量。

譬如：1964 年，金堤河地区行政区划调整后，金堤河由河南省负责勘测、规划、设计、施工和管理。1965 年河南省水利厅编制《金堤河流域排涝治碱规划报告》时，考虑了黄委会和山东省水利厅的意见，对南、北小堤设防标准，是按黄河陶城铺站流量 8 000 m^3/s 和金堤河 20 年一遇洪水 800 m^3/s，推算行洪水位，加超高 1 m 来定堤顶高程的，堤顶比金堤及临黄大堤一般低 2 m 左右。南小堤结合交通需要顶宽采用 6 m，北小堤采用 3 m。并且提出：如遇金堤河超标准洪水，向南漫溢三角地区，可以保证金堤的安全，滞洪必要时也可以临时破除南小堤。南、北小堤设防标准一致，且遇超标准洪水时，破南小堤运用，山东省自然能接受，规划又是河南省编制的，所以比较容易实施。试想，如果这一规划治理意见是流域机构提出的，由金堤河管理局来协调，恐怕河南省就会提出：为什么要牺牲大片来保护局部利益呢？规划将难以实施。

(三) 有利于河南省对金堤河防洪排涝实行统一指挥和调度

金堤河河道清淤疏浚后，除涝标准达 3 年一遇，南、北小堤加高培修后，防洪标准达 20 年一遇。如遇超标准洪水，在河南防指的统一指挥和调度下，对上游来水，可利用大沙河、道滑坡、宋庄坡、白马坡、金堤二节及卫南坡等坡洼进行拦蓄。河南延津丰庄到滑县留固一带，由于井灌开采，地下水位下降严重，利用坡洼蓄洪正好回补已经形成的地下水下降漏斗。对中游来水，亦可利用第一、第二濮清南引黄补源工程向马颊河地区调水或分水。如遇金堤河洪水与黄河洪水遭遇，则可启用张庄电排站，抽排金堤河涝水入黄。还可商请山东防指，启用北金堤上 7 座涵闸，相机向北排水。这几年汛期，山东省莘县和阳谷县领导，都曾视区域雨情和马颊河、徒骇河水情，启用北金堤上的涵闸，向北调水或排水。这些都是金堤河管理局不能办到的。金堤河管理局成立以来，没有承担金堤河的防汛任务，没有防汛经费。金堤河南、北小堤防守所需经费全是由河南、山东两省承担，张庄电排站的排水费用亦由河南省水利厅和濮阳市政府解决。根据国务院规定，防汛实行行政首长负责制，尽管金堤河下游有四五十公里长的河道在山东境内，山东省莘县、阳谷县领导一样承担本县辖区内的防汛任务。这几年汛期，台前县和阳谷县的领导亲临南、北小堤指挥修守，濮阳市和聊城市领导也亲临检查指导。《水法》、《河道管理条例》等水法规已经颁布，南、北小堤培修后，削堤种植、扒口引水、扒口过路、偎堤建房、切堤筑窑、破堤取土等破堤行为会得到制止，如若再有发生，不管堤防在山东境内还是在河南境内，都应该得到惩治。

(四) 有利于河南省对金堤河干流河道行使有效的管理

金堤河流域南临黄河，引黄灌溉有着得天独厚的条件，现在濮阳、范县、台前三县境内就有九处引黄灌区，这些灌区对改善流域生产条件，促进农业增产，振兴区域经济发挥了巨大作用，但由于管理粗放，大量退水退沙流入金堤河，造成了金堤河严重淤积。金堤河治理后，如果干流河道由金堤河管理局来管，那么面上引黄退水退沙是难以得到控制的，不用多久，金堤河又会出现严重淤积，如果金堤河干流交河南省水利厅管理，水利厅则可通过各县水利局加强对引黄灌溉的水沙监测，以控制退入金堤河的水量和沙量，亦可阻止人为筑坝壅水等事情发生，使治理后的金堤河能更好地发挥行洪排涝作用。

(五) 有利于改善豫、鲁两省关系，互谅互让，团结治水

这些年来，每到春季灌溉用水时节，山东阳谷县、莘县的领导，就分别往台前县、范县拜访，希望他们通过引黄涵闸多引一些水，退入金堤河，以便山东方面引金灌溉，促进农业增产。而每到汛期，河南台前县、范县的领导，又分别去阳谷县、莘县拜访，希望他们能接纳群众迁安，希望启用北金堤上的涵闸，相机向北排水，以减轻金堤河防洪压力，减少灾害。互相支持，和睦相处。金堤河管理局成立前，山东方面要求河南从彭楼闸引黄给山东送水，河南方面表示同意，但希望山东能解决范县县城的区划问题。山东方面也表示，只要能给山东送水，可以考虑个别乡村的区划问题。金堤河管理局成立后，遵照黄委会指示，将“治河”和“送水”两大问题捆在一起考虑，不考虑区划问题，因而河南方面也很有意见。1989 年 10 月，黄委会向水利部报送《彭楼引黄入鲁输水工程规划提要》时，输水线路提了两种方案：一是利用范县现有濮西干渠进行扩建，二是紧靠濮西干渠西侧新建一条输水渠道(三堤两渠形式)。从有利施工、有利管理考虑，推荐新建渠道方案。1990 年 4 月，在北京召开的第二次“金堤河干流治理和彭楼引黄入鲁工程协调会议”上，同意设计单位推荐的“三堤两渠”布置方案。山东方面自然同意这一协调意见，但河南省濮阳市和范县人民政府则坚决反对，他们只同意扩大濮西干渠向山东送水。1991 年 5 月，水利部对《彭楼引黄入鲁输水工程设计任务书》进行审查时，考虑到节省土地和投资，输水渠线采用扩大原有濮西干渠方案。当然山东省仍坚持要求采用“三堤两